TRIUNO

Neurobusiness, performance e qualidade de vida

Robson Gonçalves e Andréa de Paiva

TRIUNO

Neurobusiness, performance e qualidade de vida

Robson Gonçalves
Andréa de Paiva

Quarta edição revisada, 2023
Edição dos autores
Revisão: Tabata Labiapari
ISBN 9798298457071

Conteúdo

Prefácio dos autores à Quarta Edição 7

Introdução: Cérebro para quê? 11

1.Mente e cérebro 27

2."Algo pensa em mim" 83

3.Autocontrole 145

4.Cooperação e Altruísmo 177

5.Neuroplasticidade 205

6.Neurociência da Comunicação 241

7.Neuroliderança 289

8.Neuroeconomia 327

9.Neuromarketing 405

10.Neuroarquitetura 443

11.Ética no *Neurobusiness* 509

12.Em busca da liberdade perdida 539

Bibliografia 545

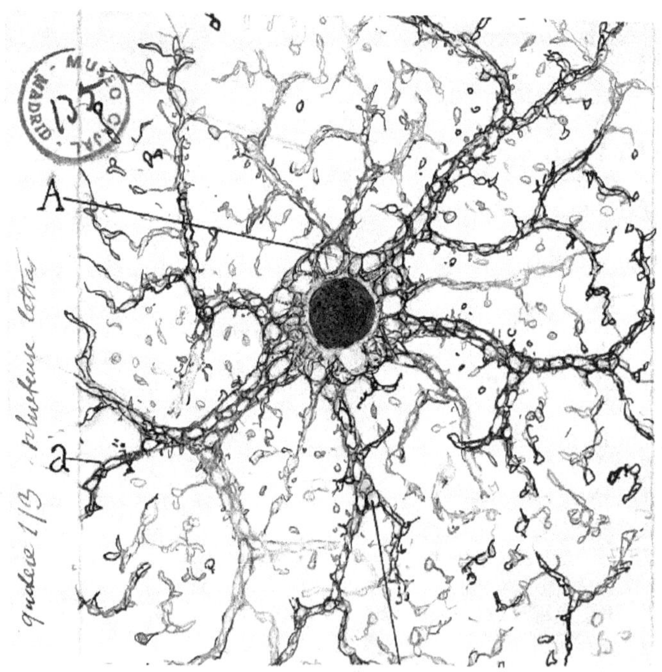

Um esboço de Santiago Ramon y Cajal (1852-1934),
considerado pai da Neurociência

Prefácio dos autores à Quarta Edição

A Neurociência está na fronteira do conhecimento humano. A cada ano, novas descobertas são acrescentadas a seu corpo de ideias e conceitos. Mas, ao mesmo tempo, tantas outras acabam sendo superadas. Pesquisas sobre depressão, relação cérebro-máquina, envelhecimento, redução de sintomas de doenças como Parkinson e Alzheimer, tudo isso é apenas parte do que se tem pesquisado e descoberto nos anos recentes.

Como não poderia deixar de ser, esta nova edição do Triuno, que se propõe a ser um manual de Neurobusiness, teve que se empenhar para acompanhar esses avanços. Autores como os brasileiros Miguel Nicolelis e Suzana Herculano-Houzel ou o ganhador do Nobel Daniel Kahneman publicaram novas obras, dando grande contribuição para as aplicações que nós, leigos, fazemos às várias áreas da Gestão de empresas.

Outro grande impulso para a atualização do texto tem sido desde a primeira edição nossos cursos de Neurobusiness na Fundação Getulio Vargas. Esse conteúdo tem sido levado a diversos locais do país e o interesse pela temática é grande, o que amplia ainda mais nossa responsabilidade em termos de manter o texto do Triuno atualizado.

A estrutura de capítulos foi mantida no geral em comparação à edição anterior. Mas o leitor atento irá notar que o próprio subtítulo do livro mudou, incorporando definitivamente a associação entre performance e qualidade de vida. E isso não é pouca coisa.

Uma de nossas teses centrais é que existe hoje um falso dilema no mundo corporativo. A ideia desumana de que não se pode conciliar foco na carreira e na produtividade com foco na vida pessoal. Essa ideia só faz sentido em um contexto no qual a vida é partida ao meio, de modo que a pessoa que trabalha se torna, de algum modo, uma concorrente dela mesma enquanto alguém que quer ter uma vida pessoal.

Essa cisão desumana pode até resultar em uma ascensão rápida para algumas pessoas. Mas, a que custo? Nossa incrível máquina cerebral é de um "modelo" criado há cerca de 200 mil anos e que passou a conviver com comportamentos tipicamente humanos há 100 mil anos. Somos capazes de resistir a elementos pontuais de estresse, de fugir de dentes de sabre na savana, mas não podemos nos dirigir todos os dias para uma jaula de feras no trabalho sem sério comprometimento de longo prazo de nossa qualidade de vida, de nossa reserva cognitiva e de nossa lucidez.

Vivemos em uma sociedade velocífera, na qual a tecnologia muda rápido demais e ameaça fazer de cada smartphone um apêndice de nossos corpos. Os algoritmos tomam cada vez mais decisões por nós e as redes sociais transpiram pós-verdades aos milhares por segundo. Nosso cérebro simplesmente não evoluiu para suportar tudo isso de forma saudável.

Nossa maior crença é que se pode, sim, atingir alta performance e manter qualidade de vida, alcançar objetivos materiais saudáveis como viajar e beber um bom vinho sem deixar de sentir prazer em brincar com nossos pets ou ver ociosamente o pôr do Sol. Mas essa alta performance só faz sentido a partir de um melhor conhecimento sobre como funciona nosso encéfalo no dia a dia, tanto no contexto profissional quanto pessoal – pois somos um só, no trabalho e fora dele. Isso também requer uma perspectiva de vida de longo prazo, na qual grandes ganhos imediatos não sejam pagos com o comprometimento de nossa sanidade na velhice.

Robson Gonçalves e Andréa de Paiva

Ao longo de cada página do texto que se segue, gostaríamos que o leitor mantivesse em mente essa perspectiva e, quem sabe, depois de cada leitura, fosse fazer uma lenta caminhada só para olhar o céu e descansar a mente em favor da alta performance e da qualidade de vida.

São Paulo e Turim, 4 de novembro de 2023.

Introdução:
Cérebro para quê?

Nosso cérebro é o maior brinquedo jamais criado. Nele encontram-se todos os segredos. Inclusive o da felicidade.

Charles Chaplin

Afinal, para que serve o cérebro? Essa é uma pergunta que já estava em alta na Antiguidade e interessou ninguém menos do que Aristóteles (384 A.C-322 A.C.) que, erradamente, acreditava que o cérebro esfriava o sangue. Mas, por estranho que pareça, em boa medida a resposta permanece em aberto.

Somos muito influenciados pela analogia com os computadores. Por isso, muitos acreditam que o cérebro – ou, de forma mais correta, nosso sistema nervoso central – é um processador que recebe um conjunto imenso de informações com o objetivo de tomar decisões. Mas essa é uma explicação simplista por vários motivos e que está quase tão errada quanto a ideia de Aristóteles.

Em primeiro lugar, a tecnologia dos computadores que todos usamos atualmente tem um fundamento binário. Um conjunto imenso de pares do tipo 0-1 formam um grande mapa lógico que permite aos processadores de texto identificarem um erro de grafia e às planilhas de cálculo resolverem grande algoritmos. No entanto, neurocientistas como Miguel Nicolelis (2020) chamam a atenção para o fato de que os seres humanos são analógicos, não digitais. Não é possível dizer, por exemplo, que estou 58% satisfeito com o carro que comprei ou 27,4% apaixonado por alguém. Satisfação e paixão são sentimentos complexos, não indicadores simples formados por um conjunto e respostas do tipo "sim" e "não".

Mas, então, qual a melhor resposta até agora para a pergunta: Para que serve o cérebro?

Umas das respostas mais promissoras dadas pela Neurociência até hoje é que a principal função de um sistema nervoso altamente desenvolvido como o dos humanos é a adaptação. E isso nos afasta bastante da analogia com os computadores e mesmo do famoso "aprendizado de máquina". Adaptar-se envolve não apenas dar respostas a partir de processamento de dados, mas também aprender a fazer perguntas novas e questionar as respostas antigas. E isso não só do ponto de vista lógico, mas também ético, por exemplo.

A principal função do sistema nervoso é permitir a adaptação.
Quanto mais adaptáveis as espécies animais, mais complexos são seus cérebros.

Algumas espécies de corais, por exemplo, apresentam um sistema nervoso rudimentar na fase jovem. Porém, quando se fixam em uma rocha, esse sistema regride, possivelmente pela menor necessidade de se adaptar. Essa é a mesma razão pela qual plantas não têm sistema nervoso: baixos requisitos de adaptação não requerem um sistema nervoso.

É verdade que existem algoritmos capazes de "evoluir", captando e processando informações no mundo virtual. Esse é fundamento do famoso aprendizado de máquina ou *machine learning*. Mas o ser humano não aprende apenas a partir de informações; nós também nos adaptamos emocional e moralmente. E isso as máquinas não fazem, pois não se questionam nessas dimensões.

Aqui vale um exemplo: Um algoritmo extremamente "inteligente" e programado para aprender, caso fosse usado no século XVI, por exemplo, nos ajudaria a maximizar a caça de escravos africanos e nos ensinaria a como administrar melhor nossas senzalas. No século XIX, ensinaria as mulheres a serem esposas mais submissas para agradarem seus maridos. Nenhum algoritmo seria capaz de questionar esses valores de época e superá-los! Só a mente humana é capaz de questionamentos éticos e morais. E isso não se faz com uma grande quantidade de pares do tipo 0-1.

Inteligência: Qual?

Então, nós humanos temos uma incrível máquina biológica que nos faz sermos capazes de nos adaptarmos como nenhuma outra espécie viva. E o processamento de informações é apenas parte disso. Não é à toa que os humanos são o único animal que consegue sobreviver nos mais diferentes cantos do planeta. Isso nos torna mais "inteligentes" de alguma forma?

Para Nietzsche, o ser humano é uma espécie que perdeu a sã razão animal. Compreender nossa incrível máquina cerebral é uma tentativa de recuperar essa razão e, assim, melhorar nossa saúde mental e nossa qualidade de vida.

A associação entre cérebro e inteligência é quase óbvia. Quando dizemos "Fulano é o cérebro da equipe", todos compreendem a mensagem. Infelizmente, inteligência nem sempre é associada à capacidade de adaptação. Então, dado que o senso comum associa a inteligência ao cérebro, é preciso compreender melhor o que compreendemos por inteligência.

Raymond Catell (1905-1998) foi um dos pioneiros em estudar o fenômeno da inteligência humana, distinguindo nossa capacidade cognitiva de executar bem algo que já sabemos (inteligência cristalizada) de nossa capacidade de aprender coisas novas (inteligência fluída). Esta última é, sem dúvida, a que mais interessa quando tratamos das aplicações da Neurociência ao mundo corporativo, o *Neurobusiness*. Afinal, sem inteligência fluída não há adaptação.

A pandemia de Covid-19 foi um marco trágico em nossa história recente, exigindo muito de nossa capacidade de adaptação. E, assim como as guerras, a pandemia funcionou como um catalizador dos avanços tecnológicos, desde o caso mais óbvio das vacinas até a comunicação que tornou o *home office* e o ensino a distância mais difundidos do que nunca. Não fosse nossa inteligência fluída, teríamos apenas repetido o conhecimento que já tínhamos, limitando muito esses processos de mudança adaptativa.

Por essa e outras razões, nossa única certeza hoje é que está bem mais difícil prever o futuro. Por conta disso, compreender nosso sistema nervoso como uma alavanca de adaptação e focar em nossa capacidade de aprendizado (inteligência fluída) é o maior objetivo do conteúdo que apresentamos ao longo desse livro.

Muito mais do que buscar apenas alta performance, nosso intuito é contribuir para uma melhor qualidade de vida. Isso porque as visões simplistas sobre o funcionamento do sistema nervoso cobram um preço alto em termos de saúde mental, corporal e social. Muitos dos chamados workaholics estão submetendo seus cérebros a processos e rotinas perigosas, aceitando rotinas altamente estressantes cujas consequências aparecem tanto no curto prazo quanto lá adiante, na velhice. Ao mesmo tempo, líderes estão submetendo suas equipes a "estímulos" baseados em estresse elevado, sem maiores preocupações com as consequências mentais e emocionais desse estilo de liderança tóxica.

"Nos deram espelhos e vimos um mundo doente", dizia a letra de uma canção popular da década de 1980. Isso é bastante válido para as aplicações da Neurociência que propomos neste livro.

Acreditamos que a atual tragédia ambiental e climática é o reflexo da profunda incompreensão dos seres humanos sobre si mesmos. Esquecemos que somos máquinas biológicas com ampla capacidade cognitiva, imaginativa e estética; mas isso faz de nós seres contraditórios ao extremo.

Parafraseando Nietzsche, podemos dizer que, talvez, os animais vejam o Homem como um ser igual a eles, mas que perdeu, de forma extraordinariamente perigosa, a sã razão animal. Ou seja: veem o Homem como um animal irracional, um animal que sorri, que chora, mas, como regra, um animal infeliz e insatisfeito.

Ao associar *Neurobusiness* e Qualidade de Vida, nosso objetivo é contribuir, dentro da esfera corporativa e do mundo do trabalho, para a recuperação daquela sã razão animal – ou biológica, se preferirem. Não se pode buscar saúde mental acreditando que nós, humanos, somos uma espécie à parte na Natureza e que nossa biologia está sujeita a leis especiais, diferentes das que regem outras formas de vida. O que diferencia é nosso senso estético e moral, capaz de limitar nossos impulsos animais e escolher seguir ou não nossos instintos e impulsos afetivos. Mas isso não diminui nem nossos instintos nem nossos impulsos!

Respostas novas para questões antigas

Mas, para avançar nesse propósito, temos que reconhecer que o cérebro humano é uma máquina incrível e incrivelmente desconhecida. Vontade, afeto, desejo e instinto se misturam em proporções as mais variadas. Lembranças recentes e remotas, ansiedades, angústias, admiração e estima. Tudo isso combinado em cada um de nós segundo padrões conhecidos, mas infinitamente variados.

Quando vemos tudo isso sob a perspectiva da Neurociência aplicada, o grande tema desse livro, ficamos com a impressão de estarmos olhando para nossa própria imagem em um espelho partido em muitos pedaços. Descobrimos faces e ângulos de nós mesmos que não conhecíamos ou tentávamos esconder de nós mesmos.

É por isso que o cérebro nos intriga cada vez mais. Quanto mais sabemos sobre ele, mais queremos saber e menos nos sentimos satisfeitos com as explicações antigas dos fenômenos mentais.

Segundo as correntes criacionistas, a perfeição do desenho traz a assinatura divina. Como o acaso poderia ter moldado algo tão extraordinário como o ser humano ou seu cérebro? Mas esse questionamento resulta em mais dúvidas do que certezas, por mais que seja respeitável enquanto crença metafísica.

No outro extremo, os evolucionistas vasculham as várias camadas cerebrais como um arqueólogo revira o terreno de um sítio em exploração. Nível após nível, eles reencontram em nosso cérebro vestígios de eras muito antigas, traços nítidos e peculiares de nossos antepassados.

Os que acreditam no livre-arbítrio insistem que as escolhas que fazemos são manifestação de nossa vontade e que esta, bem disciplinada, pode superar o desejo e o instinto. Desde que devidamente adestradas, nossas virtudes poderiam, segundo estes, sufocar nossas tendências bárbaras, egoístas, mesquinhas.

Os deterministas, por sua vez, destacam os impulsos e a força de nossas ações impensadas, voltadas antes de tudo para a superação dos inimigos, para a sobrevivência e a ocupação de território.

Debates entre essas correntes são muito antigos. Surgiram junto com a própria Filosofia. No famoso diálogo Fedro (cerca de 370 A.C.), Platão (427 A.C.-347 A.C.) já afirmava que a alma humana era como um carro puxado por dois cavalos: um emotivo (irascível) e outro instintivo (concupiscível). Esses cavalos estariam amarrados ao carro e o caminho que ele segue é resultado do equilíbrio instável e da contínua disputa entre ambas as forças que tentam levá-lo cada qual para um caminho. O cocheiro é a razão que conduz a carruagem (o corpo), por meio dos pensamentos (as rédeas).

Em pleno século XXI, ainda estamos cheios de questionamentos desse tipo. Poucos de nós, há dez ou quinze anos, previmos corretamente onde nossa carreira nos levaria e o que estaríamos fazendo profissionalmente hoje. Ao mesmo tempo, nos mais diferentes ambientes de trabalho, vemos pessoas extremamente criativas, engajadas e satisfeitas, lado a lado com colegas angustiados ou mesmo deprimidos. Às vezes passamos horas na frente do computador sem conseguir concluir uma tarefa e, quando vamos para casa, a solução surge cristalina debaixo do chuveiro.

No campo da liderança, vemos pessoas capazes de nos motivar, de nos arrancar dedicação e comprometimento, lado a lado com chefes tirânicos, narcisistas e manipuladores que só nos conseguem convencer pelo medo.

Será que a cultura de uma empresa, seu clima organizacional, os estilos de liderança e tantas outras dimensões da vida corporativa podem ser melhor compreendidas e aprimoradas a partir de uma compreensão mais profunda do funcionamento do cérebro? A resposta é um claro sim.

Neurociência aplicada à qualidade de vida e à Gestão Empresarial: Isso é mesmo possível?

Aplicada à busca de melhor qualidade de vida, a Neurociência revela um arsenal poderoso. Seja no ambiente empresarial, na família ou no silêncio de uma noite de insônia, o melhor conhecimento de nosso cérebro pode ser extremamente útil. Como na Filosofia clássica, trata-se de um exercício profundo, difícil e progressivo de autoconhecimento. No meio do caminho, acabamos descobrindo coisas que preferíamos manter escondidas nas dobras da mente. Mas o resultado vale a pena!

Quando aplicada à Administração de empresas e negócios, a Neurociência pode ser chamada de *Neurobusiness* ou Neurogestão. Essa área se define, de forma genérica, como a aplicação dos conhecimentos originados na Neurociência à Gestão Empresarial. O objetivo dessa aplicação é a melhoria efetiva da *performance* das empresas a partir de melhorias em seu processo decisório, critérios de alocação de pessoal, motivação de equipes, liderança e estratégia, dentre outras áreas, sempre orientadas pela compreensão de como o cérebro humano funciona e de suas peculiaridades no que diz respeito aos colaboradores e à direção das empresas.

Ao contrário de outras disciplinas que já nascem aparentemente unidas ao mundo corporativo (Marketing, Contabilidade, Finanças, dentre outras), a Neurociência parece, à primeira vista, algo distante da Gestão Empresarial. Mas essa visão é duplamente errada.

A Contabilidade, por exemplo, surgiu no antigo Oriente Médio. Na origem, consistia em um conjunto de técnicas de registro dos estoques de alimentos. Era uma função de burocratas do Estado cujo objetivo não era maximizar os lucros de empresa alguma, mas apenas garantir a sobrevivência da população e o recolhimento dos impostos devidos ao governante.

O Marketing, por sua vez, já esteve intimamente ligado à política e um de seus maiores gênios no campo político foi o ministro de Hitler, Joseph Goebbels (1897-1945).

A grande diferença é que a aproximação entre a Neurociência e a Gestão Empresarial é bem mais recente. Não resta dúvida de que a Psicologia já é aplicada nas empresas há décadas e que suas relações com Liderança e Marketing, por exemplo, são fundamentais. Mas, quando falamos de *Neurobusiness*, estamos nos referindo a um conhecimento biológico do cérebro, da interação entre suas diferentes áreas com suas funções específicas, sobretudo nos processos de tomada de decisão, interação em grupo e comportamento no ambiente corporativo em geral. Toma-se a herança da Psicologia com um dos pontos de partida, mas se vai muito além.

Um momento decisivo desse processo de constituição do *Neurobusiness* ocorreu na virada do século. A década de 1990 foi declarada pelo ex-presidente norte-americano George W. Bush (nascido em 1946) como a década do cérebro (*decade of the brain*). Bilhões dólares foram direcionados para pesquisas médicas voltadas para o mapeamento e a melhor compreensão do funcionamento da máquina cerebral humana. O objetivo mais imediato era acelerar a busca da cura para doenças como o mal de Parkinson, o mal de Alzheimer e a epilepsia, dentre outras.

O resultado dessa iniciativa foi o rápido avanço da Neurociência no sentido de compreender melhor como o cérebro humano funciona, com destaque para os processos de tomada de decisão.

Essas descobertas fizeram com que profissionais e acadêmicos de várias áreas do conhecimento revisitassem suas teorias e as reanalisassem com um novo conjunto de ferramentas de análise tornado possível pelos avanços nas pesquisas sobre o cérebro.

Emblema oficial da Década do Cérebro

Emblema oficial da BRAIN Initiative

Em abril de 2013 a gestão Obama lançou outro programa de grande impacto: a iniciativa BRAIN (*Brain Research through Advancing Innovative Neurotechnologies),* também conhecida como Projeto de Mapeamento da Atividade Cerebral (*Brain Activity Map Project*).

O principal objetivo do programa foi identificar, com a precisão possível, a função de cada neurônio presente em nosso cérebro. No entanto, esse desafio incluiria o mapeamento e a análise de dezenas de bilhões de células, cada qual conectada com dez mil outras. Por isso, os primeiros experimentos foram realizados com animais e insetos com sistemas neurais mais simples. Mas muitos outros avanços no mapeamento do cérebro humano também estão sendo realizados por meio de diferentes programas de pesquisa. Dentre eles, o *Europe's Human Brain Project* e o *Human Connectome Project* – este último, também norte-americano.

A expectativa dos pesquisadores é de que os próximos dez anos serão os mais fantásticos em termos de novas descobertas sobre o funcionamento do cérebro humano. Isso significa que novas contribuições ao *Neurobusiness* ainda estão por vir, exigindo de todos nós contínua atualização.

Todo esse progresso deve muito aos métodos mais modernos de mapeamento da atividade cerebral, incluindo a ressonância magnética funcional (*functional Magnetic Resonance Imaging* ou fMRI), a tomografia por emissão de pósitrons (*Positron Emission Tomography* ou PET) e a espectroscopia funcional em infravermelho próximo (*functional Near-infrared Spectroscopy* ou fNIRS). Graças a esses métodos, muitos experimentos antigos, antes restritos ao campo da Psicologia experimental e da Economia comportamental, têm sido revistos e revelado como o cérebro reage às mais variadas situações. Graças a isso, a própria Neurociência se especializou, abrindo campo para áreas interdisciplinares como Neurociência cognitiva

(Gazzaniga e outros, 2020) e, mais recentemente, para a Neurociência social (Cacioppo e Cacioppo, 2020).

Nosso objetivo

Apesar de suas limitações, os avanços ocorridos na Neurociência durante as últimas décadas estão transformando nossa forma de ver e lidar com nosso cérebro. E a avalanche de novos conhecimentos é tão grande que acabou por transbordar para outras áreas do conhecimento e também para a busca de melhor qualidade de vida em diversos de seus aspectos: saúde mental, inteligência emocional, convivência social, familiar, enfrentamento de problemas pessoais, tomada de decisão, processos pedagógicos etc.

Na atualidade, a quase totalidade das pessoas instruídas já ouviu falar de Neurolinguística, por exemplo. Muitas também já conhecem o Neuromarketing. Mas você já ouviu falar em Neuroeconomia ou Neuroarquitetura?

O principal objetivo desse livro é expor de maneira clara, simples e direta algumas das principais aplicações da Neurociência, destacando sua contribuição para algumas das áreas mais importantes para a Gestão de empresas, mas, sobretudo, para a qualidade de vida em geral.

É importante ressaltar que as ideias apresentadas neste livro são provenientes de autores que não são neurocientistas, porém possuem mais de uma década de experiência na aplicação dessa área do conhecimento. Nós acreditamos que os desafios e problemas complexos que enfrentamos hoje em dia não podem ser adequadamente abordados apenas por uma única disciplina. Por isso, ao promover a interdisciplinaridade, estimulamos a criatividade, o diálogo e a troca de conhecimentos entre as disciplinas, criando um ambiente mais propício para a descoberta e a inovação.

Queremos motivar o leitor a seguir acompanhando os avanços nesse campo novo e incrível que é a Neurociência aplicada.

Nós, autores, esperamos que você, leitor, não seja mais a mesma pessoa ao final da leitura. Acreditamos que você passará a olhar para as formas dos edifícios ao seu redor, para as vitrines das lojas nos *shoppings* e até mesmo para seus colegas de trabalho com outros olhos. Acreditamos que você aprenderá a lidar melhor com essa máquina incrível que é seu cérebro, mas também irá compreender melhor muitas das atitudes aparentemente inexplicáveis das pessoas a seu redor.

Boa leitura!

Boa aventura!

1.Mente e cérebro

Amamos a vida não porque estamos acostumados à vida, mas a amar. Há sempre alguma loucura no amor, mas há sempre também alguma razão na loucura.

Friedrich Wilhelm Nietzsche

Você tem um cérebro ou o cérebro tem você?

Os antigos egípcios já conheciam algumas particularidades do cérebro humano. Mas sua preocupação era bastante prática: remover esse órgão para a mumificação sem dilacerar o crânio ou a face dos faraós e altos funcionários do reino. Para os padrões atuais, não era algo muito científico e sim uma preocupação ritual e religiosa: a preparação do corpo do morto para a vida após

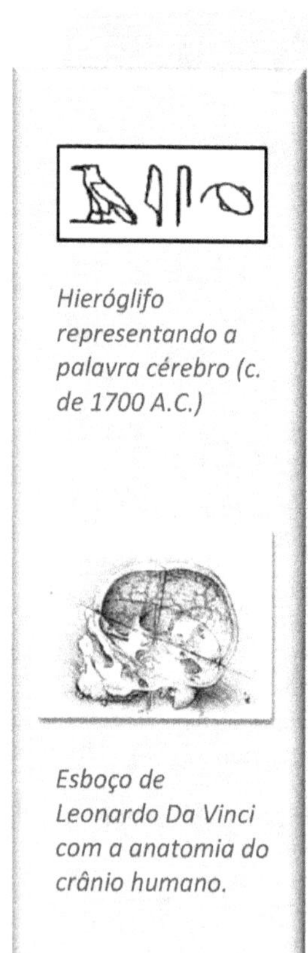

Hieróglifo representando a palavra cérebro (c. de 1700 A.C.)

Esboço de Leonardo Da Vinci com a anatomia do crânio humano.

a morte. Isso pode parecer meio chocante hoje em dia, mas a crença da época parece ter sido dualista, isto é, a mente e o cérebro, ou a alma e o corpo, seriam coisas bem diferentes. Será?

Aristóteles (384 A.C.-322 A.C.), o maior filósofo de todos os tempos, também era dualista. Ele acreditava que a inteligência, a razão e a memória estavam localizadas no coração e eram uma expressão da alma. Por isso, até hoje, quando guardamos algo de memória, dizemos que "sabemos de cor", isto é, "de coração". A palavra "coragem" também remete a "agir com o coração". Para ele, a função do cérebro era apenas esfriar o sangue! Por isso, até hoje, quando dizemos "esfrie a cabeça", estamos querendo dizer "acalme-se" e, sem querer, estamos pagando um tributo à visão de Aristóteles sobre as funções – nada cognitivas – do cérebro.

Um avanço mais importante sobre o conhecimento do cérebro na antiguidade foi feito por Galeno (c. 129-c. 217). Médico e filósofo romano nascido em Pérgamo, praticava regularmente a dissecação de animais e identificou algumas relações entre nervos específicos e o movimento de diversos músculos. Pode ser considerado o pai da pesquisa fisiológica e sua obra foi referência na Europa por cerca de mil anos. Um prodígio científico! Mas ele também não ousou dizer que os processos mentais são um produto do cérebro e, provavelmente, também era dualista.

Dualismo versus Monismo

Dualismo é uma visão filosófica sobre o mundo que afirma haver duas diferentes substâncias ou princípios que estão na base de realidades opostas: o mundo material e o mundo psíquico. Segundo essa visão, essas substâncias não se misturam, ainda que possam ter relações ou interfaces. Para os dualistas, os fenômenos psíquicos – incluindo cognitivos e afetivos – não são fruto do cérebro e a relação entre mente e corpo se dá por algum mecanismo mediador.

A aposta de um grande filósofo como Descartes (1596-1650) era que a glândula pineal mediava o contato entre alma e corpo. Modernamente, poderíamos dizer que, na visão dualistas, tudo se passa como se o cérebro fosse um televisor que se relaciona com a emissora por meio das ondas eletromagnéticas. Quem produz a programação é a emissora e o televisor apenas interage com ela por meio de um decodificador, exibindo os conteúdos recebidos. Mas o televisor e a emissora são "coisas" completamente diferentes. Para os dualistas, acreditar que a mente é apenas o cérebro funcionando seria o mesmo que dizer que a tv gera a programação.

O dualismo se opõe às várias formas de monismo, pensamento segundo o qual há uma única substância ou princípio comum para a mente e o corpo. Nossa mente seria, modernamente, a expressão das reações neuroquímicas que ocorrem no cérebro e, portanto, pensamentos, memórias, sentimentos, tudo seria criado pelo próprio cérebro, o que torna a questão mente-corpo irrelevante ou simplesmente absurda.

Para alguns monistas, como o filósofo britânico Gilbert Ryle (1900-1976), a ideia de alma se assemelha à crença de um *fantasma na máquina*. Foi por meio dessa alegoria que Ryle descreveu (1949) o dualismo e as relações – segundo ele impossíveis – entre um princípio imaterial e outro material.

Durante a Idade Média, a dissecação de cadáveres era reprovada pela Igreja, o que criou um grande hiato na história do conhecimento sobre o funcionamento do cérebro e de todo o organismo. Mas, durante o Renascimento, homens como Andreas Vesalius (1514-1564) e Leonardo da Vinci (1452-1519) voltaram a explorar a anatomia do crânio e de todo o corpo humano. Vesalius é tido como o pai da Anatomia moderna e sua obra de *De Humani Corporis Fabrica Libri Septem* – mais conhecido apenas como *Fabrica* –, foi o primeiro grande atlas de anatomia humana. Já o interesse e a curiosidade de Leonardo eram típicos de um artista que queria representar as formas humanas com perfeição. Não era a abordagem de um cientista como Galeno ou Vesalius, que buscaram compreender as relações funcionais entre mente, cérebro e corpo. Ainda assim, seus esboços de crânios, músculos e nervos servem de grande inspiração até hoje.

No entanto, mesmo reconhecendo a complexidade dessa estrutura fantástica, nenhum desses pioneiros foi capaz de fazer grandes avanços no entendimento da multiplicidade de funções e dos diferentes subsistemas que compõem nosso sistema nervoso central – que chamaremos, ao menos por enquanto, simplificadamente de cérebro. Se perguntássemos para qualquer um deles: "A mente é o produto do cérebro?", a resposta provavelmente seria um sonoro "claro que não"!

Filosoficamente, estávamos em plena era do dualismo, base filosófica de qualquer religião. Por isso todos esses pensadores acreditavam de alguma forma que os fenômenos psíquicos – pensar, recuperar memórias, emocionar-se – não tinham relação com o mundo físico. Assim, o mundo deveria ser composto de duas substâncias muito diferentes: uma, material ou corporal, e outra, imaterial ou psíquica.

Ilustração de René Descartes mostrando como as sensações são transmitidas pelos órgãos dos sentidos à glândula pineal no cérebro e, a partir deste, chegam ao espírito (ou psique) imaterial.

Desde os antigos filósofos gregos até o século XVIII, o dualismo foi a corrente predominante para discutir a relação corpo-mente. Mas foi René Descartes (1596-1650) o primeiro a associar claramente a substância imaterial à consciência, separando-a do cérebro que, segundo ele, seria o suporte da inteligência.

Descartes chamou a mente de *res cogitans* (ou "coisa pensante") e o corpo de *res extensa* ("coisa extensa", isto é, que ocupa lugar no espaço). A glândula pineal faria a ligação entre a mente e corpo, a interface entre o mundo das ideias e o mundo material.

No entanto, a partir do final do século XVIII, essa visão começou a mudar e os chamados pensadores e cientistas monistas ganharam terreno.

Segundo essa visão, predominante desde o século XIX, a mente é um produto do cérebro ou, dito de outra forma, é o cérebro em funcionamento. Foi essa visão monista que inspirou boa parte dos avanços da Neurociência. É possível afirmar que a Neurociência moderna nasceu no século XX como uma vitória do monismo.

Dois grandes precursores da pesquisa moderna sobre o sistema nervoso foram o italiano Camillo Golgi (1843-1926) e o espanhol Santiago Ramón y Cajal (1852-1934). Considerado o primeiro neurocientista moderno, Ramón y Cajal deu segmento às pesquisas de Golgi e concluiu que o sistema nervoso era formado por uma infinidade de células polarizadas.

O advento do microscópio, grande inovação tecnológica da geração de Ramón y Cajal, gerou uma primeira grande revolução no entendimento das particularidades de nosso cérebro, fazendo avançar rapidamente disciplinas associadas à Neurociência, como a biologia cerebral e a neuroevolução.

Na atualidade, pode-se dizer que o campo de pesquisa em Neurociência é dominado pela visão monista, muito embora existe uma corrente minoritária de neurocientistas dualistas (ver Lavazza e Robinson, 2014).

Um autor muito relevante, fortemente comprometido com a visão predominante, é o neurocientista português António Damásio (nascido em 1944) que expressa com veemência sua visão monista em livros como O Erro de Descartes (2005) ou E o Cérebro Criou o Homem (2012).

No mesmo sentido, uma boa síntese da crítica moderna ao dualismo surgido com Descartes é do

Ramón y Cajal

Considerado pai da Neurociência moderna, Ramón y Cajal utilizou a técnica de coloração histológica desenvolvida por Golgi utilizando nitrato de prata no estudo ao microscópio das células do sistema nervoso.

Camillo Golgi

filósofo norte-americano John Searle (nascido em 1932) que afirma:

> "Há uma série de desastres famosos na história da Filosofia, e Descartes é um dos maiores desastres. Vivemos em um mundo, não dois ou três ou mais, e o que consideramos como consciência e a mente é uma característica biológica de certos tipos de organismos. A maior catástrofe de Descartes é seu dualismo, a ideia de que a realidade se divide em dois tipos de substâncias, matéria e espírito. Descartes foi incapaz de ver isso, porque ele achava que a consciência só poderia existir em uma alma, e a alma não era uma parte do mundo físico".[1]

Mas, apesar de críticas duras como as de Damásio e Searle, o dualismo não morreu e, até certo ponto, buscar a morada da consciência fora do próprio cérebro é uma linha de pesquisa que vem crescendo nas décadas recentes. Boas referências são as pesquisas sobre experiências de quase-morte de médicos como van Lommel (2010) e Greyson e Bush (1992).

Simplificadamente, pode-se dizer que existem três abordagens principais hoje para a relação mente-cérebro no campo: reducionismo, funcionalismo e fenomenologia. O primeiro tenta reduzir a mente aos processos cerebrais. Alguns autores como Patricia Churchland (2014) levam essa redução ao extremo, sugerindo que a mente é apenas um problema linguístico e sequer existe. No funcionalismo, o foco são as funções que o sistema nervoso executa, linha de

[1] Brain, Mind, and Consciousness: A Conversation with Philosopher John Searle. Fonte: https://blogs.loc.gov/kluge/2015/03/conversation-with-john-searle/, consultado em 17/out/2023.

pensamento defendida por filósofos como Daniel Dennett (1992), segundo o qual a mente é compreendida como aquilo que o cérebro faz. Já na abordagem fenomenológica estão os autores que se recusam a reduzir a mente ao cérebro, incluindo as teorias dualistas.

Duas referências dualistas recentes merecem destaque: o filósofo norte-americano Thoman Nagel (nascido em 1937) e o também filósofo australiano Frank Jackson (nascido em 1943). Nagel é conhecido pelo artigo "Como é ser um morcego" (1974), no qual propõe que, mesmo que saibamos tudo sobre o mecanismo de sonar de um morcego, nunca teremos acesso à experiência que esse animal tem ao usar seu mecanismo de localização. Portanto, existe algo de não redutível ao fenômeno material, um fato que muitos monistas negam. Influenciados por Nagel, muitos filósofos da mente chamam esses aspectos subjetivos dos eventos mentais de *qualia*. Há algo que é como sentir dor, ver um tom familiar de azul e assim por diante que não se limita nem pode ser reduzido a fenômenos físicos. Seria como tentar compreender fenômenos elétricos ou magnéticos aplicando apenas as leis da mecânica. Se for assim, a percepção não é biológica em última instância, nem a própria experiência subjetiva.

Jackson vai além e propõe o experimento mental chamado "o quarto de Mary". Neste experimento mental, ele nos convida a imaginar uma neurocientista chamada Mary, que nasceu e viveu toda a sua vida em um quarto preto e branco com uma televisão e monitor de computador em preto e branco. Pesquisando sobre cores, ela coleta todos os dados científicos que pode sobre sua natureza ao ponto de sabe tudo sobre cores, até mesmo sobre as sensações causadas por elas. No entanto, segundo Jackson, se Mary sair do quarto para o mundo colorido lá fora, ela passará a ter novos conhecimentos que antes não possuía: aqueles relacionados à experiência ou vivência das cores. Embora Mary saiba tudo que há para saber sobre cores de uma perspectiva objetiva e de terceira pessoa, ela nunca soube, de acordo com Jackson, como era ver o vermelho, o laranja ou o verde. Se Mary realmente aprende algo novo, deve ser o conhecimento de algo não físico, uma vez que ela já sabia tudo sobre os aspectos físicos da cor. Do mesmo modo, outra pessoa que passasse pela mesma experiência subjetiva não necessariamente passaria pelas mesmas sensações ou *qualia*. A percepção de uma cor, nesse exemplo, é um pouco diferente do ponto de vista subjetivo para cada um de nós, ainda que a "azulidade" de um objeto seja algo objetivo.

Esse dualismo light não defende a existência de duas substâncias, mas afirma que experiência mental não é redutível aos fenômenos físicos. Existira algo para além de físico na experiência subjetiva, algo não redutível aos processos e leis da Física.

Seja a mente o produto do cérebro ou não, o *Neurobusiness* não é o campo apropriado para promover um debate entre monistas e dualistas.

Como parte significativa da pesquisa científica sobre o cérebro adota a postura monista em alguma de suas versões, esta será nossa perspectiva daqui em diante. E, por isso, se nossa psique tem o cérebro como interface com o corpo (dualismo) ou se os fenômenos psíquicos são produto do cérebro em funcionamento (monismo) e ele nos tem fica sendo uma questão em aberto.

Nossa busca a partir de agora vai focar na relação entre cérebro e comportamento, algo muito importante para as aplicações feitas pelo *Neurobusiness*.

A Teoria do Cérebro Triuno: formulação, limites e superação

A chamada "Teoria do Cérebro Triuno" foi – e ainda é – uma referência importante para as aplicações da Neurociência feitas pelo *Neurobusiness*. Muito já se escreveu – e muito nós, autores, já escrevemos – a seu respeito. Mas, na atualidade, ela deve ser vista com cautela, pois está parcialmente superada e tem servido de base para algumas teorias simplistas sobre os processos decisórios amplamente disseminadas na internet. Essa teoria foi difundida desde a década de 1970 pelo neurocientista Paul MacLean (1913-2007) e sintetizada em seu livro *The Triune Brain in Evolution* (MacLean, 1990).

Segundo essa visão com forte conteúdo neuroevolucionista, nossa mente e, portanto, nossas ações são o resultado de forças cerebrais distintas, muitas vezes opostas, organizadas segundo uma hierarquia que foi se formando há milhões de anos e só ficou pronta da maneira como a conhecemos hoje há cerca de 40-60 mil anos.

Caracterização dos "três cérebros" de MacLean (1990)

Cérebro reptiliano: A parte mais primitiva e instintiva do cérebro. Nessa área concentram-se processos involuntários, menos conscientes e instintivos voltados para satisfazer as necessidades básicas como reprodução, dominação, autodefesa, medo, fome, fuga etc. A área também é responsável pelos processos automáticos como a respiração e o ritmo cardíaco, e se localiza no tronco encefálico, no diencéfalo e nos gânglios da base.

Cérebro paleomamífero ou sistema límbico: É a parte do cérebro responsável pelos sentimentos e experiências emocionais. Também está associado ao armazenamento e recuperação de memórias permanentes. Segundo MacLean, está presente tanto no cérebro de mamíferos como no de aves. É formado pela parte média da superfície cerebral (parcela mais interna do córtex) e por estruturas como o hipocampo, a amígdala cerebral e o núcleo acúmbens.

Cérebro neomamífero ou neocórtex: É a parte lógica, racional e executora do cérebro. Especializada em processos de compreensão de causa e efeito, autocontrole, codificação e decodificação de elementos da linguagem, sobretudo visuais. Corresponde às camadas mais exteriores do córtex e é bastante desenvolvida em mamíferos superiores e, sobretudo, no ser humano.

Uma das maiores descobertas de MacLean [2] a partir de seus estudos de anatomia se refere à evolução do encéfalo. O neurocientista deixou explícito que nosso cérebro evoluiu como uma cidade, do centro para a periferia. Os novos bairros foram surgindo cada vez mais afastados do centro e recobriram o entorno da cidade velha. Mas esta continua existindo lá no antigo núcleo urbano.

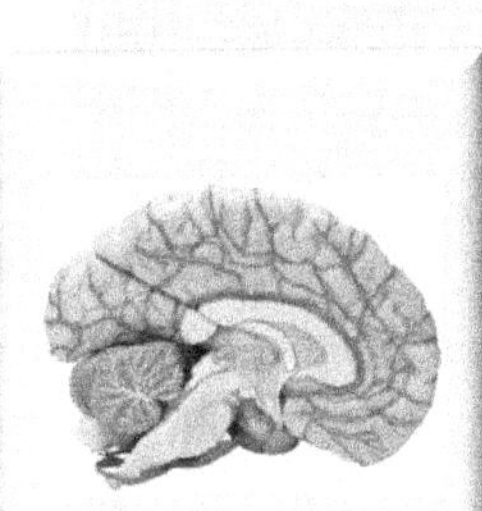

Modelos do cérebro em corte transversal revelam diversas estruturas localizadas abaixo da massa cinzenta que é o córtex (que aparece em tom mais escuro na figura acima, com destaque para os principais vasos sanguíneos).

Juntas, as visões anatômica e evolucionária acabam resultando em uma descoberta reveladora que muda nossa maneira de ver o cérebro e nossa própria relação com ele. Afinal, dentro de nós existem "camadas sedimentares" que contam a história de nossa neuroevolução. Mas não são ruínas mortas de um

[2]Autores como Dalgalarrondo (2011, p.21) esclarecem que a visão de MacLean é excessivamente linear e, em parte, está superada há anos. Isso significa que a evolução se dá por ramos, como os galhos das árvores. O próprio cérebro dos répteis continuou evoluindo e encontrou soluções diferentes para a perpetuação de sua espécie se comparados, por exemplo, aos primatas. Feita essa ressalva, a visão do cérebro humano evoluindo de dentro para fora ainda é altamente esclarecedora.

passado distante. Muito ao contrário! As estruturas mais primitivas continuam existindo e desempenhando funções importantes, mais ou menos como faziam há milhões de anos, apesar de também não terem deixado de evoluir em paralelo com as novas áreas. Ao mesmo tempo, um fato marcante se refere à interação entre essas áreas gerando uma mente única.

Mas, é necessário começar a descontruir MacLean a partir deste ponto. Sua divisão do cérebro em três áreas já não é aceita pelos neurocientistas e mesmo o termo "reptiliano" deixou de ser usado. A ideia neuroevolutiva, que destaca a "montagem" do cérebro humano de dentro para fora e de trás para frente ainda é válida. Mas nosso sistema nervoso central já não é visto hoje como na década de 1990, pois muita pesquisa e muitas descobertas surgiram depois do livro de MacLean.

A primeira distinção relevante se refere à própria palavra "cérebro". A rigor, é mais correto e atual começar por caracterizar nosso sistema nervoso central (SNC), que é constituído pelo encéfalo e pela medula espinhal. Grosso modo, pode-se dizer que o encéfalo é a parte do SNC que se encontra dentro de nosso crânio. Por sua vez, o encéfalo pode ser dividido em três grandes estruturas: o tronco encefálico, o cerebelo e o cérebro (propriamente dito). E o cérebro tem diversas estruturas, como o sistema límbico e o neocórtex (parte do telencéfalo), por exemplo. O quadro e a figura a seguir resumem a terminologia e a localização básicas das principais estruturas do SNC.

Classificação anatômica básica do Sistema Nervoso Central

<table>
<tr><th colspan="9">SNC</th></tr>
<tr><th colspan="8">Encéfalo</th><th rowspan="5">Medula espinhal</th></tr>
<tr><th colspan="3">Cérebro</th><th colspan="2">Cerebelo</th><th colspan="3">Tronco Encefálico</th></tr>
<tr><td colspan="2">Telencéfalo</td><td>Diencéfalo</td><td rowspan="3">Córtex cerebelar</td><td rowspan="3">Núcleos profundos</td><td rowspan="3">Mesen-céfalo</td><td rowspan="3">Ponte</td><td rowspan="3">Bulbo</td></tr>
<tr><td>Córtex cerebral</td><td>Nú-cleos da base</td><td>Tálamo, hipotálamo, epitálamo</td></tr>
<tr><td colspan="3">Estruturas do sistema límbico</td></tr>
</table>

Adaptado a partir de Lent (2023), p. 18.

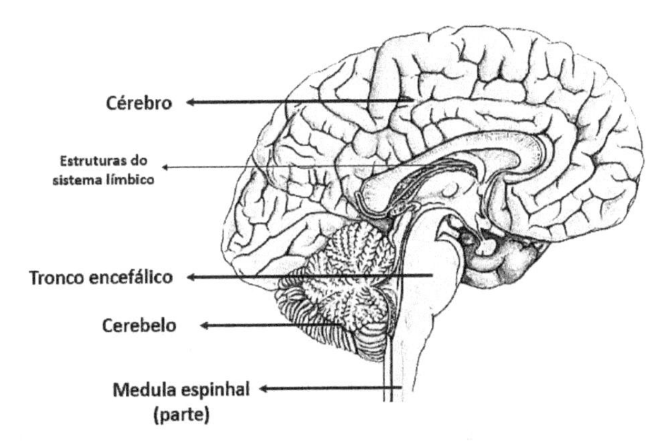

No *Neurobusiness*, as referências a áreas e estruturas cerebrais devem ser feitas com cuidado para que não se ultrapasse o limite das aplicações, resvalando para análises biológicas ou neurocientíficas que não são nem objeto, nem o campo de domínio de seus estudiosos e praticantes. O típico profissional de *Neurobusiness* está para o neurocientista como o engenheiro está para o físico. Os primeiros são usuários das aplicações que surgem do trabalho teórico e de pesquisa dos segundos.

Feito esse alerta, pode-se recuperar e aplicar, dentre outras, a ideia neuroevolutiva de que estruturas como a medula espinhal, o tronco encefálico e o cerebelo surgiram muito antes de áreas como o córtex cerebral. Milhões de anos antes, na verdade. Por esse motivo, tanto a medula quanto o tronco estão associados a comportamentos e decisões mais impulsivos e até reflexivos. Já o cerebelo evoluiu associado a aspectos motores do comportamento, algo igualmente antigo e primário em qualquer espécie animal.

Um bom exemplo desses comportamentos mais ou menos automáticos e menos conscientes é o chamado arco-reflexo. Assim, por exemplo, quando encostamos o braço em uma panela quente na cozinha, parte da informação captada por neurônios sensoriais na pele viaja rapidamente até a medula e, antes mesmo de subir para o encéfalo e ser processada como uma ameaça, gera um reflexo neuronal na própria medula que nos faz contrair a musculatura e "puxar" o braço que está sob ameaça do calor da panela. A dor propriamente dita será a última coisa a ser processada por áreas sensoriais do córtex e a consciência de que encostamos em uma superfície quente virá depois do comportamento estereotipado de "puxar" o braço.

É possível dizer que o arco-reflexo é um tipo relativamente automático de tomada de decisão que se dá por um processo biológico associado a área antigas do sistema nervoso as quais surgiram, do ponto de vista evolutivo, muito antes da cognição, mas que permanecem presentes e atuantes nos seres humano contemporâneos.

Mecanismos comportamentais rápidos e menos conscientes, como o arco-reflexo, associados às áreas mais primitivas do encéfalo, evoluíram muito antes da cognição e da modulação afetiva. Afinal, antes de compreender o mundo ou se emocionar, nossos ancestrais precisavam sobreviver.

Algo muito semelhante acontece quando, distraídos, vemos uma cortina se mover em um quarto escuro no meio da noite. As áreas mais cognitivas do encéfalo, localizadas sobretudo no córtex pré-frontal (atrás da testa) irão processar essa informação lentamente até que possamos concluir que foi apenas o vento, pois a janela está entreaberta – uma típica conclusão lógica de causa e efeito. Mas, antes disso, nosso tronco encefálico já terá feito um primeiro processamento dessa informação, associando-o de maneira grosseira a outras situações de perigo ou simplesmente inesperadas. E, por isso, essa área do SNC terá colocado nosso corpo em alerta[3]: pupilas dilatadas, audição atenta, vasos sanguíneos periféricos contraídos, pulsação acelerada. A depender do tamanho do susto, é possível até que tenhamos gritado. Tudo isso num curtíssimo intervalo de tempo.

Esse tipo de reação estereotipada, menos consciente e rápida das áreas mais primitivas do SNC, que antecedem o processamento cognitivo de informações – sensoriais ou não – é de grande interesse para as aplicações típicas do *Neurobusiness* e não requerem um estudo aprofundado sobre aspectos ligados ao funcionamento em detalhe e às próprias estruturas do sistema nervoso. Então, por enquanto, vamos guardar essa lição: há diferentes níveis de processamento de estímulos por parte de nosso sistema nervoso e as estruturas e circuitos mais antigos em geral funcionam com mais rapidez. Afinal, nossos ancestrais, providos de níveis muito limitados de cognição, tinham que sobreviver em ambientes hostis, nos quais um impulso de luta ou fuga

Nenhum comportamento ocorre em um vazio emocional. A emoção está sempre presente, pois somos incapazes de suspendê-la para tomar decisões como quem gira um interruptor.

[3] Nos processos de atenção, destaca-se o sistema de ativação reticular ascendente, contido no tronco encefálico, parte integrante da indução e manutenção do estado de alerta.

tinha que ser disparado rapidamente na busca de sobrevivência.

Assim, voltando à neuroevolução, notamos que nosso SNC guardou em sua estrutura atual as marcas de um desenvolvimento que se deu ao longo de milhares de anos. No centro está o que se pode chamar – de forma livre – de velho cérebro, o núcleo original de nossa cidade neuronal, composto essencialmente pela medula, pelo cerebelo e pelo tronco encefálico. Todas essas áreas são relativamente bem desenvolvidas mesmo em animais que pouco mudaram nos últimos milhões de anos, como tubarões ou tartarugas.

Logo depois – acima, na direção do crânio – vem o cérebro intermediário, onde se destaca o sistema límbico que se desenvolveu muito com as primeiras gerações de mamíferos e, por isso, também é chamado de cérebro paleomamífero. Essa área é relativamente pouco desenvolvida em répteis e anfíbios, mas se destaca em cães e gatos, por exemplo.

E na periferia – maior parte do telencéfalo no caso dos primatas, por exemplo –, aí sim, o neocórtex, a parte mais externa da massa cinzenta que recobre as estruturas mais velhas. E no neocórtex destaca-se, sobretudo, primatas e ainda mais nos humanos, o pré-frontal, a área logo atrás de nossa testa.

Uma visão darwinista simplória diria que as regiões mais novas, ligadas ao raciocínio abstrato e à capacidade motora, deveriam se sobrepor em importância ou até mesmo substituir as áreas antigas. O próprio Platão acreditava que a razão tinha o comando da carruagem psíquica, isto é, da alma humana. Mas não é bem assim! Não existe tomada de decisão em vazio emocional. Do mesmo modo, analisamos o mundo logicamente sempre olhando através de nossas lembranças, lentes compostas por memórias afetivas. E essa é uma chave importante para conciliar Neurociência, Gestão e qualidade de vida.

Autores tão diferentes como Carl Jung (1875-1961) e António Damásio (nascido em 1944) concordam que a emoção é algo que se dá no corpo. Ela é despontada pela mente – por meio de lembranças, atitudes, opiniões, valores etc. – mas dispara todo um conjunto de reações corporais: a boca que seca, a respiração que acelera, o sistema endócrino que se altera, os vasos sanguíneos que se contraem. Na mente estão os sentimentos, a experiência cerebral das emoções que, por sua vez, volta a ser influenciada pelo que se passa no corpo.

Esse tipo de *biofeedback* é de grande interesse para o *Neurobusiness* e se aplica a áreas tão diversas quanto a Neuroeconomia, a Neuroliderança e a Neuroarquitetura. E esse será um dos temas recorrentes ao longo dos próximos capítulos. Encéfalo, mente e corpo interagem de formas variadas e segundo padrões que queremos compreender para poder administrá-los ou influenciá-los na medida do possível e do eticamente aceitável.

O importante a destacar aqui é que os avanços recentes da Neurociência confirmam é que as diversas áreas do sistema nervoso trabalham em conjunto. Mais do que isso, as áreas mais antigas do SNC, como o tronco encefálico, continuam exercendo tarefas básicas em nós hoje de modo muito semelhante ao que faziam há milhões de anos e não podem ser ignoradas na busca de maior compreensão e capacidade de modulação de nossos comportamentos e decisões. E é aí que chegamos à desconstrução da visão muito localizacionista do cérebro triuno de MacLean.

Sem dúvida é possível afirmar que nosso sistema nervoso é relativamente especializado. As funções cognitivas estão concentradas no pré-frontal, enquanto processos ligados à emoção e à memória se relacionam com o chamado sistema límbico. Do mesmo modo, as áreas sensoriais e motoras, dentre outras, estão bem mapeadas há anos.

Mas, quando assistimos a um filme que nos emociona, não se pode dizer de forma simplista que "nosso sistema límbico tomou o controle". Da mesma forma, uma reação instintiva a uma tentativa de assalto não é "coisa do tronco encefálico" ou, como se dizia há alguns anos "uma reação reptiliana". Em algum momento, demos significado às cenas do filme ou à sua trilha sonora, o que inclui a evocação de memórias afetivas; da mesma forma, a aproximação do assaltante com o que parecia ser uma arma teve que ser interpretada cognitivamente. A percepção sensorial e a evocação de memórias precedem as reações aparentemente mais automáticas. As áreas mais primitivas do cérebro fazem uma "primeira avaliação" desses conteúdos e só um pouco depois é que a cognição entra em cena. Puro trabalho em equipe seguindo uma ordem dada pela evolução.

Do mesmo modo, observar as reações corporais que expressam emoções é um processo cognitivo. Se o sentimento pode ser entendido como a experiência mental da emoção, refletir sobre o sentimento é um passo a mais. Imaginar consequências indesejáveis para possíveis reações passionais também. E procurar gerenciar essas emoções a partir dos processos de *biofeedback* nada mais é do que uma verdadeira estratégia comportamental inspirada na Neurociência.

A conclusão é que os processos neuronais e sua influência comportamental são muito mais relevantes do que uma preocupação excessiva com o que cada grande área faz ou deixa de fazer. Nosso sistema nervoso pode ser chamado de "triuno", mas é muito mais "uno" do que "trino".

Cognição e estresse

Segundo o registro fóssil, nossa espécie atual, o *Homo sapiens*, surgiu há cerca de 200 mil a 220 mil anos. Sua principal característica em relação a seus antecessores, como o Homem de Heidelberg ou o Homem de Neandertal, é saber utilizar ampla e racionalmente uma área muito jovem do cérebro, o córtex pré-frontal, um dos últimos bairros de nossa cidade cerebral a surgir. Esse aprendizado foi lento. Somente há cerca de 60 mil anos – talvez mais –, nossa espécie aprendeu a usar elementos mais sofisticados associados ao pré-frontal como a linguagem articulada, a noção abstrata de tempo, a representação pictórica e a música.

Mas, afinal, que relação o uso dessa área do neocórtex tem com a evolução, com a Neurociência, com a Gestão Empresarial e a busca de qualidade de vida e saúde mental e emocional?

Essa área do cérebro, localizada bem atrás de sua testa, é a responsável pelo processamento de informações, pelo planejamento de ações e tomada de decisão, mas também atua em relações sociais complexas e no exercício da vontade, dentre outras funções.

As abelhas constroem colmeias com uma perfeição de dar inveja aos melhores arquitetos. Mas a abelha não concebe a colmeia em seu cérebro antes de começar sua tarefa nem se sente orgulhosa comparando sua obra com a de outras abelhas. Um cachorro é capaz de enterrar ossos por instinto, mas é incapaz de entender por que faz isso. Já um ser humano pode decidir poupar para a velhice, antevendo dias piores no futuro, poupa voluntariamente, sabe por que está

António Damásio (nascido em 1944), neurocientista português que se tornou referência nas discussões sobre temas como consciência, emoção e sentimento.

poupando e pode explicar as razões disso facilmente. Imaginar futuros possíveis e planejar ações compatíveis com isso, conseguindo explicar as razões por trás de cada ação, é uma atividade cerebral complexa e tipicamente humana.

Mais ainda, o ser humano desenvolveu um profundo sentimento de si mesmo (ou de *self*) graças a seu pré-frontal tão mais desenvolvido. Segundo o neurocientista António Damásio (2000), somos capazes de nos reconhecer no aqui e no agora, como você é capaz de saber que está lendo este livro neste exato instante. Essa é sua consciência básica, seu sentimento fundamental de si. Mas você também pode refletir sobre como a leitura o afeta a partir de suas próprias experiências, expectativas e anseios, sua consciência autobiográfica. Nenhum animal, no passado ou no presente, jamais teve tamanha relação consigo mesmo.

É o neocórtex altamente desenvolvido e o uso consciente dele que faz de nós membros da espécie *Homo sapiens sapiens*, seres inteligentes, com amplas habilidades motoras e, mais do que tudo, autorreflexivos e capazes de conceber seu próprio mundo abstratamente por meio do pensamento simbólico, ao mesmo tempo imaginativo e cognitivo. E, juntas, todas essas características nos permitem ter uma visão de futuro, isso é, de imaginar "o que será o amanhã". Você já observou quantas vezes por dia pensa no futuro, próximo ou distante? Pois, saiba que essa é uma habilidade humana altamente sofisticada.

O pensamento simbólico nos fez humanos

Como nos tornamos humanos? Mais do que uma questão de interesse geral em todas as ciências humanas e sociais, este é o nome de um livro de Maria do Carmo Tinôco e Walter Brandão (Tinôco e Brandão, 2020).

A tese central dos autores é que, dentre todas as espécies animais, somente o ser humano é capaz de atribuir significado simbólico. Elaborar e utilizar ferramentas, organizar-se socialmente de forma complexa, nada disso é exclusivo de nossa espécie. No entanto, há cerca de 100 mil anos – conforme registro arqueológico encontrado no sul da África em sítios como as cavernas de Blombos – nossa espécie começou a decorar objetos de forma abstrata, a contar o tempo e a enterrar seus mortos de forma cerimonial. Na Europa, há 40 mil anos, o mesmo processo foi observado de forma exuberante em sítios como as cavernas de Lascaux no que se denominou "explosão criativa do paleolítico superior" (Brandão e outros, 2020).

Não é por outra razão que o filósofo Ernst Cassirer (2005), antecipando as descobertas da paleoantropologia das últimas décadas, afirma que somos um "animal simbólico". Por conta da capacidade de simbolização, o autor afirma que o ser humano se torna incapaz de defrontar-se diretamente com a realidade imediata, não pode mais vê-la frente a frente e, em lugar de se relacionar com as próprias coisas, está sempre, de certa forma, conversando consigo mesmo, mediando sua percepção pelos significados simbólicos que carrega na própria psique.

Nesse sentido, sempre segundo Cassirer, os seres humanos estão de tal modo envolvidos por suas construções linguísticas, imagens artísticas, símbolos e mitos religiosos e culturais que não conseguem ver coisa alguma sem a interposição desse aparato simbólico. Portanto, não vivemos em um mundo de fatos nus e crus – como acreditavam os herdeiros do Iluminismo, sobretudo os positivistas –, mas em um universo repleto de emoções, esperanças, temores, ilusões e fantasias, todos plasmados simbolicamente em um sem-número de objetos cuja própria objetividade é ilusória, ao menos em termos de nossa percepção.

Mas, se espécie alguma tem qualquer capacidade de atribuir ao que quer que seja significado simbólico, então é o símbolo que nos faz humanos. Essa capacidade de atribuir significado subjetivo (simbolizar) é, portanto, um marco evolutivo de nossa espécie, mas também é uma "relíquia sagrada perdida".

É importante compreender a racionalidade e a imensa capacidade cognitiva de nossa espécie dentre desse arcabouço mais amplo. O pensamento lógico só surgiu após o pensamento simbólico e a racionalidade é, de certa forma, filha da imaginação, com a qual trabalha hoje lado a lado.

Espécies antigas, aparentadas com a nossa, como os neandertais, por exemplo, tinham a testa achatada. O mesmo acontece com nossos primos, os gorilas. Eles não têm um pré-frontal tão amplo como o *Homo sapiens*. Mas, ao mesmo tempo, poucas coisas são mais destrutivas do que o mau uso que fazemos dessa parte do cérebro.

Um caso típico é a insônia. Quem não consegue dormir, como regra, fica pensando de forma descontrolada, revisando o que já foi (o passado) ou projetando o que poderá vir (o futuro), ou seja, abusando de nossas habilidades autobiográficas (rever o passado) e imaginativas (projetar o futuro). Em lugar de viver a realidade do momento, isto é, ter uma simples e boa noite de sono, o insone se envolve mentalmente com o que já foi ou o que pode vir a ser, repassa as cenas do dia, sobretudo as desagradáveis, como se pudesse voltar no tempo e revivê-las. "Eu deveria ter dito isso e aquilo quando meu colega me apronto aquela desfeita"; "Eu deveria ter dado um beijo nela quando tive a chance..."; "Eu não deveria ter sido tão precipitado".

Quem sofre de insônia tem uma relação ruim com seu córtex pré-frontal. Revive o passado e imagina o futuro revirando na cama em lugar de simplesmente dormir.

Uma das características da área pré-fontal do córtex cerebral é essa capacidade de criar e recriar histórias que nunca aconteceram ou nunca acontecerão. Por isso os insones também imaginam cenas futuras. "Amanhã eu preciso fazer isso e aquilo"; "Semana que vem, não tem jeito: tenho que tomar uma providência sobre tal assunto".

Nossa capacidade de raciocinar abstratamente também é nossa prisão racional, nossa maior fonte de estresse, esgotamento e depressão.

Mas, por que isso acontece? A resposta é: Porque não conhecemos bem nosso próprio cérebro (ou melhor, sistema nervoso) e, portanto, não sabemos como lidar com nossos processos mentais. Por isso estamos nos tornando o "*Homo depressivus*" ou, às vezes, o "*Homo stressadus*", metaforicamente uma subespécie doente do *Home sapiens sapiens*.

A resposta para essas inquietações e a saída para esse mal uso de nossas habilidades neuronais está na melhor compreensão da evolução do sistema nervoso e no conhecimento de como ele funciona hoje em dia dentro de nós.

Conhecer as partes e os circuitos cerebrais, no âmbito do *Neurobusiness*, visa romper com a dicotomia produtividade versus qualidade de vida, priorizando a saúde mental e emocional. É possível, sim, buscar tudo isso ao mesmo tempo na vida corporativa. Mas, para isso, é fundamental conhecer melhor nossa máquina cerebral, seus potenciais e suas limitações, e aplicar tudo isso no cotidiano, dentro e fora do trabalho.

Neuroevolução

Graças às descobertas da Neuroevolução, sabemos que o "velho cérebro", a região central de nossa cidade encefálica, não foi abandonado nem se tornou menos funcional com o passar da evolução. Isso aconteceu com estruturas como nosso apêndice intestinal – relíquia de nosso sistema digestivo primitivo que já teve muito mais funções do que hoje em dia –, com os dentes do siso e com o osso sacro ou cóccix – este último, que também tem suas funções hoje em dia, mas já foi parte da cauda de nossos ancestrais que já não possuímos mais.

Em sentido contrário, os processos associados à medula espinhal e ao tronco cerebral – aquele animal assustado alojado dentro de nós – continuam fazendo o que sempre fizeram nos últimos milhões de anos, continuam cuidando para que nossa espécie sobreviva e deixe descendentes.

Esse é o elemento básico da evolução. Sem sobrevivência e sem descendência, toda evolução cessa. Então, não é de espantar que áreas do nosso encéfalo dedicadas à sobrevivência e à reprodução continuem atuando em nosso encéfalo e, de forma importante, condicionando nossas ações e nossas escolhas, ainda que imersas em relações muito mais complexas, sobretudo na vida corporativa, uma dimensão realmente muito nova do cotidiano de todos nós, de nossa vida social.

Na medida em que nosso encéfalo foi se tornando mais complexo, com a emergência do sistema límbico – cérebro paleomamífero – e do neocórtex, o "velho cérebro" e, sobretudo, o tronco encefálico foi se tornando uma avenida de comunicação entre o corpo e as áreas evolucionariamente mais jovens do encéfalo. Mas esse "velho cérebro" continuou especializado em manter o ritmo da vida pulsando, controlando os ciclos de sono, os batimentos cardíacos, a pressão arterial e a respiração. Tudo isso deve acontecer em um contexto de homeostase, isto é, de adaptação entre esses processos corporais e alterações no meio externo.

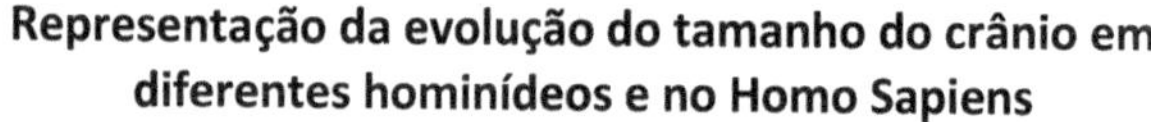

Representação da evolução do tamanho do crânio em diferentes hominídeos e no Homo Sapiens

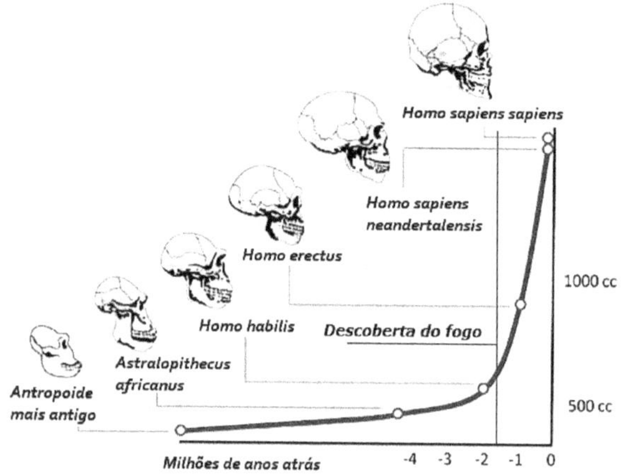

Em resumo: o "velho cérebro" é uma verdadeira máquina neuronal voltada à sobrevivência e manutenção da espécie. Em um sentido muito particular, as estruturas do tronco encefálico "tomam decisões" adaptativas fundamentais em reação a alterações no meio em que estamos com vistas à preservação da espécie. E isso não é pouco!

Mas, apesar disso, como resultado da expansão contínua da caixa craniana, sobretudo nos últimos 1,5 milhão de anos (ver figura acima), a periferia cerebral é hoje proporcionalmente imensa no caso dos primatas e do ser humano em particular. Em outros termos, a evolução se deu por meio de um "crescimento centrífugo", agregando lentamente novas funções e habilidades a nosso sistema nervoso que se sobrepuseram à antigas. Assegurada a preservação da espécie, algo básico em todo organismo vivo, incluído os vírus, a evolução nos levou mais longe e nos fez chegar progressivamente ao campo dos afetos e da imaginação. Só depois veio o raciocínio lógico.

A importância do domínio do fogo

Nosso cérebro é energeticamente muito caro. Ele consome cerca de 25% das 2 mil calorias que queimamos diariamente. Esse é um limite que dificilmente pode ser ultrapassado. Ou seja, caso o cérebro consumisse uma parcela maior das calorias de que o organismo precisa para se manter vivo e ativo, haveria uma disputa com outros órgãos, com destaque para o sistema digestivo, que também precisa de uma quantidade grande de calorias para manter seu funcionamento.

Por conta disso, pesquisadores como Suzana Herculano-Houzel (2017) destacam a importância do domínio do fogo por nossos ancestrais há mais de 1,5 milhão de anos.

Cozinhando os alimentos, eles puderam exigir menos de seus sistemas digestivos e o surgimento de cérebros mais complexos e com maior consumo de energia se tornou viável do ponto de vista evolucionário.

Se esse passo em nossa evolução não tivesse sido dado, a evolução cerebral seria impedida, pois hominídeos com cérebros mais complexos acabariam morrendo devido à disputa energética entre seus órgãos.

Então, se você se sente um ser "inteligente" e mentalmente complexo, agradeça ao fogo!

Por conta de nosso grande neocórtex, temos habilidades motoras incríveis. Não somos velozes como os guepardos nem nadamos e saltamos na água como os golfinhos. Mas, enquanto espécie animal, o conjunto de nossas habilidades motoras é insuperável. Basta assistir aos jogos olímpicos para ver como o *Homo sapiens* consegue saltar, pular, correr, nadar nas mais variadas condições e modalidades.

A outra diferença é que um atleta se imagina saltando antes do salto e se imagina com a medalhe de ouro no peito antes da competição. A partir dessa imaginação, se for disciplinado, agirá logicamente de acordo com seu objetivo imaginado. Nenhum animal faz isso. Essa é nossa grande marca evolutiva. Mais ainda, atingir um objetivo imaginado é simbolicamente importante. Talvez seja o dinheiro que vem com a fama, mas dificilmente ser um campeão olímpico possa se resumir a isso. Existe algo além.

Propósito biológico e tomada de decisão

No entanto, o tamanho de nosso neocórtex também pode ser uma pista falsa que acabe nos fazendo acreditar que nossa racionalidade reina soberana nos processos cerebrais, sobretudo na tomada de decisão.

Daniel Kahneman (nascido em 1934), em diversas obras, mostrou que os processos cognitivos típicos do neocórtex pré-frontal são lentos e grandes consumidores de energia. Isso impõe grandes limites à nossa capacidade de tomar decisões estritamente racionais. Quando muito, podemos falar de "racionalidade limitada" e os fatores limitantes são muitos: ausência de informações completas, limitações de processamento cognitivo, distorções perceptivas, pontos de vista parciais e até unilaterais (efeito *framing*), dentre muitos outros vieses.

Assim, compreender como o cérebro toma decisões – ou melhor, como utilizamos nosso sistema nervoso central para decidirmos – exige a compreensão de alguns processos básicos começando por nosso propósito biológico número um: a sobrevivência da espécie.

Mas, o que é necessário para que uma espécie sobreviva e tenha sucesso evolucionário? A resposta é simples: identificar os predadores, defender seu território e se reproduzir, deixando o maior número possível de descendentes. Sem essas funções essenciais, as espécies animais seriam extintas, não saberiam identificar os predadores ou não teriam territórios para viver ou não teriam deixado descendentes.

Até os dias de hoje, mecanismos comportamentais e decisórios ligados ao **tronco encefálico** e à **medula espinhal** – nosso "velho cérebro" – fazem isso. Eles cuidam para que nossa espécie não seja extinta e nos inspiram esses três elementos instintivos: atenção/medo, sentimento de territorialidade e sexualidade.

O processo decisório baseado nos mecanismos do "velho cérebro", também influenciado pelas estruturas e funções

> *Medo, atenção, territorialidade e sexualidade. Esse é o lema do sistema de nossos impulsos mais primitivos até hoje. Sobreviver e fazer a espécie resistir, avançando na evolução. Essa é sua tarefa.*

do sistema límbico, é mais rápido, consome menos energia e é menos consciente. Alguns de seus processos, como a dilatação das pupilas diante de um potencial parceiro sexual ou a mudança de ritmo cardíaco quando vamos falar com alguém importante, são totalmente involuntários. Mas, nem por isso, deixam de ser decisões e comportamentos. Só não são voluntários nem conscientes em certa medida. Para não criar polêmica, podemos chamar tais processos de "ações biológicas".

Tais ações comandadas pelo "velho cérebro" são muito importantes nos processos em que temos que ficar alertas e nos adaptarmos rapidamente a mudanças no meio em que estamos. Precisamos vigiar o território, fugir dos predadores e buscar parceiros sexuais. Tudo isso exige atenção. Não introspecção, concentração abstrata "para dentro", mas sim atenção para o que está ao nosso redor, a busca de identificar inimigos ou oportunidades de reprodução dentro do espaço que entendemos ser nosso. Esses são processos vitais para a sobrevivência de qualquer espécie animal e, por isso, surgiram cedo na evolução e permanecem pulsando dentro de nós até hoje.

Como vimos, envolvendo anatomicamente o tronco encefálico está o **límbico**, um sistema que inclui até mesmo partes mais internas e, portanto, mais antigas do próprio córtex, como o giro do cíngulo, por exemplo. Esse é o grande responsável por nossas emoções e comportamentos sociais espontâneos. Mas também é a sede da memória profunda, daquilo que somos capazes de lembrar sem esforço, sobretudo os conteúdos com valência emocional. Tudo o que sabemos de cor não está no coração, como acreditava Aristóteles, mas no límbico.

O límbico participa ativamente de nossos comportamentos sociais, mas também está presente quando uma criança estuda a tabuada ou quando estamos aprendendo um idioma estrangeiro. Seu lema é: memória e espírito de bando; tudo pelo grupo!

Ao longo da evolução, esse sistema surgiu juntamente com os primeiros mamíferos e, até hoje, desempenha funções ligadas ao comportamento de bando, ao reconhecimento e à confiança nos membros de nosso grupo.

É o límbico quem atribui conteúdo e intensidade afetivos aos estímulos externos. Ver a fotografia de um parente querido do qual sentimos falta e chorar é um bom exemplo do processamento afetivo de um estímulo visual. Lembrar do primeiro namoro ao ouvir novamente a música romântica que estava em moda na época é outro exemplo, ligado ao afeto despertado por um estímulo sonoro com valência (carga) emocional. Não são processos conscientes nem fáceis de explicar. Por isso são classificados como não cognitivos, isto é, afetivos, sem motivos estritamente racionais. Mas também participam ativamente da tomada de decisão.

**Emoção e racionalidade:
o experimento dos filmes de terror e a ida à cozinha
com as luzes apagadas**

Um experimento mental simples pode provar como os estados afetivos podem alterar nossa percepção cognitiva da realidade. Em outros termos, afetos nos afetam, isto é, mexem profundamente conosco e invadem o campo cognitivo de nossas percepções, julgamentos e ações.

Hoje à noite, antes de dormir, deixe a janela do quarto entreaberta, acomode-se confortavelmente em sua cama com as luzes apagadas e vá ao Youtube. Escolhe alguns cortes populares de velhos filmes de terror clássicos como O Exorcista (1973), O Massacre da Serra Elétrica (1974) ou Warlock, o Demônio (1989). Se preferir algo mais atual, a sugestão é Quando as Luzes se Apagam (2016), A Freira (2018), O Exorcista do Papa (2023) ou o psicologicamente impactante O que Ficou para Trás (2020). Escolha três desses filmes e assista a apenas 2 min de cada um, dizendo para si mesmo que aquilo é um experimento voluntário e que, racionalmente, nada daquilo existe e está tudo bem, nada de mal vai lhe acontecer.

Antes de tudo, note como seu corpo reage. Involuntariamente, o "velho cérebro" está identificando aqueles estímulos como ameaças e seu sistema límbico está evocando diversas lembranças e sentimentos afins, isto é, igualmente assustadores.

Agora, imagine como você reagiria se, no canto de seu campo de visão, você percebesse a cortina se mexer inesperadamente? Será que você não daria uma olhada para se certificar de que não é algum ser sobrenatural assassino em série que está tentando pular a janela? Até que ponto sua racionalidade estará no comando de suas ações e julgamentos?

Mas o grande desafio vem agora: Imagine-se logo após ter assistido a esses três pequenos cortes de 2 min cada um indo até a cozinha de sua casa para tomar um copo d'água sem acender as luzes da casa... O que aconteceria se o gato do vizinho gritasse nesse exato momento?

Como dito acima, não há decisão, ação ou julgamento que ocorra em um vazio emocional. Em maior ou menor grau, nossas emoções – que são reações do corpo a estímulos com valência emocional – e nossos sentimentos – compreensão mental dos estados emocionais – sempre servirão de pano de fundo para nossa percepção da realidade.

Em nossos dias, o sistema límbico se mostra muito ativo quando nos sentimos sinceramente ligados a um grupo e expressamos emoções espontâneas em eventos coletivos.

Imagine um torcedor fanático de um time assistindo à final do campeonato. Como veremos no capítulo sobre Neuroeconomia, adiante, um gol aos 47 minutos do segundo tempo pode gerar uma verdadeira explosão afetiva. Nosso torcedor irá pular, gritar, chorar e, talvez, abraçar a pessoa a seu lado, mesmo que não a conheça, mesmo que esteja suada e descabelada. Todos esses gestos são, em alguma medida, decisões, ainda que o grau de consciência e escolha voluntária seja relativo. Encerrada a partida, vencido o campeonato, a torcida irá gritar em bando o nome dos artilheiros, talvez vá até berrar palavras pouco educadas para a torcida adversária e não vai querer sair do estádio tão cedo.

A prova social ou efeito-manada é uma forma ancestral e coletiva de tomada de decisão. Quando muitos integrantes do grupo estão fazendo algo ou se comportando de alguma maneira específica, nosso cérebro paleomamífero interpreta isso como um sinal de que o melhor é aderir ao mesmo padrão, ainda que, racionalmente, não tenhamos (ainda) uma evidência clara de que aquela é a melhor escolha.

O límbico também entra em cena quando somos submetidos à prova social, aquelas situações nas quais fazemos o que todos estão fazendo ao nosso redor de forma meio incontrolável. É o caso de pessoas na calçada, olhando para algo no alto dos prédios. Nossa tendência límbica é imitar o grupo e também procurar com os olhos algo de estranho lá em cima. Esse é um mecanismo de tomada de decisão em grupo, muito importante para a sobrevivência de animais ameaçados por predadores e que se organizam em bandos, como nossos ancestrais hominídeos.

Esses são típicos comportamentos de bando comandados por nosso sistema límbico, capazes de gerar uma forte sensação de pertencimento, de grupo, ou nos fazer adotar um comportamento puramente imitativo e de caráter coletivo cuja racionalidade muitas vezes nos escapa.

Ao longo da história, esse comportamento sempre foi estimulado no meio militar e nas sociedades secretas. Os soldados, por exemplo, até hoje fazem suas refeições juntos, cantam hinos, marcham de forma sincronizada como um bando de animais altamente sofisticado, têm orgulho de sua corporação. Os maçons se tratam por irmãos e têm rituais e gestos próprios de seu bando. O afeto sempre foi de grande importância no treinamento militar e nas confrarias desde a antiguidade.

> *A territorialidade como manifestação sofisticada de nossos afetos foi expressa de forma genial pelo heterônimo de Fernando Pessoa (1888-1935), Alberto Caeiro, que, na obra O Guardador de Rebanhos, diz:*
>
> *"O Tejo é mais belo que o rio que corre pela minha aldeia,*
>
> *Mas o Tejo não é mais belo que o rio que corre pela minha aldeia*
>
> *Porque o Tejo não é o rio que corre pela minha aldeia."*

Ao longo da evolução, em algum momento há milhões de anos, nossos ancestrais passaram a cooperar, a cuidar uns dos outros, mas sem interesse. Não era uma troca, mas um autêntico comportamento de grupo voltado de forma espontânea e inconsciente para a preservação da espécie, um sentido natural de "nós" e não apenas de sobrevivência individual.

A memória profunda também se desenvolveu juntamente com o sistema límbico, dando nova dimensão à territorialidade, ao medo e à sexualidade que já estavam constituídos lá no “velho cérebro”. E, nesse ponto, estamos passando de ações biológicas básicas para mecanismos comportamentais mais complexos, a caminho de processos decisórios de maior conteúdo cognitivo.

Os bandos estabelecem uma relação mais duradoura com seu território. Não se trata mais de um simples espaço ao nosso redor, onde pode ou não haver um predador ou um parceiro sexual, mas do nosso espaço, o espaço onde o bando vive e interage, algo cheio de significado simbólico e muito importante para a Neuroarquitetura, como veremos.

Assim, experiências vividas em comum acabam se tornando memórias profundas compartilhadas, a história do bando, e isso acaba por moldar comportamentos e influenciar escolhas e julgamentos. Somos capazes de tolerar certas coisas de velhos amigos de juventude que não toleramos em outras pessoas. Por quê? A resposta é que nossas avaliações e julgamentos sociais não são isentos, mas, ao contrário, são sempre filtrados por nossas lembranças afetivas.

E as estruturas encefálicas responsáveis por tudo isso, apesar de existiram há milhões de anos, continuam muito ativas nos dias de hoje, participando de nossas festas de Natal em família, de nossa torcida esportiva, mas também de nossos estudos da tabuada e de idiomas estrangeiros, que exigem memorização perene para que possamos nos tornar fluentes. Mesmo não agindo sozinho jamais, o sistema límbico explica parte relevante de nossos comportamentos e escolhas diários ou, pelo menos, alguns de seus matizes e variantes.

Por fim, como sabemos, a periferia de nosso cérebro é ocupada pelo neocórtex, área cuja evolução e expansão está associada à maior capacidade psicossocial típica dos mamíferos superiores e, sobretudo, dos primatas como os gorilas e o próprio homem.

O surgimento desses animais, incluindo os ancestrais do *Homo sapiens*, ocorreu em simultâneo com o grande aumento em volume e densidade de seus encéfalos, sempre de fora para dentro. E, por isso, esse aumento se deu basicamente na área mais jovem de nosso sistema encefálico, a atual superfície do córtex. Hoje, essa massa cinzenta e enrugada ocupa mais de 80% do encéfalo humano.

Mas o próprio córtex pode ser analisado do ponto de vista evolucionário. Tamanho, densidade e complexidade de funções foram ampliados ao longo de milênios, desde os dons sensoriais mais simples, controlados pelo córtex sensorial primário, até a capacidade analítica e cognitiva do neocórtex pré-frontal. E isso mudou nossa história. De certa forma, como diria António Damásio, "o cérebro criou o homem".[4]

A Revolução Humana: 60 mil anos atrás – ou talvez até antes disso

Podemos avaliar o tamanho do cérebro em relação ao corpo por meio de um indicador simples, o chamado quociente de encefalização (QE). Quando o valor desse indicador é 1, pode-se dizer que o cérebro está em proporção ao tamanho do corpo. Valores abaixo de 1 representam cérebros proporcionalmente pequenos e valores acima de 1, cérebros grandes em termos proporcionais.

Como seria de se esperar, os menores valores para o QE estão entre os répteis, algo em torno de 0,1, seguidos das aves, pois, nesses animais, o córtex é diminuto. Entre os mamíferos existe grande variação. Roedores têm cérebros pequenos, com QE em torno de 0,4. Para cachorros e gatos, o valor gira entre 1 e 1,2; para elefantes, entre 1,1 e 2,4; orcas, em torno de 3. Mas, no caso do homem, o valor desse indicador é 7![5]

---

[4] Título em português do livro *Self Comes to Mind* (Damásio, 2012).

[5] Dalgalarrondo (2011).

No caso de muitos mamíferos, o tamanho relativo do cérebro e do córtex está associado à grande capacidade motora, mas também de aprendizado baseado na expectativa de recompensa, uma habilidade complexa que evolve alguma capacidade de projetar de modo mais ou menos cognitivo as consequências de nossos atos e escolhas.

Nas espécies evolucionariamente mais avançadas, o córtex é proporcionalmente maior.
Nos ratos, por exemplo, o córtex responde por 31% do volume cerebral.
Já nos humanos, essa parcela é de mais de 75%.

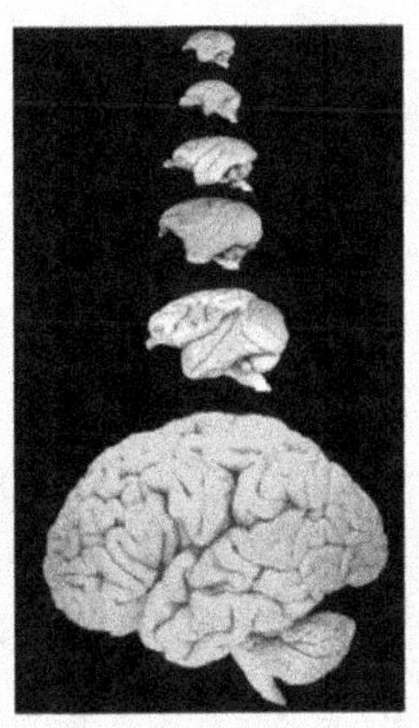

Fonte:
Trends in Neurosciences, 18: 471-474.

Ambas as funções – capacidade motora e de aprendizado – estão diretamente relacionadas a essa área do cérebro. Por isso conseguimos adestrar tão bem cães, golfinhos e orcas. Macacos prego têm o maior valor de QE em primatas não humanos (3,25) e esse fato tem sido associado à sua capacidade de elaborar ferramentas simples de forma espontânea em ambientes naturais.

Se essa tese está correta, o macaco prego antecipa de forma quase racional o resultado de sua ação ao construir seus pequenos espetos de madeira e afiá-los nos galhos das árvores.

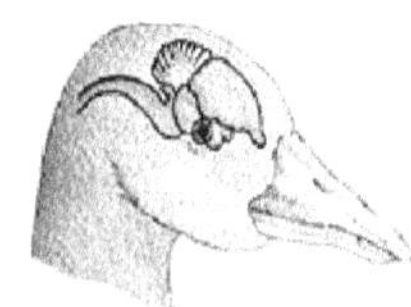

Aprendizado sem neocórtex?

Um desafio importante à compreensão neuroevolutiva do cérebro humano vem das aves. Nelas o neocórtex é, de fato, menos desenvolvido. Mesmo assim algumas aves possuem boas habilidades motoras e de aprendizado, além de habilidades complexas de comunicação. Tudo isso apesar de terem um encéfalo mais próximo dos répteis do que dos mamíferos.

Ao mesmo tempo, os não-mamíferos não possuem um neocórtex propriamente dito (tipicamente constituído de seis camadas de neurônios). Esses animais têm regiões no pálio dorsal (área mais interna do córtex) que desempenham funções semelhantes às do neocórtex dos mamíferos, o que inclui percepção, aprendizado e memória, tomada de decisão e controle motor.

Tudo isso mostra que ainda temos que aprender muito sobre a neuroevolução e o surgimento sucessivo das áreas e das funções cerebrais. Ao mesmo tempo, esses fatos reforçam a ideia de que se deve ter cuidado com análises extremamente localizacionistas, que atribuem de forma unívoca certas funções a certas áreas do sistema nervoso.

Mas, o que impressiona no encéfalo humano é que o grande valor do QE foi atingido ao longo da evolução por conta de uma enorme expansão do córtex e, sobretudo, do neocórtex, a superfície mais externa de nosso encéfalo. Essa área se tornou tão grande que mal cabe em nossa caixa craniana e, por isso, desenvolveu a aparência tipicamente enrugada que conhecemos. Mas, você sabia que o cérebro de muitos mamíferos não tem essa aparência rugosa? Sim... Como seu neocórtex é menos desenvolvido, o cérebro dos roedores, animais com baixos QE, quase não tem dobras.

Uma questão importante sobre o tamanho ou volume do cérebro humano é destacada por Herculano-Houzel (2017). A grande vantagem humana, típica dos primatas, é que nosso encéfalo não é apenas grande. Afinal, uma vaca tem um cérebro maior do que os humanos, mas não parece ser muito mais inteligente ou ter maiores habilidade motoras, certo? A autora destaca que o cérebro primata também é mais denso – muito mais denso, na verdade – e isso faz muita diferença em termos de conexões neuronais.

Assim, pesquisas lideradas por Suzana Herculano-Houzel mostram que o cérebro do elefante africano possui 257 bilhões de neurônios, cerca de três vezes o número de neurônios observados em um cérebro humano típico (86 bilhões). No entanto, a maior parte dos neurônios do elefante (98%) está localizada no cerebelo, o que provavelmente está associado ao controle complexo dos movimentos de sua tromba. Mas o elefante perde para os humanos quando nos restringimos à contagem de células neuronais no córtex, a área mais jovem do encéfalo: enquanto um humano típico possui cerca de 16 bilhões de neurônios nessa área, o córtex dos elefantes tem apenas 6 bilhões. O resultado apoia a hipótese de que a superioridade cognitiva dos humanos se deve ao maior número de neurônios no córtex e não ao número total de neurônios no cérebro ou simplesmente à maior relação entre massa do encéfalo e do corpo, como se pensava anteriormente.[6]

Como centro da razão, o neocórtex nos permite antecipar as consequências de nossas ações, seja do ponto de vista estritamente individual ou coletivo. Isso dá outra dimensão tanto à territorialidade e à sexualidade, típicos das áreas mais antigas do encéfalo, quanto ao comportamento de bando, associado ao sistema límbico, o cérebro paleomamífero. Com o córtex e, sobretudo, com sua jovem área pré-frontal, analisamos as situações novas, associamos fatos recentes às experiências passadas e aos nossos próprios desejos e aspirações, individuais e de grupo, e traçamos uma estratégia de ação visando um objetivo. Tudo isso se dá em paralelo à presença de sentimentos e instintos que contextualizam os processos cognitivos, reforçando a ideia de que nosso encéfalo é mais uno do que trino.

É por isso que somos capazes, por exemplo, de mentir para impressionar um potencial parceiro sexual, algo típico no ser humano. Isso nos faz bem diferentes de animais menos sofisticados, com seus rituais instintivos de acasalamento. Mas também podemos medir as palavras e até nos calar para não ofender um ente querido. Esse poder de nos

[6] Fonte: https://www.canalciencia.ibict.br/ciencia-em-sintese1/ciencias-biologicas/191-quantidade-de-neuronios-explica-a-superioridade-da-inteligencia-humana, consultado em 24/nov/2022.

contrariar foi localizado em áreas específicas do neocórtex, como veremos no capítulo de autocontrole.

Esses são exemplos de compreensão cognitiva dos processos de causa e consequência usada para proteger um membro do bando ou para tirar vantagens de alguma situação cinicamente. Ou seja, situações assim podem ter uma base sentimental ou instintiva e até sexual. Mas podem ser compreendidas de maneira consciente e racional, mostrando a beleza da mente única que emerge de um encéfalo anatômica e funcionalmente múltiplo.

Nosso córtex atual estava anatomicamente pronto há 200 mil anos, quando surgiu nossa espécie, o *Homo sapiens*. Mas, em algum momento há cerca de 60 mil a 100 mil anos, passamos a usar esse córtex grande e denso de forma abstrata e simbólica. Surgiram abruptamente a capacidade de expressão verbal, a representação artística através da pintura e da escultura, o gosto por adornos e instrumentos

> *O Homo sapiens surgiu há 200 mil anos. Mas nossa capacidade de utilizar de forma cognitiva nosso córtex é bem mais recente. Emergiu há cerca de 60 mil a 100 mil anos durante a Revolução Humana. Desde então, fazemos um uso de nosso córtex que nenhuma outra espécie jamais foi capaz.*

musicais e o hábito de realizar sepultamentos cheios de simbolismo religioso.

Nenhuma outra espécie jamais fez algo assim. Alguns chamam essa mudança de Revolução Humana ou Explosão Criativa do Paleolítico Superior. Foi só então que nos tornamos o que somos hoje, para bem e para mal: seres com capacidade analítica racional e cognitiva, com linguagem articulada, capazes de construir ferramentas e manter relações sociais e religiosas complexas, mas também criaturas imaginativas e que conferem significado simbólico aos elementos do mundo ano nosso redor: amuletos, músicas, danças, o pôr do Sol e assim por diante.[7]

Mas, existe algo mais sobre o córtex, intimamente ligado a muitos dos males de nossa vida hoje em dia.

Afinal, por que perdemos com tanta frequência as chaves do carro dentro de nossa própria casa? Por que temos o famoso "branco" durante uma prova? Por que pessoas magras e ativas fisicamente têm níveis altos de colesterol? Isso sem falar em depressão e na tradicional ansiedade...

Nos dias de hoje, há indícios de que algo deu errado. Se não com nosso encéfalo em si, ao menos com a forma como lidamos com ele me pleno século XXI.

De fato, lidamos mal sobretudo com nosso córtex e, mais ainda, com a área dele que fica bem atrás de nossas testas:

---

[7] Ver Dalgalarrondo (2011, cap. 8) e Brandão e outros (2020).

o neocórtex pré-frontal. Essa é a região mais jovem de nosso cérebro e foi sua evolução que nos deu a capacidade de pensar de forma abstrata, de imaginar antes de criar, mas também de agir de forma autointeressada, blefar, fingir e até mentir em busca de alguma recompensa. Tudo altamente contraditório. Tudo incrivelmente humano.

O longo caminho até a cognição

Observando a evolução da caixa craniana na linha que vai desde os hominídeos mais remotos até o *Homo sapiens* moderno, podemos notar a grande expansão da capacidade craniana. Já sabemos que esse aumento de volume do nosso sistema encefálico esteve associado à expansão do córtex e ao aumento de sua densidade neuronal e exigiu, inclusive, o enrugamento dessa massa cinzenta.

Podemos notar que, à medida que o tempo evolucionário foi passando, dois movimentos se somaram. De um lado, o volume de nossos crânios cresceu enormemente. Mas, de outro, essa expansão aconteceu da parte de trás para a da frente, da nuca para a testa.

Assim, até mesmo a periferia de nosso encéfalo, o neocórtex, tem uma história evolucionária que pode ser mapeada anatomicamente.

Os centros de visão, por exemplo, estão localizados próximos da nuca e não – como seria de se imaginar – mais à frente, próximo dos olhos. Mas isso não é um erro de projeto divino! A visão ou alguma forma mais primitiva de fotossensibilidade foi um dos primeiros sentidos a surgir durante a evolução e, por isso, a área cerebral que a controla e recebe primariamente os estímulos visuais está localizada na região do córtex que surgiu primeiro, a posterior.

O fato de que parte importante do córtex evoluiu de dentro para fora e de trás para frente explica muita coisa. Assim, os primatas em geral, espécies mais jovens na longa linha da evolução, têm a parte frontal do cérebro bem mais desenvolvida do que outros animais. Mas mesmo os gorilas e alguns parentes do homem moderno, como o Neanderthal, tinham a testa achatada em comparação com o *Homo sapiens*. O tamanho, a complexidade e o uso consciente e cognitivo do neocórtex pré-frontal são uma marca tipicamente humana. Nosso neocórtex, seu tamanho e o uso que fazemos dele, fazem toda a diferença na comparação com outras espécies, tanto as ancestrais quanto as contemporâneas.

Mas, o que faz exatamente essa região de nosso cérebro? Que relação ela tem com insônia ou dificuldade de concentração no trabalho?

O neocórtex tem sido associado aos comportamentos sociais mais complexos. Relações de trabalho, ativismo social, participação política são atividades típicas do *Homo sapiens* moderno, esse "animal político" na definição de Aristóteles.

Mas também é o neocórtex que detém a capacidade analítica cognitiva, o poder que os seres humanos têm de se defrontar com situações novas e procurar compreendê-las, classificá-las a partir de experiências passadas e expectativas futuras, adequando ou adaptando nosso comportamento aos objetivos que temos.

Uma pessoa que esteja aprendendo um novo idioma tem que decodificar palavras, decorar conjugações verbais, evitar "falsos amigos" e adestrar a pronúncia, a audição e a escrita. Um cachorro também pode ser treinado para fazer um percurso em pistas de provas caninas. Mas ele não sabe qual é o propósito daquela ação e faz apenas uma associação simples entre realizar o percurso e receber uma guloseima e um agrado

Nosso neocórtex é uma máquina extremamente avançada de análise cognitiva. É com essa máquina que dirigimos nossos carros em um dia de chuva, é com ela que fazemos pesquisas na internet.
Mas ela também pode nos tirar o sono da noite e nos fazer agir de forma cínica. É o mau uso do neocórtex que nos faz perder a chave do carro dentro de nossas próprias casas.

bem exagerado ao final. Já um atleta olímpico treina diariamente imaginando-se com a medalha no peito, quer vencer para ser admirado, seja em sua própria família, seja no meio esportivo ou na mídia mundial. Ele se lembra dos erros cometidos no passado, analisa as chances dos rivais e busca um objetivo concebido previamente. Se perguntarmos por que ele treina com tanta intensidade, ele sabe responder: "Quero a medalha de ouro" ou "Eu mereço depois de tanto esforço". Esse é um típico exercício de consciência autobiográfica, para usar a expressão tão cara a António Damásio (2000).

Dor e sentimento

Existem área específicas do córtex associadas à sensorialidade. Nossos sentidos geram informações captadas do meio que são transmitidas sequencialmente a diferentes áreas do encéfalo. Alguns estímulos geram respostas simples e automáticas, como um pulo ou grito diante do susto causado por uma sombra que nos lembrou um animal indesejado ou mesmo um ladrão invadindo nossa casa. Nesses casos, o velho cérebro e estruturas como a medula espinhal e o tronco encefálico coordenam essas ações biológicas, isto é, "decisões" impulsivas e meramente reativas. Do mesmo modo, a tentativa de restabelecer o equilíbrio curvando o tronco quando estamos pedalando uma bicicleta é coordenada pelo cerebelo, outra área antiga do encéfalo humano.

Mas o sistema límbico e o córtex sensorial merecem uma atenção especial. As informações sensoriais enviadas ao encéfalo a partir dos neurônios receptores vinculados aos sentidos sempre passam pelo sistema límbico. Em outros termos, nossas sensações via de regra despertam sentimentos e evocam lembranças antes mesmo de serem avaliadas cognitivamente. Não é à toa que a dor gera sentimentos de tristeza, por exemplo, ou que a música pode melhorar nosso humor.

Já no córtex sensorial, as informações geradas pelos sentidos são processadas de forma mais analítica e, portanto, cognitiva no sentido de uma busca para lhe dar significado. No entanto, essa compreensão do significado afetivo dos estímulos sensoriais ocorre mais lentamente, confirmando a tese de Daniel Kahneman sobre os processos rápidos (afetivos) e lentos (cognitivos) de processamento e tomada de decisão.

Vistos em conjunto, esses elementos revelam que processos sensoriais como a dor física não são muito diferentes de processos afetivos ou dores emocionais, pois o modo de processamento de ambas é bem parecido.

Em resumo, o neocórtex está associado a processos conscientes (sabemos o que estamos fazendo), voluntários (agimos movidos pela busca de um objetivo individual e não por coação) e cognitivos (sabemos explicar as razões de nossa ação ou de nossa escolha).

Assim, correndo todo o risco de simplificar demais, se tivéssemos que escolher uma única expressão para definir o tipo de ação de cada uma das grandes áreas de nosso encéfalo, o tronco encefálico estaria associado a reações impulsivas que dão um pano de fundo para nossos comportamentos e decisões a partir de uma avaliação rápida e simples do que se passa conosco e ao nosso redor; o límbico está associado ao afeto, sobretudo memórias sentimentais evocadas de forma consciente ou não na tomada de decisão; e o córtex, sobretudo o neocórtex pré-frontal, está vinculado à razão ou cognição, isto é, ao processamento de informação, à sua análise lógica, à previsão de futuros possíveis e ao planejamento de ações.

A maioria de nossas ocupações diárias está associada aos processos típicos do neocórtex, isto é, processos conscientes e voluntários, mas com diferentes graus de cognição.

Quando o despertador toca pela manhã, temos que nos levantar. Esse é um processo razoavelmente voluntário, apesar do desejo de dormir mais 5 ou 10 minutos. Afinal, vivemos em sociedade e temos que ganhar a vida. Não existe ninguém além de nós mesmos e de nossos compromissos nos obrigando a levantar. Esse também é um processo cognitivo, ou seja, sabemos explicar facilmente por que temos que levantar. E, apesar da preguiça terrível, estamos conscientes do que estamos fazendo. Assim, o racional para ganhar a vida na sociedade moderna é trabalhar para pagar nossas contas e, por isso, acabamos fora da cama todas as manhãs – ou quase todas...

Mas, quando desligamos o alarme do celular que toca de manhã, será que temos total consciência do que fizemos? Até que ponto boa parte do ritual de se levantar, fazer xixi, escovar os dentes e tomar uma ducha não se dá "no automático"?

A busca pelo bem-estar material, típica da vida moderna, é tão natural para nós hoje que, quando o alarme toca, não parece haver outra forma de agir se não se levantar e ir à luta. Estamos sempre nos perguntando: "O que eu ganho com isso?" ou "Por que estou fazendo isso?" Procuramos dar explicações racionais para nossas ações e essas razões são fruto de processos tipicamente neocortexianos, a autêntica razão humana. Então, o que se pode dizer é que procuramos dar sentido ao que fazemos com as áreas e processos mais cognitivos do cérebro. Mas isso não significa que essas áreas dominam soberanas os processos de tomada de decisão.

Então, será que nossas ações, inclusive as econômicas, são mesmo tão racionais e voluntárias? Ou será que aquela capacidade de blefar, surgida com a Revolução Humana há milhares de anos, é usada antes de tudo conosco mesmos? Afinal, com que frequência praticamos o autoengano? Comer como um bárbaro cinco pedaços de pizza e pedir um cafezinho com adoçante é algo racional e cognitivo? Tem explicação razoável?

Afinal, quando alguém compra um novo modelo de *smartphone* ou um carro zero quilômetro com tração 4X4, sua motivação foi mesmo seu bem-estar material e o melhor uso de seu dinheiro? Então, por que será que, quando nosso vizinho adquire um carro melhor que o nosso, sentimos uma fisgada no estômago? Por que usamos apenas uma parcela tão pequena dos recursos do *smartphone* que compramos, como se ele ainda fosse o antigo? E quando vemos o primeiro arranhão no carro novo de nosso vizinho, por que sentimos no fundo do peito uma satisfação mórbida que preferimos esconder até de nós mesmos, reprimindo aquele sentimento?

Na verdade, o que encanta em nosso sistema nervoso é a interrelação entre suas estruturas e sistemas. Os processos racionais e cognitivos são apenas parte da história. Mas, como vivemos numa sociedade que cobra de nós decisões racionais, como estamos sempre diante da pergunta "O que você ganha com isso?", acabamos por nos justificar racionalmente depois que a decisão já está tomada.

No campo econômico, por exemplo, esses processos complexos, ao mesmo tempo instintivos, afetivos e racionais, serão explorados adiante.

Mas antes, precisamos compreender um pouco melhor como se dá a interação entre as áreas e processos cerebrais e como suas forças, muitas vezes opostas, criam nossa mente única e, às vezes, nos fazem perder o sono à noite, esquecer onde deixamos a chave do carro ou simplesmente ter um "branco" durante uma prova.

2."Algo pensa em mim"[8]

Penso noventa e nove vezes e nada descubro; deixo de pensar, mergulho em profundo silêncio e eis que a verdade se me revela.

Albert Einstein

O tempo não passa

Agora que já temos um referencial relevante de Neurociência, vamos aplicá-lo a situações do dia a dia. Vamos recorrer a um personagem e a cenas de seu cotidiano no trabalho e em casa, de suas relações sociais e familiares. Qualquer semelhança com algum dos autores desse livro não é mera coincidência...

[8] Expressão do filósofo alemão Friedrich Wilhelm Nietzsche (1844-1900).

Imagine um pobre professor de MBA de alguma matéria difícil de lecionar como Economia ou Contabilidade de custos. Aos cinquenta e tantos anos, ele já acumulou uma experiência razoável em sua área. Dá aulas com tanta frequência que já tem trechos inteiros de cada encontro com seus alunos sabidos de cor.

Agora, imagine que ele está em um típico dia de trabalho. São 18h50 e ele está entrando em sala de aula, abrindo seus arquivos de trabalho que estão na nuvem no computador da sala, desligando o celular, dizendo seu "boa noite" simpático para os poucos alunos que já estão presentes – afinal, a aula só começa às 19h. Tudo como sempre foi, tudo como deve ser, pelo menos até aquele instante. Mas ele não está exatamente em um bom dia naquela ocasião. Afinal, dar aulas é apenas uma de suas atividades cotidianas.

Passados uns dez minutos desde o horário marcado para o início da aula, menos da metade da turma está presente. Ele suspira, olha para o relógio – esse ser que tiraniza os professores – e resolve começar. Fica num dilema entre entrar de cabeça nos conteúdos mais relevantes, isto é, que caem na prova, ou rever um pouco do conteúdo da aula anterior para ganhar tempo, esperando que o quórum aumente. Aquele é o segundo encontro com os alunos daquela turma e, portanto, todos já sabem do potencial de dificuldade da matéria. Mas... choveu durante a tarde e o trânsito não está dos melhores e, por isso, o quórum está baixo. Compreensível.

Percepção da passagem do tempo

Esse é um tema que tem recebido grande atenção nas pesquisas recentes em Neurociência. Afinal, desde crianças somos estimulados a compreender a passagem do tempo e os ciclos de atividades. Ensinar um bebê a dormir de noite e manter-se acordado durante o dia é um dos maiores desafios para os pais, principalmente os novatos. Quando ensinamos nosso corpo a se regular pela passagem diária do tempo, entramos no que é conhecido como Ciclo Cicardiano. A Cronobiologia é o estudo dos ritmos típicos desse ciclo.

Esse aprendizado sobre o tempo é influenciado por processos externos, como a luz solar no ciclo diário e as condições do clima no ciclo anual, mas também por processos internos, como nossa memória e estados emocionais.

No que se refere aos estímulos externos, nossa experiência com o tempo tem muito de sensorial. Afinal, luz e frio são percebidos por nossos olhos e pele. Mas nossos sentidos têm particulares e complexas de receber informações ambientais e transmiti-las ao sistema nervoso central. Assim, quanto aos estímulos externos, a percepção do tempo se relaciona com a soma dessas informações sensoriais que alimentam processos cognitivos ligados às mudanças ambientais. E é aí que a questão da memória e das emoções ganha importância.

Como todo estímulo sensorial, a passagem do tempo não é apenas percebida, mas precisa ser interpretada. Situações angustiantes são indesejadas e, portanto, nossa mente age no sentido de exagerar cada segundo que passamos nessa condição. O tempo não passa quando estamos fazendo algo indesejado, desagradável ou que nos remete a lembranças com valência afetiva negativa. Por outro lado, em situações agradáveis, gostaríamos de prolongar cada segundo e, por isso, eles parecem sempre pouco tempo.

Mantendo a mente ocupada com a dúvida, adiando a decisão, pensando paralelamente em uma série de problemas pessoais que o estão afligindo, o pobre professor perde a espontaneidade. Logo nos primeiros minutos, confunde alguns conceitos, troca a ordem dos tópicos da aula e sente que os alunos presentes estão notando que ele não está no seu melhor dia. O contraste com a aula anterior está chamando a atenção deles.

A cada dois ou três minutos, chegam grupos de alunos atrasados que distraem os colegas e o próprio professor que já não sabe muito bem o que fazer. Permanece na dúvida: "Entrar ou não na matéria de prova daquela noite?"

Quando ele finalmente se decide por deixar de lado os "entretantos" e partir para o conteúdo crítico daquele início de aula, uma última aluna entra em sala. A moça, com aparentes vinte e cinco ou vinte e seis anos, está afobada por conta do trânsito e do atraso. Pede licença e olha para a sala em busca de um lugar para se sentar, passando a uns 30 cm do mestre.

A jovem aluna em seu vestido preto mexe com toda uma turma de MBA. Ninguém fica indiferente. O pobre mestre tosse, gagueja e passa por um pequeno transe. Muito constrangedor!

Ela usa um vestido preto muito discreto, leve e elegante; um cinto apertado deixa claras as linhas de sua cintura perfeita; conforme passa, forma-se um rastro de hidratante de amêndoas atrás dela como se a moça tivesse acabado de sair do banho; os cabelos pretos, soltos e lisos, caem pelos ombros e, em seus olhos verdes, brilha uma luz de constrangimento por ter chegado atrasada; por isso, sua expressão é séria. Ao passar ali tão próxima, a moça sorri para o professor, meio sem graça, e pede desculpas novamente. Como a sala já está meio cheia, ela desfila pelo corredor central entre as fileiras de carteiras e vai se sentar no fundo, bem diante da linha de visão do professor.

Quando o mestre volta de seu transe, nota que muitos homens estão de boca aberta. Alguns, com um sorriso besta no rosto, cutucam os colegas do lado. Enquanto isso as mulheres, cochichando umas com as outras, muitas com uma expressão de fera, parecem contrariadas como se já tivessem visto aquela cena antes e mais de uma vez.

Mais desconcentrado do que nunca, o professor tosse, gagueja e, por fim, anuncia que vai tratar de matéria de prova. Nesse momento, a atenção dos alunos sobe ao ponto máximo daquela noite. Afinal, prova é prova e dica é dica. Todo o encanto causado pela passagem da aluna se desfaz rapidamente e o odor de amêndoas some no ar.

Foram quinze minutos de explicação tediosa e monotônica. Para os alunos, a situação é crítica. O tempo não passa, não passa... Muitos olham para o relógio para saber quanto tempo falta para o intervalo. Outros começam a folhear a apostila, contando quantos slides ainda faltam para o final daquele assunto terrível, técnico e sem graça.

O professor percebe que a turma não está entendendo. A ideia de que a aula daquela noite está perdida começa a assombrá-lo como um cenário possível e indesejado. Alguns alunos conversam uns com os outros, discretamente, apontando alguma coisa em suas apostilas. O mestre pensa: "Será que tem alguma coisa errada no meu material? Será que introduzi algum 'caco' na última revisão?" O cenário pessimista que ele está criando na tela mental piora e ele começa a imaginar alunos indo embora antes do término daquela aula.

Aflito, o pobre professor libera a turma para o intervalo dez minutos mais cedo, tentando se recompor. Lê e relê as páginas da apostila. É exatamente o mesmo material usado nas últimas turmas; mas o mestre, ansioso, mal consegue entender o que ele mesmo escreveu. Seu próprio texto não parece mais tão claro naquele momento. Um suor frio escorre por sua testa enquanto o tempo começa a se arrastar para ele também.

Terminada a aula daquela noite, os alunos saem quase em total silêncio. Estão pensando insistentemente na prova. "Se cair a matéria de hoje, vai ser dureza!" É o que a maioria acha depois daquela explicação confusa. Muitos dizem um seco "boa noite" para o mestre com um sorriso forçado nos lábios. E a aluna do vestido preto, já falando ao celular, sai sem nem olhar para ninguém. Dizem os alunos que ela tem um namoro sério com um executivo de uma grande empresa que vem buscá-la sempre depois da aula – óh, vida cruel!

Já em casa, depois do banho inevitável, o professor se deita em sua cama. Passa e repassa a aula que deu como se pudesse voltar no tempo. Percebe os vários erros que cometeu e se sente cada vez pior. Ele leciona aquela mesma matéria há mais de dez anos! Domina o conteúdo completamente. Como foi se enrolar daquele jeito?

Ele, então, se levanta de repente, vai até seu escritório atrás de sua apostila. Lê e relê aquelas páginas que os alunos comentavam, falando uns com os outros. "Onde será que está o erro?" Pensa ele. Mas não acha nada. "Na aula de amanhã, vou fazer diferente..." Ele então começa a imaginar, criar e recriar em sua mente a próxima aula. Mas, sem que ele consiga impedir, a imagem da moça do vestido preto volta à sua cabeça insistentemente, causando nele um certo formigamento. A cintura fina e as panturrilhas. "Ah, as panturrilhas...!"

O mestre consegue pegar no sono lá pelas 3h da manhã. Acorda no dia seguinte, escova os dentes, toma seu café, mas, quando se levante da mesa, dá pela falta de seu celular. "Será que deixei na sala de aula?"

Nosso neocórtex tem um limite estreito para pensamentos paralelos.
O professor não consegue fazer a barba e imaginar onde largou o celular ao mesmo tempo.

É muito cedo para ligar para a secretaria. Por isso ele resolve fazer a barba e se vestir antes de tomar alguma providência. Quando está no meio da operação, começa a imaginar que talvez o celular tenha ficado no carro. Tentando se tranquilizar, ele se convence: "É... Está no carro, no porta-copo próximo do câmbio. Claro...!" E então, num gesto mal coordenado com o barbeador, acaba fazendo um corte feio no rosto. O sangue escorre e ele fala um sonoro palavrão – era necessário! Ele agora precisa de um curativo, urgente.

Quando já está se vestindo, sentindo-se ridículo com aquela bandagem no rosto, abre uma das gavetas do escritório para pegar a chave do carro e encontra o celular ali, junto com seu passador de slides. "Quem foi que colocou isso aqui? Não é possível que eu tenha feito isso... Será?"

Dado que ele mora sozinho e a empregada acabou de chegar, só pode ter sido ele mesmo. Mas não há a mínima lembrança disso em sua mente, nem de ter deixado lá o celular, nem o passador.

Em busca do *flow*

David Rock, um dos maiores especialistas em Neuroliderança, adota essa técnica de narrar pequenas histórias de personagens fictícios em seu livro *Your Brain at Work* (Rock, 2020).

Uma das maiores vantagens desse método é que prende nossa atenção. Gostamos de romances, óperas, séries porque são narrativas, enredos que se desenrolam no tempo. Mesmo no caso dos livros, quase conseguimos ver interiormente os personagens em ação e, mais do que isso, estamos o tempo todo imaginando como cada cena vai se desenrolar. Em muitos casos, temos tal empatia por alguns personagens que compartilhamos de suas aflições e alegrias, sofrendo com eles. Não gostamos de incerteza e, por isso, estamos sempre imaginando o que virá a seguir. Os roteiristas de séries sabem bem disso. Essa é a razão de encerrarem cada episódio em momentos críticos, nos fazendo dizer: "Agora vou ter que assistir ao próximo..." E essa capacidade de dar sequência às narrativas é típica de nossa espécie imaginativa.

Outra característica típica do *Homo sapiens*, com seu neocórtex altamente desenvolvido, é o gosto pela novidade, por aquilo que surpreende. O homem é o único animal que ri diante de um estímulo externo como uma narrativa. Isso acontece quando alguém nos conta uma piada, por exemplo. Achamos graça quando o final é inesperado porque isso nos surpreende, ou seja, não foi imaginado previamente. Mas, enquanto a pessoa conta a anedota, criamos mentalmente diversos desfechos para a narrativa. Isso é simplesmente inevitável porque nosso encéfalo evoluiu e se especializou em imaginar futuros possíveis.

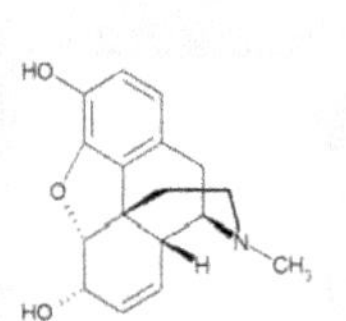

As endorfinas são neuro-hormônios muito importantes nos processos de superação. Sua liberação pela hipófise depois de alguns minutos de esforço reduz a sensação de estresse, melhora o humor e a memória e reduz a sensação de dor. Tanto o atleta quanto o professor sentem que os primeiros momentos da prova ou da aula podem ser os piores em termos de indisposição ou contrariedade. Com a liberação das endorfinas, acabam "engrenando" ou "pegando ritmo".

Só o ser humano tem essa capacidade, essa tremenda criatividade de antevisão. Por isso é tão comum completarmos as frases de alguém que está nos contando algo, especialmente quando estamos ansiosos. Nossa mente antecipa o final de cada história sempre que estamos atentos à narrativa, sobretudo nos momentos de tensão, quando várias possibilidades se abrem no enredo. Não é por outra razão que se estuda tanto *storytelling* hoje em dia.

Ainda mais interessante do que isso, como mostra Daniel Kahneman (2013), é que muitas vezes somos capazes de ler e reler as mesmas velhas narrativas, ver e rever a mesma cena de um filme ou série já bem conhecidos e acabar nos envolvendo novamente. Mas, se você já assistiu a um musical ou a um episódio de uma série de tv inúmeras vezes e com o mesmo interesse, fique tranquilo. Você é uma pessoa normal.

Mas, agora, vamos voltar ao nosso pobre e estressado professor de MBA.

Aquela tinha tudo para ser apenas mais uma noite de trabalho. Mas o fato é que ele já estava com a mente cheia de outros problemas quando entrou em sala, como vamos ver adiante. Se ele já havia dado aquela mesma aula dezenas de vezes, se havia tido outra turma recentemente, bastava "ligar o piloto automático", isto é, focar em seu sistema límbico e acessar as memórias profundas, aquilo que já "estava no sangue" e que seria de fácil acesso, exigindo baixo esforço e baixo consumo de energia.

Muitos professores sofrem de uma espécie de tensão pré-aula. Uma angústia típica, uma vontade de ir para a casa muito comum em mestres cansados que lecionam à noite enquanto a maioria dos seres normais está se preparando para assistir à novela ou maratonando uma série. Mas, depois que a aula engrena, esses profissionais entram em um estado chamado *flow*, isto é, um fluxo mental despejado diretamente do límbico para os centros nervosos do córtex, o da fala, o dos gestos e tantos outros.

Também é comum ver músicos executando peças complexas de cor e até de olhos fechados. Essas peças foram ensaiadas e estudadas tantas vezes que já estão solidamente armazenadas nos centros de memória permanente do sistema límbico. O desafio é acessá-las adequadamente, deixando que fluam e comandem os centros motores do córtex parietal.

Boa parte do sentimento de superação que vários profissionais e atletas têm depois de alguns minutos de contrariedade se deve à liberação de endorfinas na corrente sanguínea. Essas substâncias nos ajudam a superar os momentos iniciais de nossas tarefas e "pagar ritmo".

Como o próprio nome diz, esses neuro-hormônios são uma "endo" (interno) "morfina" (analgésico) que estimulam a memória e o bom-humor, reduzem a sensação de dor e estresse e nos ajudam a "engrenar" nas tarefas que, a princípio, pareciam nos contrariar. Isso mostra a importância de não desistir nas primeiras fases de uma tarefa difícil e/ou exaustiva.

> *É comum professores experientes entrarem em estado de flow depois de alguns minutos de aula. Esse é um estado mental no qual conseguimos acessar os conteúdos de memória profunda do sistema límbico com baixíssimos níveis de esforço.*
> *É comum ver músicos em estado de flow executando peças complexas de cor e literalmente de olhos fechados.*

Mas, voltando à nossa história, naquela noite, o mestre perdeu a espontaneidade. Sabemos como isso funciona. Significa que ele ficou em dúvida sobre como agir e deixou que essa dúvida invadisse seu diminuto neocórtex pré-frontal. Ficou examinando e reexaminando, moendo e remoendo as alternativas de decisão. Por isso, seu acesso aos arquivos profundos do límbico ficou obstruído. A questão de entrar ou não na matéria de prova tornou-se uma espécie de ruído mental, [9] aquela voz insistente que parece falar conosco às vezes e pergunta sem parar: "Tem certeza de que essa é a melhor escolha?"

Nosso pré-frontal detesta a incerteza, mas, quando vacilamos, isso se torna uma armadilha. Ele quer fazer cálculos, medir, conferir, checar mil vezes. Ele evoluiu para isso. Mas o pré-frontal não é nossa mente! Ele é apenas um pedaço de nosso encéfalo triuno. E pior: acabou de chegar na evolução e já acha que pode tomar decisões por nós, quando, na verdade, é apenas o sujeito que calcula e executa! Mas calcular, prever, medir e até mesmo executar são etapas do processo decisório, mas não o todo.

Situações de ruído mental são grandes inimigas da tomada de decisão e da criatividade. Mas também podem bloquear a espontaneidade.
É como se uma voz interior, típica do neocórtex, estivesse sempre nos perguntando: "Tem certeza de que essa é a melhor escolha?"

[9] Ver Kahnemann, Sibony e Sustein (2021).

O problema é que a cognição nunca está satisfeita. Tudo em nossa vida poderia ter sido feito melhor e algo sempre pode dar errado. É o que diz nossa capacidade imaginativa quando mesclada com a própria cognição. O que fizemos ontem poderia ter sido feito de mil maneiras diferentes e existem diversos amanhãs possíveis também. Como saber qual teria sido ou será mesmo o melhor? Todo mundo que toma uma decisão tem que assumir o risco do arrependimento. E isso irrita o jovem pré-frontal.

Se prestarmos atenção a nós mesmos, veremos que estamos pensando continuamente. Ideias, preocupações, planos, reavaliações de coisas que já fizemos estão continuamente vagando em nossa mente. E o pré-frontal as analisa, mede, pondera, qualifica, separa. Ele simplesmente adora isso. É sua tarefa, sua vocação evolutiva. Dê a ele alguns poucos elementos sobre o ontem ou sobre o amanhã e ele irá criar mil cenários, mil narrativas alternativas. Mas, isso é mesmo bom?

Em um mundo com tanta informação, as possibilidades imaginativas cresceram exponencialmente. Afinal, os cenários mentais que criamos são construídos e refeitos com essa matéria-prima: informação.

Tecnicamente, esse turbilhão de pensamentos que gira em nossa mente sem parar é chamado de atividade neuronal ambiente. Como regra, cada um desses pensamentos aleatórios permanece em nosso consciente por cerca de 10 segundos, sendo logo sucedido por outro. Se prestarmos atenção a nossa atividade neuronal ambiente, veremos que fazemos conexões aleatórias. Começamos olhando pela janela e pensamos: "Vai chover hoje à tarde". Logo em seguida, somos invadidos pela dúvida: "Será que a janela do quarto está fechada?" Quarto, quarto... Isso nos faz lembrar que deixamos um documento importante na gaveta da mesinha de cabeceira. Mesinha... mesinha... "A empregada tem mania de não limpar atrás daquele móvel".

Mas, note: o início dessa história era a chuva e acabamos na empregada! Quando chegamos a esse ponto da sequência, há uma séria chance de não nos lembrarmos mais como tudo começou. Puro desperdício de glicose e de atenção. Muita energia foi gasta, literalmente para nada.

Apesar de também consumirem energia e, em geral, ocuparem nosso neocórtex de maneira improdutiva, os pensamentos aleatórios da atividade neuronal ambiente são relativamente inofensivos.

> *Menos atividade cortexiana pode facilitar o acesso ao sistema límbico, reduzindo a perda de energia e poupando nossa capacidade cognitiva para outras tarefas.*
> *A isso se chama prontidão cognitiva.*

Mas, quando esses pensamentos são desordenados, contínuos e invasivos, ocupando o espaço reduzido do pré-frontal na hora errada, ficamos distantes das memórias profundas, daquilo que somos capazes de fazer com baixo esforço mental simplesmente porque já dominamos por completo e sabemos de cor. É nesse ponto que a atividade neuronal ambiente se transforma em verdadeiro ruído mental.

A analogia é boa! Tente ler um texto, técnico ou poético, não importa, quando alguém estiver martelando no andar de cima. Possível, mas certamente mais difícil e literalmente cansativo.

Em muitos momentos da vida, o menos é mais e o ótimo se torna inimigo do bom. Menos atividade cognitiva aleatória e inoportuna pode facilitar o processamento feito pelo sistema límbico, reduzindo a perda de energia e poupando nossa capacidade de análise e execução para outras tarefas. Mas, com um pré-frontal dominado pela dúvida e imaginando desfechos desagradáveis para a situação atual, o acesso às memórias profundas do límbico fica mais difícil e, no limite, completamente bloqueado. O vacilo nos faz perder a espontaneidade por conta disso. Vacilar é, na maioria das vezes, imaginar um ou mais daqueles finais infelizes para nossa história do momento. E como o processamento realizado no córtex é mais lento e consome mais energia, temos grande chance de elevar rapidamente o nível de estresse, entrando em um espiral improdutiva e, às vezes, paralisante.

Sempre que somos submetidos a tarefas cognitivas exaustivas, acabamos exaurindo momentaneamente nossa capacidade de tomar decisões racionais e de analisar situações novas e agir. Quando imaginamos de forma quase compulsiva vários desdobramentos para uma situação que está se desenrolando em vez de decidir de uma vez, estamos simplesmente dando um tiro no pé – ou nas têmporas... Nessas ocasiões, estaremos a cada instante menos aptos para decidir da melhor forma. Ao menos enquanto não revertermos aquela espiral.

Então, qual seria a melhor maneira de o professor ter lidado com aquela situação? A resposta é: Diante da dúvida, aja da forma habitual, aquela com a qual você tem mais familiaridade, e mantenha o foco no momento presente. Em outras palavras: Na dúvida, mantenha o *status quo*, o padrão conhecido de ação; faça o que deu certo da última vez em uma situação semelhante.

Assim, caso ele tivesse entrado no assunto de prova depois de esperar os tradicionais 15 min após o início da aula, seu teimoso pré-frontal, analítico fissurado, teria perdido a batalha e, por falta de opção, pararia de questionar se aquela era ou não a melhor coisa a fazer.

Decidir logo pode ser mais importante do que procurar exaustivamente qual poderia ser a melhor coisa a fazer. Aliás, etimologicamente, “de-cidir” significa “desinterromper” e, portanto, acabar logo com o vacilo e seus milhares de enredos possíveis para nossa própria história.

Mas existe algo paradoxal aqui. A área do cérebro associada à inibição consciente e voluntária, isto é, o freio aos demais processos mentais, é o chamado córtex pré-frontal ventrolateral, uma região do sistema encefálico localizada logo atrás das têmporas. Como parte do neocórtex, essa área é muito nova em termos evolucionários e sua atuação também consome muita energia. Em outros termos, o exercício da inibição, isto é, a disposição consciente de frear outros processos mentais, tem caráter cognitivo, mas também está sujeita à exaustão rápida. Ou seja, não decidir e lutar contra a propensão a "fazer alguma coisa" é cansativo para o cérebro. Por isso muitas pessoas que estão em situações de vacilo dizem que sentiram uma "paralisia angustiante".

Assim, adiar a decisão de iniciar a aula e lutar contra o pensamento invasivo, o questionamento de estar agindo certo ou não, pioraram a situação do pobre mestre. Erma vários processos cognitivos tipicamente cortexianos que estavam ocorrendo em paralelo. Por isso, manter o *status quo* e seguir com a aula, chegando logo ao conteúdo de prova, teriam sido a melhor forma de lidar com esse recurso escasso que é nossa capacidade cognitiva.

E quando a jovem do vestido preto entrou em sala? Ah! Aquilo foi um acontecimento! Uma daquelas coisas que faz valer a pena o dinheiro que se paga cursando um MBA. De imediato, a pupila dos alunos, homens e mulheres que tiveram sua atenção despertada pela moça, certamente se dilatou. Alguns sentiram até uma pequena palpitação.

Afinal, eram as áreas do "velho cérebro" identificando objetos de interesse primitivo e instintivo. Para os homens hétero, um claro desejo de reprodução para perpetuar a espécie. Para as mulheres hétero, um inimigo, um ser que entra desfilando em sala de aula e disputa espaço com elas. No caso, é claro, espaço na atenção dos homens héteros da turma. Aquela cintura perfeita, aquele vestido preto acima dos joelhos eram uma clara ameaça para as "fêmeas" presentes.

Mas, a vantagem dos alunos em relação aos professores é exatamente essa: poder desviar seu foco mais ou menos livremente durante a aula. A atenção deles se voltou para a moça assim que ela entrou. Os centros de visão, localizados na parte posterior do cérebro, estimularam áreas do tronco encefálico que começaram a distribuir dopamina para vários cantos do cérebro e a cena foi completada por um outro estímulo: o maldito cheiro de hidratante de amêndoas. O olfato estimula rapidamente memórias profundas, com grande carga de afetos, e todo esse pano de fundo

A amígdala cerebral é uma estrutura importante nos processos ligados à atenção, mas também ao medo. Isso vale tanto na busca de oportunidades de procriação, quanto na identificação do inimigo que invade e tenta ocupar nosso espaço, nosso território.

formou o cenário para as criações imaginativas do neocórtex que viriam logo em seguida.

A rigor, tudo aquilo era uma distração, tirando o foco do conteúdo que o professor heroicamente tentava passar na aula. Mas nenhum dos alunos teve que ativar seus pré-frontais ventrolaterais simplesmente porque... alunos se deixam distrair durante as aulas com imenso prazer, não precisam reprimir esses devaneios. Acompanhar a moça com os olhos e deixar de prestar atenção ao que o professor falava não exigiu nadinha dos centros cerebrais de contrariedade dos alunos.

Um cachorro presente notaria que todos os homens hétero passaram a exalar um forte cheiro de feromônios naquele instante, tentando atrair a fêmea. Mas, a moça era um espécime muito evoluído para ser atraída por aquilo. Além disso, estava seriamente comprometida com o namorado. E, de todo modo, se os feromônios são ou não relevantes na atração sexual entre seres humanos é uma questão em aberto. Mas que o cheiro do hidratante da moça mexeu com a imaginação dos homens héteros presentes, não resta a menor dúvida! Querendo ou não, alguns daqueles homens devem ter se lembrado de outras situações agradáveis envolvendo hidratantes femininos e, muito provavelmente, a ocitocina, associada a situações de intimidade, invadiu seus cérebros juntamente com a dopamina, ligada à expectativa de viver situações prazerosas.

Acontece que também existe um tipo de feromônio ligado a situações de alerta. Os animais e os insetos exalam essa substância quando estão em perigo para alertar os demais membros da espécie. Então, talvez até as mulheres hétero presentes estivessem nessa condição hormonal, mas pela razão inversa à dos homens. A moça era uma ameaça, não uma oportunidade. Seja como for, estamos falando do "velho cérebro" em ação: luta ou fuga, oportunidade ou ameaça, dicotomias básicas que qualquer animal com um sistema nervoso minimamente evoluído enfrenta. Essas dicotomias são a base mais primitiva de nossa atenção. Comida, sexo, ameaça e recompensa nas proximidades a despertam instintivamente em nós. Por isso gritamos e ficamos pálidos quando nos assustam e ficamos com as pupilas dilatadas e às vezes até de boca entreaberta diante de um possível parceiro sexual. Nossos instintos decidiram isso por nós.

E quanto ao professor? Qual foi seu erro? Por que sua forma de lidar com seu cérebro triuno foi inadequada naquele momento?

A resposta é simples: ele não resistiu àquela entrada triunfal! Não colocou seus centros ventrolaterais para agir, inibindo o impulso do "velho cérebro". Ele se permitiu olhar para a aluna direto nos olhos verdes. Depois, notou como ela estava elegante em seu vestido preto, percebeu que os joelhos estavam à mostra e, quando ela passou, deixando o rastro de amêndoa, ele se rendeu completamente ao analisar com cuidado aquelas panturrilhas ma-ra-vi-lho-sas! Seu pré-frontal, já estressado pelo vacilo sobre entrar no assunto de prova ou não, estava se entregando e imaginando vários enredos nos quais a moça era a atriz principal. Sob estresse, exaurido, não foi capaz de inibir nem a percepção da entrada da moça nem o impulso de se concentrar nela. Sobretudo nas panturrilhas... Tinha caído de cabeça na espiral.

Um truque simples em casos assim é mesmo desviar o olhar. Menos informação visual para alimentar aqueles enredos que estavam girando no pré-frontal.

Velhas estruturas de nosso encéfalo, muito pouco ligadas a processos cognitivos como a amídala, estão muito envolvidos quando se trata de focar nossa atenção. Quando essas estruturas estão muito ativas, seja por medo, fome ou por atração sexual, tendem a desligar as demais áreas do cérebro. Diante do predador, nossas espécies ancestrais tinham que estar alertas, analisar as chances de sobrevivência e encontrar o momento certo para reagir em defesa do território ou simplesmente fugir. Não é

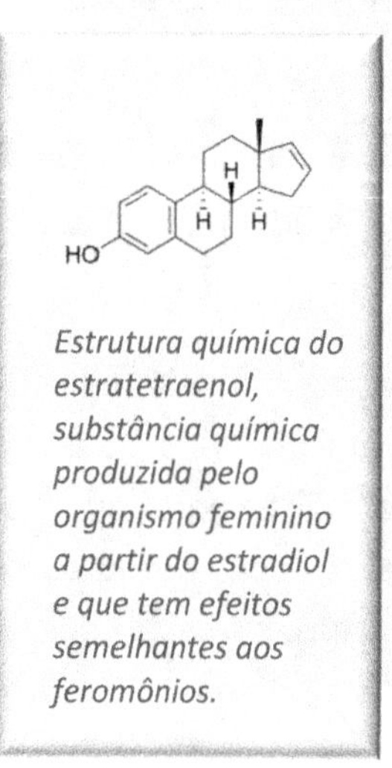

Estrutura química do estratetraenol, substância química produzida pelo organismo feminino a partir do estradiol e que tem efeitos semelhantes aos feromônios.

preciso muita cognição para isso. O tronco cerebral e a amídala são os protagonistas nessas horas.

Circuito de recompensa da dopamina

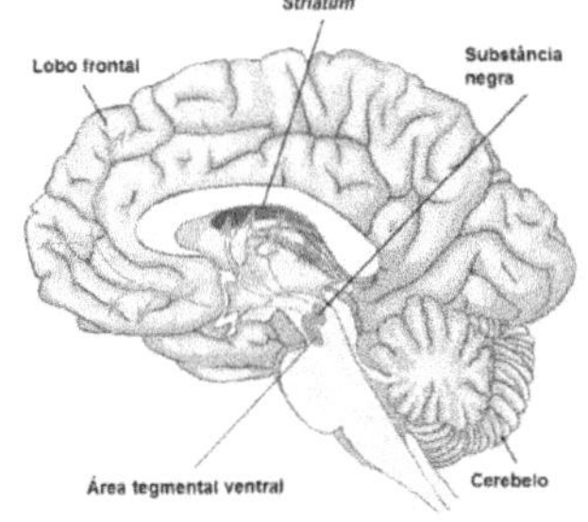

Os chamados circuitos de dopamina são um bom exemplo do trabalho conjunto das três grandes áreas do cérebro.

As formas como esse neurotransmissor se espalham pelo cérebro estão associadas a diferentes situações. Uma delas é a expectativa de recompensa. Podemos estar diante da perspectiva de ganhar um valor em dinheiro (como em um cassino), colocar na boca um alimento saboroso ou conquistar um parceiro sexual. Nesses casos, a dopamina é produzida na área tegmental ventral (no límbico) e é liberada no núcleo *accumbens* (área também do límbico à ligada amígdala cerebral), seguindo para o córtex pré-frontal. Conforme a dopamina percorre esse caminho, ocorre a inibição do medo e certa redução da capacidade cognitiva.

Esse é o caso típico da expectativa de prazer sexual (os momentos anteriores ao orgasmo), quando ficamos meio corajosos e bobos ao mesmo tempo, passando a fazer péssimas avaliações de risco. Já no circuito de motivação, típico das atitudes de luta ou enfrentamento, a dopamina se origina na substância negra (tronco cerebral) e caminha para o estriado dorsal (límbico) fortalecendo a sensação de prazer diante da perspectiva de vitória ou de conquista.

Algo parecido acontece com a atração sexual. Se não focarmos na oportunidade, nosso "alvo" acaba nas garras de outro parceiro e lá se vai a chance de nos reproduzir e deixar descendentes. Não é por outro motivo que um dos circuitos da dopamina, em ação nas situações em que acreditamos que vamos "nos dar bem" – expectativa de recompensa – começa nas áreas primitivas do tronco encefálico e inibe o funcionamento do pré-frontal.

É claro que a moça era quase irresistível. Mas, por questões éticas, ele jamais teria nada com ela. Bem... Pelo menos enquanto durasse o curso. Então, o melhor a fazer seria um forte e hercúleo exercício de vontade, tirando o foco daquela distração divina. Como não fez, o professor teve seu estressado pré-frontal – que já não estava funcionando bem – inibido pelo circuito dopaminérgico gerado pela expectativa de recompensa. Maldita moça!

Inibir voluntariamente a ação de outras áreas cerebrais é a função do pré-frontal ventrolateral. Acontece que a oportunidade para essa ação é muito, muito breve. Por exemplo: enquanto escrevo esse texto, meus dedos se movimentam sobre o teclado do meu computador. Agora, imagine que eu queira escrever a palavra "cérebro" em algum ponto do texto. A primeira letra é "C", que eu aciono com o dedo médio da mão esquerda (sim... eu digito com os dez dedos e sem olhar para o teclado!). Mas, suponha que, num relance, antes mesmo de tocar a tecla "C", eu note que já usei essa palavra muitas vezes e queira substituí-la por um sinônimo como "sistema encefálico", cuja primeira letra é "S", que eu digito com o dedo anelar esquerdo. Qual é exatamente a oportunidade que tenho para inibir o toque na tecla “C” e alterar o movimento para “S”, evitando escrever “cistema...”?

Diversos estudos citados por Rock (2020) revelaram que o cérebro age de forma muito mais autônoma e inconsciente do que pensamos até mesmo em processos complexos como digitar um texto. O estímulo cerebral para tocar a tecla “C” começa cerca de 0,5 segundo antes do movimento do dedo. Mas o desejo de realizar esse movimento surge em meu pré-frontal, a parte do cérebro que comanda a tomada de decisão de forma consciente e cognitiva, 0,2 segundo antes do movimento. Tudo se passa como se a decisão já tivesse sido tomada pela mente, isto é, pela ação conjunta das várias partes do encéfalo e só depois “comunicada” à parte racional do cérebro.

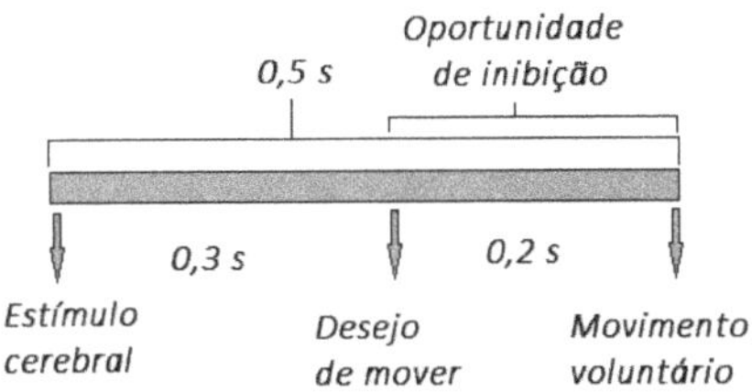

Adaptado de Rock (2008, p. 54).

Então, qual é a janela de oportunidade para o arrependimento e para a inibição do movimento? Apenas aqueles dois décimos de segundo entre a percepção do desejo de agir e o ato em si.

Acho que não é preciso argumentar muito para convencer você, leitor, de que dois décimos de segundo são um tempo pequeno demais para se tomar uma decisão. Provavelmente, quando a moça entrasse em sala, o professor teria, sim, olhado para seus brilhantes olhos verdes. Mas, se estivesse atento, se estivesse refletindo sobre a forma com o seu cérebro estava operando naquele momento, talvez pudesse tomar medidas preventivas.

Em outras palavras, ele deveria ter desenvolvido o hábito de não olhar para alunos que entram atrasados; e esse hábito deveria ser reforçado no caso das alunas, considerando sua conduta heterossexual. Novamente, caso esse hábito estivesse já bastante enraizado nele, o melhor a fazer seria manter o *status quo*, fazer o de sempre, não ter que decidir de forma voluntária e consciente se deveria olhar ou não para quem estava entrando, fosse quem fosse.

O bando que perde o líder alfa se dispersa

Mas, e se for um pouco tarde demais? E se o primeiro erro já foi cometido? E se já demos o primeiro passo na direção errada? O que fazer com um tempo de inibição tão pequenino?

Reconhecer que um gatilho de comportamentos instintivos, associado às reações semiautomáticas do nosso "velho cérebro" foi ativado e procurar domar esse cavalo, como diria Platão, é essencial em situações sociais e de trabalho.

Não se pode evitar ficar pálido ou mesmo gritar quando se leva um susto. Encostar o braço em uma superfície quente nos faz contrair os músculos de forma totalmente involuntária. São decisões tomadas por nosso sistema nervoso que constituem uma herança evolucionária antiga, atualmente associada à medula espinhal – no caso do arco-reflexo – e ao tronco encefálico – no caso das reações ao susto, por exemplo. Para focarmos a atenção, seja por medo ou interesse, como vimos, a amídala cerebral também atua bastante.

São processos assim que nos fazem prestar atenção e disparam comportamentos de luta ou fuga. Mas também nos fazem "partir para o ataque" quando estamos sexualmente interessados. Foi uma espécie de voz rouca, presente em nossa mente há milhares de anos, que falou com o professor quando a aluna entrou: "Olhe com atenção para a fêmea!". Mas essas estruturas ligadas a comportamentos e luta ou fuga ficarão tão mais ativas quanto mais estímulos receberem; uma verdadeira escalada na qual os níveis de noradrenalina e cortisol vão subindo, colocando do o corpo em alerta. Então, desviar os olhos o mais rápido possível e prender a respiração para não sentir aquele odor de amêndoas teriam sido as atitudes mais certas. Mas, para isso, é preciso estar atento ao que se está atento. Infelizmente, poucas pessoas prestam atenção ao que estão prestando atenção...

Na sequência, note que o professor gaguejou, se perdeu na sua sequência de aula, ficou ainda mais perdido. Por quê?

Isso ocorreu porque, quando aquelas estruturas, com destaque para a amídala cerebral, focam nossa atenção, seja por medo, raiva ou impulso sexual, elas tendem a "desligar" parte de nossas habilidades cortexianas – o mais correto seria dizer inibir. Quem nunca ficou sem saber o que dizer para uma namoradinha ou namoradinho lá no início da adolescência? Quem nunca gaguejou numa entrevista de emprego. A boca seca, temos dificuldade até de ouvir o que estão falando ao nosso lado. Na verdade, ouvimos perfeitamente, mas não entendemos, pois a compreensão da fala é tipicamente um processo cognitivo.

No caso do professor, a situação era ainda pior, pois o vacilo sobre o momento de começar a matéria de prova já tinha submetido seu pré-frontal a esforço e estresse, reduzindo sua capacidade de frear os estímulos cerebrais que estava recebendo. Lembrando: inibir comportamentos, falas, posturas ou até pensamentos voluntariamente também é uma atividade cortexiana.

Diante de situações tipicamente impulsivas temos que agir rápido a partir de estratégias bem definidas às quais recorremos quase automaticamente, meio "sem pensar", e não perder tempo com os lentos processos cortexianos que avaliam, calculam e projetam mil cenários enquanto tudo está pegando fogo ao nosso redor.

Identificado um inimigo que não podemos enfrentar, o instinto nos faz ter o impulso de correr. Por isso as pupilas se dilatam, o sangue desce para as pernas, o coração dispara e a respiração fica ofegante conforme os níveis de noradrenalina vão subindo e estimulando nosso sistema nervoso simpático graças à ação do tronco encefálico. A produção de noradrenalina em partes específicas do "velho cérebro"[10] é responsável por essas reações involuntárias e puramente instintivas, ligadas à simples busca da sobrevivência e da perpetuação da espécie. Ou quebramos rapidamente a sequência de estímulos e *feedbacks*, ou nosso bárbaro interior assume o comando.

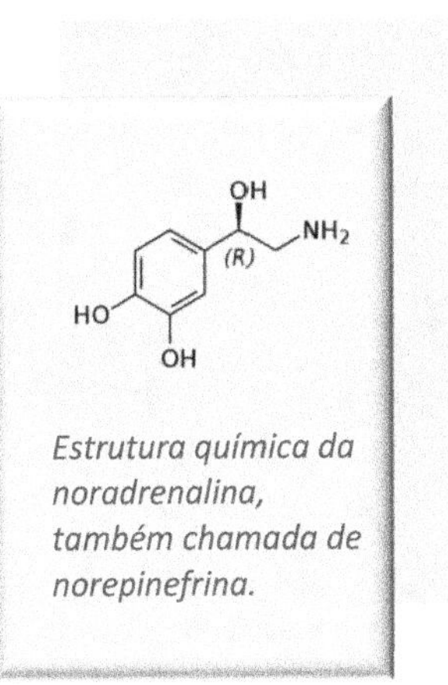

Estrutura química da noradrenalina, também chamada de norepinefrina.

[10] A principal estrutura cerebral responsável pela produção de noradrenalina em situações de estresse é o cerúleo ou *locus cœruleus*, uma estrutura que faz parte do tronco encefálico. Ver Mather e Harley (2016).

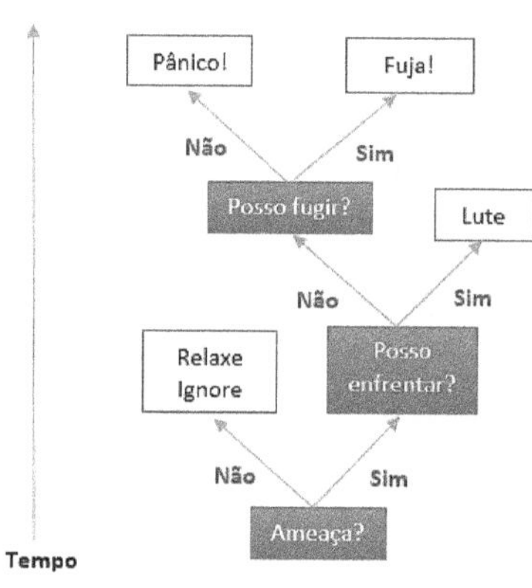

Luta ou fuga: uma escalada neuronal

Nossos mecanismos de luta ou fuga, típicos do "velho cérebro", podem constituir uma verdadeira escalada na qual o tempo e os níveis de noradrenalina e cortisol avançam juntos. Nosso tronco encefálico processa informações vindas de todas as partes, seja do ambiente externo, seja de nossa imaginação ou mesmo dos sonhos que temos à noite.

Na escalada que estamos analisando, ele se volta para a identificação de potenciais ameaças, sejam elas uma outra pessoa (rival), uma situação estressante (entrevista de emprego, apresentação de um relatório ou flerte na balada). Se a ameaça, real ou imaginária, é identificada, as reações geradas pelo encéfalo, com destaque para o tronco cerebral, passam para outro nível de avaliação instintiva e, como regra, inconsciente: posso ou não enfrentar? Se a resposta é "sim", estamos diante de um sentimento de motivação e enfrentamento. Se a resposta é que o inimigo não pode ser enfrentado, a próxima questão é: Posso fugir? Se a resposta é "sim", o melhor é correr mesmo em busca da sobrevivência. Mas, se não podemos fugir, ficamos acuados: pânico, desmaio e o famoso "branco" (inação) ocorrem com frequência, cognição e memória travam, pois nos tornamos animais prestes a ser devorados pelo predador.

Tudo isso se dá muito rapidamente, em questão de instantes, o que garante que a participação dos processos cognitivos, muito mais lentos, é pequena nessa escalada de luta ou fuga.

Esses são nossos comportamentos instintivos sempre presentes em nós, por mais que tentemos ignorá-los, e que atuam mesmo nos momentos em que acreditamos ser totalmente racionais. Eles nos oferecem um primeiro referencial, um pano de fundo, o cenário do drama das nossas escolhas diárias. O instinto é o primeiro que fala dentro de nós em situações de pressão, tentando nos convencer a fugir do perigo ou avançar na direção do alimento e dos parceiros sexuais. No caso dos adolescentes diante de seus namorados ou namoradas, talvez seja o medo da rejeição o fator que inicia o processo. Mas, no caso da entrevista de emprego ou da apresentação de um projeto para a diretoria, também!

Situações assim são parte do dia a dia das empresas. As pessoas que se dão melhor em situações como essas são as que conseguem "rir na cara da morte", manter a calma sob estresse e, assim, não dar a nosso bárbaro interior, o "velho cérebro", estímulos que nos façam querer fugir nem pular no pescoço de nossos potenciais inimigos ou parceiros sexuais. Essa é uma herança neuroevolutiva valiosa, mas que inibe nossa capacidade cognitiva que se localiza no neocórtex. Ignorar essas relações e mecanismos cerebrais tão óbvios é o caminho certo para fazer escolhas ou atitudes com grande potencial de arrependimento futuro.

O medo, a ansiedade e a raiva cegam, literalmente, e, no limite, podem nos levar a uma escalada cujo ponto culminante é o pânico, o desmaio ou o famoso "branco". Sob estresse, falta razão e sobra impulso instintivo. Inibir esse impulso não é fácil, mas podemos ficar mais atentos, monitorando nossa atividade cerebral triuna.

Para nosso pobre mestre, houve um agravante. O acesso ao sistema límbico, sede das memórias profundas, permanentes, que já não estava funcionando bem por conta do ruído mental, foi prejudicado mais ainda pela passagem da moça. O gatilho de dopamina – a expectativa de recompensa gerada pela moça – também bloqueou, em parte, o acesso aos arquivos do límbico, impedindo que ele entrasse em estado de *flow*. A qualidade da aula foi de mal a pior dali em diante. No ar, um cheio forte de cortisol e adrenalina. Ele ficou à beira do pânico...

Se o professor tivesse desviado o foco de sua atenção com vontade, seguindo adiante com a aula em "piloto automático", estaria abrindo espaço para suas lembranças profundas, exatamente o que é necessário para dar uma aula que ele conhecia quase de cor. Mas, com o pré-frontal tomado pela dúvida e com o circuito dopaminérgico sugerindo que ele literalmente pulasse sobre a aluna, não poderia haver límbico capaz de trabalhar bem naquele momento.

Quando o professor finalmente se recompôs, anunciou que iria tratar de um assunto de prova. O momento acabou sendo péssimo para isso. Ele estava atrapalhado, confuso, em uma atitude nada espontânea que beirava o terror acadêmico – alguns professores sonham que não conseguem ser entendidos pelos alunos e acordam em pânico!

Ainda assim, o nível de atenção dos alunos subiu naquele momento. Era o alerta de perigo contido na terrível palavra "prova". Para a maioria deles, um predador, um inimigo potencialmente letal tinha aparecido e eles queriam enfrentá-lo. Os níveis de noradrenalina dos alunos também subiram para facilitar a busca pela sobrevivência.

Se o professor estivesse em seu estado normal, transmitindo segurança a seus alunos, talvez eles dissociassem as duas coisas, isto é, prova (perigo) e professor (proteção, ajuda, amparo, liderança em sala). Mas, como fazer isso? Como fazer com que os alunos não vissem prova e professor como partes do mesmo predador?

Uma forma, já testada e aprovada, é transmitir aos alunos mensagens de solidariedade. "Eu sei que prova é um obstáculo chato de enfrentar. Mas vocês vão estar preparados. É só acompanhar a explicação que eu vou dar agora. Não tem erro..." Algo assim. Essa é a postura do líder do bando, o autêntico alfa. A Neuroliderança alfa é um dos

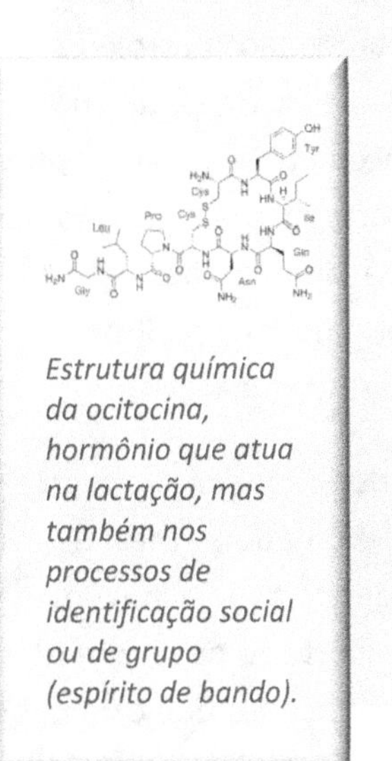

Estrutura química da ocitocina, hormônio que atua na lactação, mas também nos processos de identificação social ou de grupo (espírito de bando).

assuntos que serão aprofundados nos capítulos à frente.

Professores e líderes em geral que se distanciam muito do grupo, que se colocam no pedestal com uma postura arrogante, supervalorizando suas próprias qualidades e conhecimentos, são pessoas que não sabem o valor do sentimento de grupo, associado ao sistema límbico.

No outro extremo, estão os líderes inseguros, vacilantes. Ainda que a turma simpatizasse com o mestre até aquele momento, como os alunos iriam se sentir protegidos do "inimigo-prova" se o próprio professor não demonstrava domínio da matéria?

Passar do estado de alerta ao estado de medo e deste para o pânico é um passo pequeno. Isso porque esses três estados são controlados pelos mesmos processos cerebrais. São descargas de noradrenalina originadas no tronco encefálico. A palavra "prova" foi o gatilho que deu início ao processo, fez a maioria dos alunos focarem sua atenção no que dizia o mestre. Mas as explicações confusas foram gerando medo. Prova e professor se tornaram parte da mesma ameaça.

O que é cruel nisso tudo é que o mestre tinha, sim, domínio do conteúdo. Mas estava atrapalhado, vítima de ruído mental, aquela nuvem de pensamentos que tumultua o neocórtex e nos faz perder a espontaneidade. Mas a leitura inconsciente que os alunos estavam fazendo era: "Estamos desprotegidos. O professor não está do nosso lado para enfrentar o predador. Se esse assunto cair na prova, estamos perdidos!"

Ao mesmo tempo, aquela atitude dos alunos comentando a apostila em paralelo também quebrou a sensação de pertencimento do professor. Ele não estava sendo aceito no bando, isto é, pela turma.

A rejeição pelo grupo ativa as mesmas áreas do cérebro que participam da sensação de dor física. O sentimento de exclusão, de não-pertencimento naquela situação é algo literalmente doloroso, um soco no fígado. E essa solidão elevou ainda mais a intensidade dos processos automáticos de luta ou fuga, infelizmente em favor da fuga, impossível naquele instante.

A aula tinha se polarizado. Professor e alunos estavam de lados opostos. A atitude indiferente da aluna de preto quando foi embora foi apenas o golpe final.

Todo trabalho em grupo, seja em sala de aula ou em qualquer empresa, exige espírito de bando, de equipe. Como sabemos, esse é um sentimento afetivo tipicamente associado a processos que ocorrem no sistema límbico. Quando nos identificamos com o grupo, um hormônio chamado **ocitocina** age em nosso cérebro. E essa é outra herança evolucionária muito importante. Nos leva dos répteis aos mamíferos.

Esta é uma substância fundamental no processo de identificação da mãe com seu filho e, por isso, age na produção do leite materno, dentre outros. Do ponto de vista evolucionário, a ação da ocitocina foi um marco importante para o comportamento de bando típico de muitos mamíferos. Foi exatamente esse sentimento de grupo, de time, esse espírito de bando que se rompeu na relação entre o professor e seus alunos em um dado instante. Poucas coisas afastam mais o líder de seu bando do que a perda de confiança frente ao perigo.

Quando o professor percebeu isso, foi como se tomasse um soco. Diversos estudos[11] mostram que o sentimento de exclusão compromete a capacidade de tomada de decisão, até mesmo quando se dá no ambiente virtual das redes sociais. Em outros termos, límbico e neocórtex interagem nesse caso. Se o professor estivesse tentando retomar o comando da situação, seus centros cerebrais de cognição e de vontade estariam trabalhando com capacidade reduzida.

Aquela foi uma aula longa. O tempo não passa quando estamos fora de nosso bando e nos sentindo ameaçados.[12] Qualquer pessoa que já vivenciou um sequestro relâmpago sabe que aquelas horas pareceram séculos. Estamos

---

[11] Ver Peterson, Gravens e Harmon-Jones (2011) e Filipkowski e outros (2021).

[12] Sobre o processamento neuronal da duração temporal dos eventos, ver Jennifer Coull e Giersch (2022).

acuados, impelidos para uma fuga impossível. Só não nos sentiremos pior se formos socorridos pela endorfina que nos "anestesia" e impede ou desmaio.

A tempestade cortexiana e o celular perdido

Ao chegar em sua casa, nosso pobre mestre estava no máximo de sua tempestade cortexiana. Em lugar de se concentrar no presente, na preparação para o sono da noite, ele revia sem parar as cenas da aula. Por morar sozinho, sentia-se completamente abandonado. Nem peixes no aquário ele tinha para lhe fazer companhia.

Aqui é importante destacar que nossas memórias profundas são armazenadas no sistema límbico. Metaforicamente, nesse sistema estariam nossos arquivos mentais como papeis ou relatórios em gavetas. Mas a mesa de trabalho sobre a qual analisamos esse conteúdo são as áreas cognitivas e analíticas do neocórtex. E era essa mesa de trabalho que estava tomada pelas cenas do dia no caso do professor.

A insônia é quase inevitável nesses casos. O neocórtex pré-frontal, agitado, tumultuado, fica processando e reprocessando as informações do dia, lembrando e reconstruindo as cenas que nos preocuparam. E como essa área do cérebro tem a tendência de completar as histórias que ela mesma cria, também surgem uma série de continuações, desdobramentos de nossas preocupações, uma série de amanhãs imaginários que, muito provavelmente, jamais vão acontecer daquela forma.

Em lugar de viver seu presente e simplesmente dormir, nosso pobre professor deixou as horas passarem, perdido entre o passado que ele não podia mais reconstruir e uma série de futuros inutilmente criados em sua mente. Por conta disso, no dia seguinte, uma pessoa insone estará em piores condições para enfrentar aqueles mesmos problemas que não a deixaram dormir, iniciando um ciclo vicioso difícil de romper em alguns casos. O neocórtex precisa imensamente de descanso diário; ao menos sete horas de sono todas as noites. Sem isso, cognição e vontade tendem a falhar novamente no dia seguinte.[13]

Nosso neocórtex pré-frontal é como uma mesa de trabalho minúscula. Se ela estiver lotada com preocupações e tarefas múltiplas, algumas coisas pequenas se perdem. Por isso estamos sempre perdendo algo quando estamos sobrecarregados: a chave do carro, a carteira, os óculos.

Foi por conta desse ruído mental, do tumulto do córtex com o turbilhão de pensamentos razoavelmente

[13] Ver Chu e outros (2023).

inúteis, que nosso amigo perdeu seu celular.

Os centros de visão, audição e movimento, dentre outros, estão situados no córtex. Quando enchemos aquela mesa de trabalho pequena com ideias e pensamentos em excesso, simplesmente "não vemos" o que estamos fazendo. Ou melhor, vemos sem enxergar, recebemos as imagens nas áreas occipitais do cérebro, mas o processamento e a interpretação dos impulsos neuroquímicos é que ficam prejudicados. Por isso ele colocou o celular na gaveta, viu que estava fazendo isso, fechou a gaveta e, segundos depois, não tinha mais o mínimo registro em sua memória do que havia feito. Os registros não foram processados pelos hipocampos, áreas do cérebro que transformam informações novas em memórias perenes, as quais são armazenadas no gânglio basal.

O professor simplesmente não gravou, viu, mas não processou nem memorizou um ato simples, fazendo uma coisa sem importância se tornar outra fonte de estresse. Quando somos vítimas de ruído mental, de excesso de pensamentos em turbilhão, fazemos isso o tempo todo com a chave do carro, os óculos, a carteira e uma série infinita de documentos e objetos.

Pessoas sobrecarregadas, que assumem múltiplas tarefas ao mesmo tempo, podem estar lidando com seus neocórtexes de forma muito errada. É claro que a capacidade de realizar diversas coisas ao mesmo tempo varia de pessoa para pessoa. Mas, como regra, temos que aprender a priorizar, suspender os pensamentos em momentos que precisamos focar nossa atenção em alguma coisa, evitando, assim, o ruído mental, a super ocupação do córtex. Esse é um princípio básico das práticas de *mindfulness*, por exemplo.

Existe um experimento simples que mostra como nossa capacidade cognitiva é afetada por pensamentos múltiplos. Você pode tentar isso consigo mesmo ou, o que é muito mais divertido, com outra pessoa. Tente iniciar uma contagem simples ou, quem sabe, apenas dos números pares. Vá dizendo em voz alta: 2, 4, 6 e assim por diante. Então, peça a alguém para lhe fazer uma pergunta simples do tipo "quanto são 5 + 3" para que você, depois de responder, retome a sequência de números inicial. Você vai notar a imensa dificuldade de lidar com situações paralelas e como o neocórtex se esforça para resolver um problema simples quando está ocupado por outra tarefa mental.

Fazendo a barba no dia seguinte, nosso amigo professor foi vítima, mais uma vez, da dificuldade de priorizar suas ações. Se ele estava fazendo a barba, deveria se concentrar em... fazer a barba! Em lugar disso, deixou seu neocórtex novamente tumultuado com a questão do celular. E, de novo, sua atenção visual e, muito provavelmente, sua capacidade motora ficaram comprometidas. Por isso ele se cortou e teve que recorrer àquela bandagem constrangedora.

A mensagem final desse caso (quase) fictício é que a concentração e o exercício da vontade são tarefas mentais que exigem esforço. Mais do que isso, tarefas simples, com as quais estamos muito acostumados e que poderíamos tirar de letra, acabam se tornando grandes armadilhas mentais quando não reconhecemos as particularidades e os potenciais conflitos de nosso cérebro triuno. Não é à toa que os adeptos da *mindfulness* dizem: "Quando estiver comendo, coma. Quando estiver ouvindo, ouça. Quando estiver fazendo qualquer coisa, coloque sua atenção plena nessa coisa!" Pena que não é tão fácil...

A reflexão sobre como nosso cérebro funciona e a tentativa, nada trivial, de reconhecer e administrar nossos estados mentais é muitas vezes chamada de metacognição – conceito proposto originalmente por Flavell, 1979.

> ***Metacognição*** *significa "compreender a compreensão" ou "pensar sobre o pensar". Quando procuramos compreender nossos estados e processos mentais para administrá-los melhor, estamos praticando a metacognição.*

A palavra significa, literalmente, compreender a compreensão ou, numa tradução menos direta, pensar sobre o pensar. Assim, praticar a metacognição significa desenvolver a capacidade de observar nossos próprios processos mentais para poder, na medida do possível, influenciá-los. Na alegoria de Platão, temos que controlar nossos impulsos e os estímulos com os quais alimentamos nosso cérebro, mantendo-nos no controle em lugar de sermos levados pela correnteza de nossos pensamentos, afetos e instintos. Não é uma tarefa fácil.

Nesse sentido, quando reconhecemos a capacidade que os processos instintivos ligados ao nosso "velho cérebro" têm de roubar nossa atenção, passamos a evitar os estímulos que ativam essa área de nosso encéfalo e nos desviam de nossos objetivos.

A antigas estruturas do tronco cerebral são a fera dentro de nós, lutando o tempo todo pela sobrevivência da espécie. Nosso cérebro compreende que isso é prioridade absoluta. Por isso medo, raiva e impulso sexual são tão fortes em nós até hoje. Mas, estimulados no momento errado, vão nos deixar gaguejando e de boca aberta, como aconteceu com alunos e professores quando a moça de preto fez sua entrada triunfal em sala de aula. Não subir na escalada de luta ou fuga só é possível quando compreendemos as formas pelas quais compreendemos o mundo ao nosso redor, evitando reforçar os estímulos errados que detonam comportamentos mais primitivos e menos cogntivos.

Do mesmo modo, a convivência com outros membros da nossa espécie é difícil. O *Homo sapiens* não é o que se pode chamar de animal meigo, dócil. Por isso é muito importante para professores e líderes em geral não perder a identificação com seu bando, embora mantendo a posição de alfa. O líder deve ser a referência, o porto seguro de seus liderados, reduzindo sensações desagradáveis como a incerteza. Se ele vacila durante uma tarefa ameaçadora, o bando dispersa ou, o que pode ser ainda pior, procura outro alfa para colocar em seu lugar, sobretudo diante de uma ameaça.

Um líder inseguro pode colocar em perigo a condição dos liderados. A equipe que fracasse pode ser demitida e o aluno que não compreenda a matéria, reprovado. Essa ameaça ao status dos seguidores desgasta a liderança, como veremos no capítulo 6 com o modelo SCARF (Rock, 2020).

O comportamento do grupo diante do perigo não é fácil de explicar em termos cognitivos, isto é, de seu processo lógico de causa e efeito. Um bando ameaçado e que perde sua liderança pode dispersar e, nesse caso, perdendo sua identidade grupal, agir na base do "salve-se quem puder". E isso por uma razão simples: estamos na fronteira entre os processos límbicos (espírito de bando) e de luta ou fuga (a ameaça) – estes últimos associados ao "velho cérebro". Se não há mais líder, se não há mais bando, o melhor a fazer é adotar uma postura individualista e procurar sobreviver sozinho, custe o que custar. Dá para notar que não é a razão que se impõe aqui.

Por isso, como veremos adiante em nossa discussão de Neuroeconomia e Neuroliderança, quando cada um busca seu interesse mais imediato, sua sobrevivência individual, e perde o grupo de vista, todos podem sair perdendo, agindo de forma bastante irracional, prejudicando a busca orientada (estratégica) de metas comuns.

Terminar o relatório ou brincar com o cachorro? Os dois!

Mas, ainda existe algo não explicado no caso semifictício de nosso professor de MBA. Se ele era um profissional tão preparado, tão experiente, por que estava fora de seu normal naquela aula? O que foi que o fez perder seu equilíbrio?

Nas noites de segundas a quintas, semana sim, semana não, nosso personagem se dedica a aulas de MBA. Pelo menos durante boa parte do ano. Mas, de dia, trabalha numa importante consultoria.

Nos dias anteriores àqueles fatos em sala de aula, o professor esteve extremamente sobrecarregado. Concluiu dois relatórios para clientes extremamente exigentes e chatos, participou de algumas reuniões *on line* e elaborou outras três propostas de trabalho. Tudo isso exigiu muito de seu córtex pré-frontal. Não eram atividades rotineiras. Cada projeto tinha especificidades, cada relatório se referia a um segmento da economia, cada cliente tinha exigências específicas.

Enquanto executava todas essas tarefas, descargas de endorfina fizeram com que ele fosse adiante e terminasse tudo em tempo. Alguns colegas até elogiaram, impressionados, aquela sua capacidade de trabalho. A cada noite, ele dormia muito, mas sempre acordava cansado, sem lembrança de sonho algum. A endorfina nos faz superar obstáculos, mas também cobra seu preço quando abusamos dela. Quando um animal foge do predador, a endorfina entra em ação e, durante a "explosão" da fuga, coloca a pobre presa em um tal estado de excitação que ela se sente quase amortecida, totalmente focada na sobrevivência. Mas a endorfina tem efeitos de curtíssimo prazo às custas de grande gasto de energia. Por tudo isso, quando ele entrou em sala de aula naquela terça-feira, estava mentalmente esgotado, física e mentalmente.

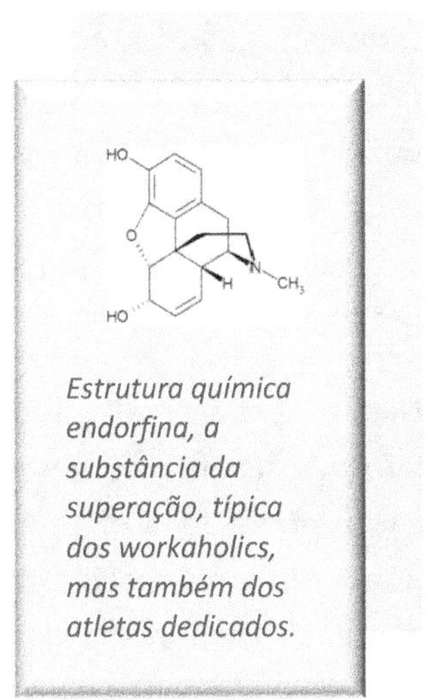

Estrutura química endorfina, a substância da superação, típica dos workaholics, mas também dos atletas dedicados.

Uma característica relevante de nosso neocórtex é o grande dispêndio de energia, como já vimos. A análise cognitiva que ele realiza é lenta e cansativa.

Muito embora nosso cérebro responda por apenas 5% de nossa massa corporal em média, consome 20% da glicose que nosso organismo queima diariamente. E boa parte disso se dá por conta da atividade no pré-frontal.

Um dos erros mais sérios que nosso personagem cometeu foi se dedicar àquelas várias tarefas de forma totalmente desorganizada. Sabe aqueles dias em que dizemos logo pela manhã: "Tenho tanta coisa para fazer que não sei por onde começar"? Pois bem. A pior coisa que se pode fazer em momentos assim é simplesmente abrir a caixa postal e começar a ler e-mails sem critério.

Rock (2020, cap. 2) destaca insistentemente a necessidade de priorizar a priorização como forma de reduzir o dispêndio de energia e a exaustão cognitiva. Nos dias em que estamos sobrecarregados, precisamos distribuir as tarefas ao longo de nossas horas de trabalho numa autêntica programação. Concluir um relatório logo cedo, fazer a reunião com os assistentes no meio da manhã, dar alguns telefonemas antes de sair para o almoço são exemplos de uma sequência programada.

Nosso pré-frontal adora processar e reprocessar informações e vai se sentir muito bem se puder ver e rever a lista inteira de tarefas em velocidade. Durante as primeiras horas da manhã, talvez até possamos acreditar que vamos conseguir "pensar em tudo ao mesmo tempo". Mas quando tivermos que nos concentrar em atividades realmente criativas, solucionando problemas que permanecem em aberto, vamos concluir que o número ideal de processos cognitivos simultâneos que nosso cérebro comporta é 1!

Mas é impressionante como o desejo de abrir e-mails em série, enviar mensagens de *Whats* e concluir o relatório, tudo junto, fica sempre nos rondando! Os avisos sonoros dos aplicativos de mensagens, então, são um imenso convite e mergulharmos em assuntos aleatórios, querendo responder todos eles o quanto antes.

Se não resistirmos, se não tivermos compromisso com a lista de prioridades, vamos ficar sempre em estado de tensão cortexiana e o pré-frontal logo entrará em exaustão. Pior: sentiremos uma vontade danada de comer alguma coisa bem calórica. Isso acontece porque o tumulto mental vai queimando glicose em velocidade. Uma barra de chocolate poderá nos acalmar por alguns instantes, mas não irá repor a capacidade de trabalho cognitivo, criativo. Enquanto isso, o corpo poderá estar cheio de endorfina, mascarando o cansaço físico.[14]

Por outro lado, se, apesar de estarmos atentos à ordem de prioridades, ainda assim surgir o famoso "branco", aquela trava que nos impede de concluir um trabalho qualquer que parecia fácil, que estava caminhando bem, o melhor a fazer talvez seja simplesmente se levantar da cadeira, ir até a copa

---

[14] As relações e paralelos entre cansaço físico e mental são destacadas, dentre outros, por Ampel, Muraven e McNay (2018).

e tomar um café ou um copo d'água. Conversar com alguém sobre outro assunto por alguns minutos também ajuda. No *homeoffice*, dar um pouco atenção ao cachorro carente que está solitário sobre o sofá dele é outra ação muito útil. Essa é outra prática típica dos adeptos da *mindfulness*: parar às vezes; parar por parar; parar para reassumir o controle dos processos mentais.

Essa prática simples equivale a um pequeno intervalo feito por alguém que está na academia, malhando. Entre um aparelho e outro, um pouco de água, um alongamento, uma olhada pela janela sempre são uma prática saudável. Ainda que esteja sendo utilizado com critério, o neocórtex está sujeito a um tipo de exaustão semelhante à muscular. A endorfina nos faz seguir adiante e superar aquela fase de contrariedade de nossas atividades físicas e mentais. Mas não substitui a importância desses pequenos intervalos.

Mais ainda, os *insights*, aqueles momentos em que a solução aparece em nossa mente de forma súbita, estão associados a áreas específicas do cérebro como o córtex cingulado anterior[15] e, por incrível que pareça, essas áreas não são exatamente as mesmas que utilizamos quando estamos mergulhados no trabalho.

Esses *insights*, epifanias, momentos "eureca" – ou seja lá que nomes tenham – são menos comuns nas pessoas que focam seus problemas com proximidade excessiva em vez

[15] Ver Kounios e Beeman (2014).

de prestarem atenção a seus próprios estados mentais. Muitas vezes, a resposta a um problema que analisamos de forma consciente, com utilização intensiva do córtex pré-frontal (razão processual e cognição) já está pronta nas áreas imaginativas de nosso sistema límbico. Uma situação muito comum ajuda a ilustrar essa tese da necessidade de "afastar-se do problema por um tempo para poder resolvê-lo".

A grande maioria de nós já jogou paciência no computador. As gerações mais recentes são vidradas em jogos para *tablets* e *smatphones* do tipo *candycrush*. Pois bem. Você notou como pessoas que se colocam do nosso lado e não estão muito envolvidas com o jogo têm facilidade em enxergar soluções que nós, absurdamente concentrados, não enxergamos às vezes? E não se trata de maior capacidade de concentração pessoal! Quando trocamos de posição com essas mesmas pessoas, nós é que passamos a enxergar soluções e combinações que elas simplesmente não veem pelo simples fato de estarem próximos demais do problema.

Em resumo, nosso amigo professor chegou exaurido em sua aula, com baixa capacidade de tomar decisões racionais sobre como conduzir a própria aula. Quando procurou um suposto erro em sua apostila, já não entendia bem o que ele mesmo havia escrito pois tinha consumido seu estoque de capacidade processual, cognitiva. Estava com a cabeça mergulhada em seus problemas desde cedo, sem priorizar e sem dar descanso para seu cérebro racional.

Processos neuronais em espelho ou simplesmente neurônio espelho[16]

Mas houve outro fato que abalou o aflito mestre. Durante o almoço daquele mesmo dia, ele encontrou um velho amigo. Os dois tinham feito faculdade juntos e conviveram na mesma república durante alguns anos. Amizades assim, duradouras, geram afetos que ficam guardados lá em nosso sistema límbico, gerando o autêntico sentimento de bando.

Passando pela crise dos quarenta, o amigo, criatura falante por natureza, aproveitou o almoço para desabafar. Estava com pressão alta, colesterol, sobrepeso, um trapo humano. No trabalho, uma restruturação organizacional havia fundido algumas áreas e ele estava pressentindo o desemprego. Tinha pensado em vender o apartamento, financiar outro e usar o dinheiro para abrir um negócio próprio. Quando estava no meio da operação, seu pai ficou muito doente e quase todo o valor da venda do imóvel foi gasto com o tratamento.

---

[16] Ver di Pellegrino e outros (1992), Rizzolatti e Craighero (2004) e Hickok (2014).

No final de mais de uma hora e meia de conversa, quando os amigos se despediram, o professor estava ainda mais exausto. Algum esotérico diria que o baixo astral do amigo havia sugado todas as suas energias. Outros, mais velhos, diriam que ele tinha ficado "quebrantado" com toda aquela desgraça contada pelo velho colega de faculdade. Mas a Neurociência tem outra explicação: Os processos neuronais em espelho ou simplesmente neurônio espelho.

Nos processos neuronais em espelho (neurônio espelho) nosso cérebro simula gestos e atitudes corporais de outras pessoas para compreendê-los melhor em uma autêntica simulação neural. Essa atitude imitadora é muito observada em crianças.

Ao longo da evolução, quando as espécies mamíferas surgiram e se desenvolveram, era muito importante saber agir por imitação.

Hoje sabemos que homens e animais imitam seus pais, prestam atenção à forma como eles agem e os copiam. Muitas vezes, essa imitação é ritual ou mesmo teatral. Nas famílias tradicionais, vemos meninas brincando de boneca e meninos... Bem... Meninos brigando e se sujando no quintal ou no *playground*. Algumas meninas também fazem isso, claro! E o contrário também pode ser; por que não? Tudo depende de uma relação de identificação com os mais velhos, independente de questões de gênero. Brincadeiras são verdadeiros rituais de imitação.

Mas, o que se passa no cérebro quando estamos atentos aos membros do bando com a intenção de imitá-los? Os estímulos visuais são processados primariamente lá na parte de trás do córtex onde estão os centros de visão (região occipital). Mas, não estamos vendo paisagens! Nosso cérebro sabe que estamos diante de alguém de nosso bando e que temos algo a aprender. Temos áreas específicas nos lobos temporais especializadas em reconhecer rostos e temos grande capacidade de diferenciação de feições e expressões faciais.

Então, quando estamos diante de membros do bando, sobretudo aqueles com os quais nos identificamos, os centros motores do encéfalo ou córtex motor, uma grande faixa localizada no meio do caminho entre a nuca e a testa, entram em ação. Quando vemos alguém levantando o braço, a área responsável por esse movimento também fica muito ativa. Tudo se passa como se o cérebro simulasse em si mesmo a ação que estamos assistindo para compreendê-la melhor.

Como estamos acostumados a ver nossa imagem refletida no espelho, é comum cometermos um erro inocente. Se alguém se coloca à nossa frente e pede que imitemos seu gesto, caso essa pessoa levante o braço direito, tendemos a levantar o esquerdo, agindo segundo um processo neuronal em espelho.

Cognição e afeto: a combinação da empatia em nosso cérebro[17]

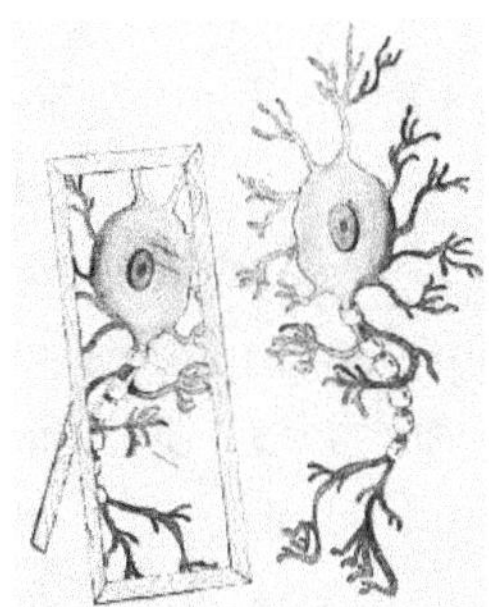

Um estudo publicado na revista Neuron (Wager e outros, 2017) sobre como nosso cérebro processa a empatia envolveu 66 voluntários que foram submetidos a exames de ressonância magnética funcional enquanto ouviam testemunhos reais de dramas humanos, alguns com final feliz, outros não. Fora do equipamento, os voluntários tiveram de avaliar como cada história os fez sentir.

A primeira coisa que os testes comprovaram é que a empatia não se restringe a uma região determinada do cérebro. Segundo um dos autores, Tor Wager, "O cérebro não é um sistema de módulos no qual há uma região encarregada da empatia. Trata-se de um processo distribuído".

Os pesquisadores também buscaram distinguir dois padrões bem diferenciados de reação empática: a que tem a ver com a solidariedade e a compaixão e a relacionada à angústia empática.

Da primeira participam regiões cerebrais como o córtex pré-frontal ventromedial e o córtex medial orbito-frontal, relacionados aos processos com os quais o cérebro avalia algo. No entanto, histórias como a de um veterano de guerra que acaba mendigando nas ruas ou a de um doente de câncer que acaba mal, que despertam mais angústia do que compaixão, ativam outras regiões do cérebro, como o córtex pré-motor e o córtex somatossensorial primário.

Ambas são conhecidas por participar dos processos neuronais em espelho ou neurônio espelho. "As regiões cerebrais que aparecem de preferência

[17] Fonte: El País, 14 de junho de 2017, "Um exame do cérebro mostra onde se esconde a compaixão humana". Disponível em https://brasil.elpais.com/brasil/2017/06/14/ciencia/1497446709_900902.html, consultado em 05/abr/2023.

relacionadas à angústia empática também são ativadas enquanto experimentamos ou observamos ações, sensações e expressões faciais", comenta Yoni Ashar, outro participante da pesquisa.

Mas o resultado que mais chamou a atenção é que todas as pessoas examinadas demonstram padrões cerebrais muito semelhantes quando empatizam com os protagonistas de cada história. Apesar de a emoção ser muito pessoal, o padrão de ativação é comum. De fato, puderam usar esses padrões como marcadores para prever como outro grupo de 200 pessoas, cujo cérebro não foi escaneado, avaliaria as mesmas histórias ouvidas pelo primeiro.

Podemos observar isso claramente no dia a dia. Quando vemos alguém bocejando, nosso cérebro simula o bocejo. Em alguns casos, a coisa se torna "contagiosa". Alguns de nós não podem sequer ver cenas em filmes que mostram pessoas se cortando e já se sentem mal. Isso pelo simples fato de que o cérebro simula estar passando pela mesma situação para compreendê-la melhor. Nossa tendência é "sentir" o corte no mesmo lugar do corpo e tentar protegê-lo.

Essa é apenas a parte motora e cortexiana da história. Mas ela também é emocional e, portanto, límbica. Quando compartilhamos o estado emocional de outros, estamos diante do fenômeno da empatia, algo importante para a liderança, como veremos adiante. Essa espécie de "partilha emocional" é muito importante para podermos compreender o que realmente sente uma outra pessoa em cuja história estamos sinceramente interessados.

Decety e Jackson (2006, p. 54) sugerem que existem três elementos essenciais para que esse tipo de processo ocorra nos seres humanos:

- Uma reação afetiva (emocional) com relação a outro indivíduo, envolvendo com frequência (mas não necessariamente) o compartilhamento de estados emocionais;
- A capacidade cognitiva de compreender a situação sob a ótica do outro indivíduo; e
- O controle ou descontrole emocional.

Do ponto de vista estritamente neuronal, o que chama a atenção é que, quando estamos envolvidos em processos empáticos, as áreas cerebrais ativas são, como regra, as mesmas tanto no observador quanto no indivíduo que origina o estado emocional. A cena de um atleta se contundindo, vista em câmera lenta no canal esportivo, nos faz entrar em estado de empatia na medida em que as mesmas áreas do cérebro são afetadas: as que efetivamente sentem e reagem à contusão (no atleta) e aquelas que participam do processo de observação (no espectador).

Algo semelhante acontece quando pedimos para que uma pessoa leia um texto no qual um personagem passa por uma situação constrangedora ou que gera dor física.

Em experimentos controlados, podemos solicitar ao leitor que imagine a cena na qual o personagem passa por aquela situação ou que imagine a si mesmo passando por aquilo. Em ambos os casos, o estímulo é processado pelas mesmas áreas do cérebro, tanto nas pessoas que passam efetivamente por situações concretas quanto nos leitores, estejam eles visualizando a cena na terceira pessoa ou na primeira pessoa. Essa é a origem da chamada "vergonha alheia", por exemplo, um sentimento comum.

Por isso, ao sair do almoço com o amigo, nosso personagem semifictício estava tão mal. Ele realmente internalizou os sentimentos do colega de faculdade. Mas, será que ele poderia ter agido de outra forma? Será que é possível evitar o envolvimento excessivo com as emoções dos outros sem sermos indiferentes, frios? A resposta é: sim! Mas, para variar, não é algo fácil.

Em nosso cérebro, existe uma estrutura especializada nos processos empáticos, a ínsula, uma parte importante do sistema límbico. Dentre outras funções, a ínsula (ou lobo insular) participa tanto da avaliação de estados emocionais (próprios ou em outros) quanto do processo de avaliação da dor física. Além disso, essa área do cérebro também participa de processos motores como o movimento das mãos e dos olhos e a articulação da fala.

A chamada "vergonha alheia" é um processo neural em espelho típico. Ocorre porque imaginamos a nós mesmos passando pela situação constrangedora vivida por outra pessoa.

Uma dor intensa nos faz reagir de forma motora, puxando um braço ou uma perna, por exemplo, mas também nos faz gritar. A vinculação da ínsula com os processos neurais em espelho deve parecer óbvia a essa altura.

Na avaliação emocional, essa estrutura trabalha de dentro para fora, isto é, comanda nossas reações motoras a estados afetivos. No sentido inverso, a ínsula é muito ativa no reconhecimento de expressões faciais ou modulações vocais associadas de outras pessoas a seus próprios estados emocionais. Indivíduos com lesões nessa área do encéfalo têm dificuldades tanto de expressar facialmente quanto de reconhecer expressões faciais associadas a sentimentos afetivos.

Por tudo isso, a ínsula participa ativamente dos processos neuronais em espelho. É fácil notar a ínsula em ação quando uma mãe alimenta seu filho e imita os movimentos que a criança faz com a boca. O mesmo ocorre quando alguém, sentado no banco do passageiro de um automóvel, ao detectar um obstáculo, faz o movimento com a perna direita, como se pudesse ajudar a frear o carro.

A compreensão de como funcionam estruturas como a ínsula esclarece muita coisa. A criação do verdadeiro espírito de bando ou espírito de grupo é amplamente potencializada por rituais motores. Quando estamos em sincronia motora com alguém, temos muito mais facilidade de exercitar a empatia, a compreensão corporal de seus estados emocionais.

Com esse conhecimento em mente, podemos entender melhor o papel de comportamentos rituais que fazem parte da criação do sentimento de pertencimento, do sentido de equipe. A ordem unida dos soldados desde a antiguidade, a dança dos índios e as cerimônias religiosas com seus cânticos, louvores e movimentos sincronizados aproximam os membros do grupo e geram a sensação de fazer parte do coletivo.

Em situações assim, intensificamos o processo corporal de identificação com as pessoas ao nosso redor. Nosso corpo, então, mecanicamente sincronizado com o grupo, vivencia de forma mais fácil e intensa o processo empático.

Do ponto de vista evolucionário, pode-se concluir que a reação emocional e mecânica surgiu antes da compreensão, da cognição de situações afetivas envolvendo membros do bando. Nesse sentido, Yu e Chou (2018) também sugerem que percepção e ação fazem parte dos processos neuronais em espelho em uma via de mão dupla. A percepção do que se passa com outros mexe com as áreas motoras de nosso cérebro (processo de fora para dentro). Ao mesmo tempo, ao imaginarmos como os outros se sentem, nosso corpo reage (processo de dentro para fora).

Será que, quando o ex-colega contou seus problemas de saúde, nosso caro professor também não começou a se sentir hipertenso e obeso? Será que aquela história toda sobre colesterol nas alturas não o fez olhar para o T-*bone steak* em seu prato com um certo receio e quase nojo? Muito provavelmente, sim.

Mas os autores também afirmam que a identificação é elemento essencial nos processos empáticos. Assim, nosso cérebro reage menos aos estados emocionais originados em indivíduos com os quais não nos identificamos, isto é, que não são parte de nosso "bando". Por isso nosso personagem mergulhou tão fundo na história do ex-colega de faculdade. Os laços de identificação entre eles eram antigos e o canal da empatia foi facilmente aberto.

O sistema límbico guarda as memórias antigas. E é claro que os amigos, ao se encontrarem, lembraram de algumas das histórias dos tempos de estudante. Isso pode parecer prazeroso e de fato é. Mas também é uma porta aberta para o contágio emocional. Não é por outro motivo que é altamente não recomendável que psicoterapeutas tratem de pessoas próximas. O contágio empático seria inevitável e prejudicaria a análise mais fria e racional da situação.

No sistema límbico existe uma estrutura já citada chamada hipocampo, nome que significa cavalo marinho em grego. Essa estrutura é responsável por transformar informações novas em memórias profundas e, portanto, é muito ativa quando estamos atentos a algo ou alguém. Quanto mais emocionalmente envolvidos, mais facilmente iremos nos lembrar no futuro. E, como o humor é um estado mental associado a emoções primárias como a alegria, temos a tendência de memorizar piadas "de primeira", sem necessidade de repetições, recapitulações ou anotações. Os professores dos cursinhos pré-vestibular conhecem há muito tempo os métodos lúdicos de memorização. Por isso, o clima descontraído da conversa entre o mestre e seu amigo facilitou ainda mais a internalização daquelas histórias tristes.

Mas, então, o que o professor deveria ter feito?

Neurônio espelho e prova social

A chamada prova social (vulgarmente conhecida como "efeito manada") também está associada aos processos neurais em espelho. Tudo indica ser um elemento neuroevolutivo. Assim, se um bando observa um membro que foge em disparada, tende a imitá-lo. A manada segue o membro em fuga, sentindo empaticamente o medo que aquele comportamento sugere.

Essa herança é tão forte que todos nós já fomos vítimas de pequenas provas sociais. Um grupo de pessoas que para no meio da calçada em uma avenida movimentada e começa a olhar e apontar para o céu nos desperta um desejo quase incontrolável de fazer o mesmo. Querer votar no candidato que está na frente nas pesquisas de opinião também funciona assim. Na atualidade, a prova social é muito usada em Neuromarketing. Uma loja cheia de consumidores histéricos pulando sobre uma pilha de produtos em exposição pode induzir outros a fazerem o mesmo. Esse comportamento irracional também está na base de explicações neurocientíficas para alguns movimentos de especulação com ativos financeiros.

Antes de mais nada, é preciso voltar à questão das prioridades. Ele havia marcado um almoço com um amigo que estava sabidamente em crise justo para aquele dia. Se estamos em um momento crítico no trabalho e ainda teremos jornada estendida à noite, aproveitar o almoço para consolar um colega estressado pode nos ajudar a ganhar pontos no Céu. Mas, enquanto isso, aqui na Terra, as coisas vão ficar bem mais difíceis para nós mesmos.

Nossa capacidade de concentração e de processamento cognitivo é limitada e tem que ser administrada como um recurso escasso, renovável apenas lentamente. Evitar a companhia de pessoas com certos tipos de problema emocional em dias de sobrecarga de trabalho não é uma atitude egoísta. É uma atitude sensata!

Ao mesmo tempo, a capacidade de controlar o neurônio espelho é algo que se pode aprender e aprimorar. Os cirurgiões fazem isso. Conseguem meter um bisturi no peito de seus pacientes, parar os batimentos do coração, trocar uma válvula e recolocar tudo no lugar como se não fossem eles. E, de fato, não são! O paciente é outra pessoa e o corte não vai doer nada... no médico, é claro.

Essa habilidade de manter certo distanciamento sem frieza e sem desinteresse é vital na liderança alfa, como veremos adiante. Mas pressupõe a capacidade cognitiva de separar

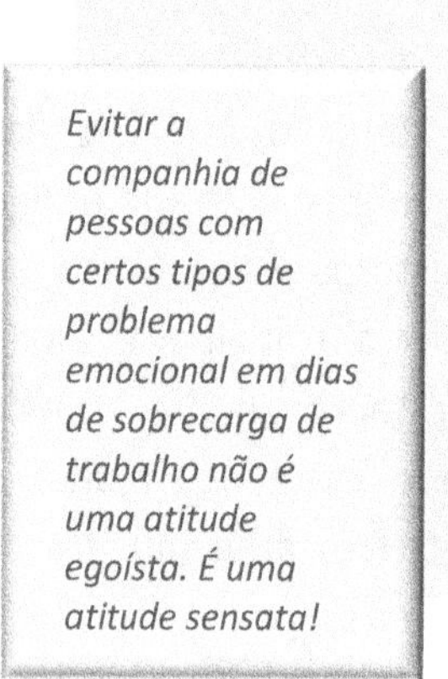
Evitar a companhia de pessoas com certos tipos de problema emocional em dias de sobrecarga de trabalho não é uma atitude egoísta. É uma atitude sensata!

os próprios sentimentos e os sentimentos alheios, sem gerar distanciamento excessivo e sem permitir o mero contágio, a histeria coletiva. Afinal, a função evolucionária da empatia é permitir que membros do grupo compreendam o que se passa com os demais, não ser causa de estresse ou ansiedade.

Nosso professor, sem prestar atenção a seus próprios processos mentais, desprezou a metacognição, saiu da conversa se sentindo doente, quando estava na verdade apenas estressado, acabado, sem a energia mental e física necessária para enfrentar uma aula à noite que tinha tudo para ser tranquila.

O que essa história nos revela é, sobretudo, a importância de estarmos atentos a nossos estados mentais. E, para isso, o exercício do autocontrole é fundamental. Mas esse é precisamente o tema do próximo capítulo.

3.Autocontrole

Controlar os outros é força; controlar-se a si próprio é verdadeiro poder.

Lao Tsé

Disciplinando o bárbaro interior

O autocontrole é uma virtude social. O convívio humano exige que sejamos capazes de abrir mão de uma série imensa de desejos e de deter nossos impulsos. É por meio dessa virtude que podemos planejar o futuro distante (por exemplo, poupando para a velhice), mas também é graças ao autocontrole que conseguimos, a muito custo, participar de reuniões de condomínio. Ver nosso time ser derrotado na final do campeonato também exige o mesmo tipo de força de vontade.

Graças ao autocontrole, nós, humanos, podemos optar por não sermos escravos do imediatismo. Em linhas gerais, esse é o conceito de liberdade do filósofo Immanuel Kant (1724-1804) para quem ser livre consiste em resistir a todo condicionamento, interno e externo, escolhendo nossos atos a partir da razão.

Mas esses condicionamentos são fortes em nós. Somos evolucionariamente programados para a sobrevivência. Por isso, muitas de nossas reações instintivas, comandadas pelas áreas mais primitivas de nosso sistema nervoso, são difíceis de controlar. Mas, por outro lado, a evolução de nosso córtex ocorreu em boa medida no sentido de nos capacitar para a convivência em comunidades complexas, com relações sociais que vão muito além da sobrevivência individual ou mesmo do espírito de bando. Essa é uma grande contribuição do córtex para o equilíbrio de nosso cérebro triuno. Uma contribuição bem recente do ponto de vista evolucionário!

Em resumo: o que nos faz seres potencialmente livres, nesse contexto, é precisamente nossa capacidade de resistir aos impulsos, fazendo as coisas "como devem ser" – como diriam os mandalorianos.

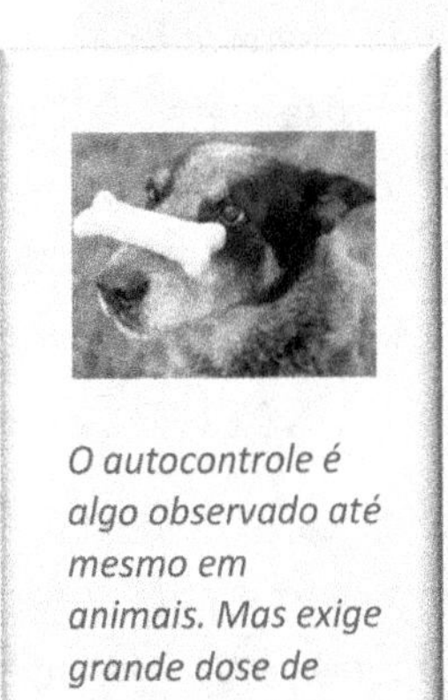

O autocontrole é algo observado até mesmo em animais. Mas exige grande dose de esforço mental.

A relação do autocontrole ou, se quisermos um termo semelhante, da força de vontade com as áreas mais recentes do cérebro é, em si, algo muito significativo.

De um lado, abre a possibilidade de conflitos interiores entre razão, um atributo cortexiano, e instinto, elemento típico das estruturas do "velho cérebro". Também nos adverte que o exercício da força de vontade em condições que consideramos adversas exige esforço e implica dispêndio de energia.

Mas, como veremos, é plenamente possível disciplinar nosso bárbaro interior, focando em objetivos mais distantes e melhorando nosso convívio social e também nosso desempenho no contexto corporativo. De novo, é Kant, na Crítica da Razão Prática, que afirma que a liberdade – isto é, a capacidade de resistir a condicionamentos – é uma habilidade que aumenta a utilidade de todas as demais.

Esforço e vontade

Se você, leitor, é uma pessoa indecisa e até se irrita quando tem que fazer uma escolha, não se sinta mal! Do ponto de vista cerebral, o processo de decisão é mesmo algo difícil e cansativo. Mas, por quê? Bem... A resposta não é tão simples e o ponto de chegada dessa busca pode ser uma surpresa.

Ao longo da evolução, o surgimento da capacidade de se autocontrolar foi um passo muito importante para tornar possível a vida em bandos e, posteriormente, em sociedades complexas. Esse é um tema muito explorado por grandes pensadores desde o século XVII como Thomas Hobbes (1588-1679) e Jean-Jacques Rousseau (1712-1778), além do já mencionado Kant.

Quando exigimos que os outros respeitem nosso espaço ou nossa privacidade, ou quando dizemos que o direito de um acaba onde começa o do outro, estamos reconhecendo a importância do autocontrole na convivência social em linha com o pensamento daqueles grandes filósofos.

Veja o caso do trânsito em uma grande cidade. O que ocorreria se nosso desejo de chegar logo ao destino não fosse contido? Colocar um limite à busca desenfreada do autointeresse sempre foi um tema filosófico relevante e se tornou um campo de estudo muito rico da Neurociência.

A questão é que nosso cérebro, evoluindo de dentro para fora, jamais abandonou a busca prioritária da sobrevivência e da reprodução. Essa é a voz rouca do nosso bárbaro interior falando dentro de nós e procurando garantir a preservação de nossa espécie.

Ao mesmo tempo, nosso límbico nos trouxe muitas habilidades sociais importantes, mas limitadas ao conceito de bando. Por isso é possível observar situações nas quais até os animais exercem o autocontrole. Sem isso, mesmo entre os membros do mesmo grupo, a convivência e, sobretudo, a cooperação seriam impossíveis. Nos bandos, sejam eles de animais ou de seres humanos, a hierarquia é a forma de refrear a busca isolada e antissocial do autointeresse por meio da imposição da obediência.

Já a capacidade de respeitar o direito do outro, de compreender que a convivência social humana exige padrões sofisticados de relacionamento, tudo isso está associado ao autocontrole e às estruturas mais novas de nosso cérebro, sobretudo o pré-frontal (sempre ele!).

Mas o autocontrole também possui uma importante dimensão individual. Planejar uma viagem de férias que só vai acontecer daqui seis ou sete meses pode exigir disciplina financeira para que possamos ter o dinheiro necessário. Fazer um plano de previdência é algo muito parecido em um horizonte ainda mais amplo. Da mesma forma, a vida conjugal exige o exercício do autocontrole em diversas dimensões. Não pode haver qualidade de vida sem autocontrole, seja na esfera social, familiar ou individual.

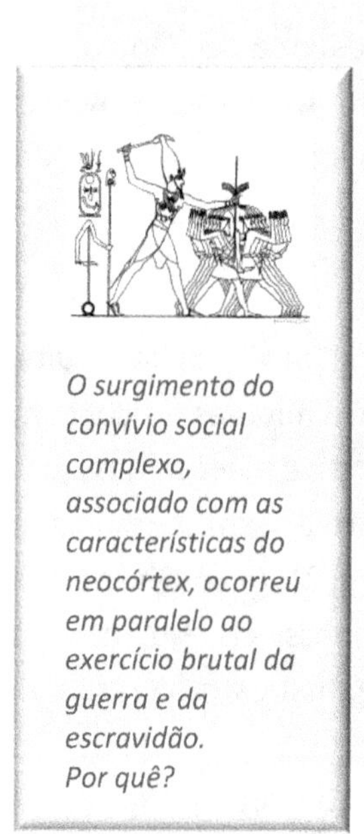

O surgimento do convívio social complexo, associado com as características do neocórtex, ocorreu em paralelo ao exercício brutal da guerra e da escravidão. Por quê?

Tão importante quanto o tema do autocontrole é a análise de nossas falhas, das situações em que não conseguimos nos conter. E esse aspecto é altamente contraditório do ponto de vista da neuroevolução. Afinal, o *Homo sapiens* evoluiu mantendo o foco na sobrevivência e na reprodução, mas desenvolveu enormes habilidades sociais. Mas, quando o autocontrole falha, tanto nossa sobrevivência quanto nosso convívio em sociedades complexas ficam ameaçados.

Parece haver algo de errado aqui! A sociabilidade humana evoluiu juntamente com nossa capacidade de fazer guerra, utilizar a pilhagem e a rapina como instrumentos de poder e de punição assim como a violência sexual. Por quê? De certa forma, parece que, ao nos descontrolarmos, colocamos o córtex a serviço do lado mais sombrio do "velho cérebro", agindo como uma espécie extremamente sofisticada de bárbaros. O exercício do poder pode visar fins racionais, mas, pelo menos potencialmente, tem muito da brutalidade territorial primitiva.

Muitos dos problemas sociais mais graves, de hoje e de sempre, podem ser associados a falhas em nossa capacidade de autocontrole: a dependência química, a obesidade, a infidelidade conjugal e muitas outras. Heatherton e Wagner (2011) estimam que 40% das mortes na sociedade atual são causadas por algum tipo de falta de autocontrole, desde o alcoolismo até a direção irresponsável nas estradas. No sentido inverso, pessoas com maior capacidade de autocontrole correm menos risco de desenvolver certas doenças, estabelecem relações sociais melhores e mais duradouras e têm crescimento mais sustentado em suas carreiras. Se isso não é qualidade de vida, então, o que será?

Esse balanço deixa claro que existe uma forte contradição do ponto de vista neuronal nesse tema. De um lado, nosso encéfalo evoluiu sem jamais perder de vista a busca prioritária da sobrevivência. Mas, por outro, o autocontrole, elemento racional e cortexiano, é muito difícil e, quando falha, pode colocar em risco nossa própria vida.

Nossa espécie, o *Homo sapiens*, com seu imenso neocórtex, é, sem dúvida, um sucesso evolucionário. Ocupou todo o planeta e não tem rivais à altura para enfrentá-lo nos mais diferentes ambientes naturais. Então, por que somos tão destrutivos e autodestrutivos? Por que estabelecemos relações conflituosas conosco mesmos (saúde) e com os de nossa espécie (rivalidade no trabalho, violência no trânsito, guerra)? Será que estamos nos destruindo, de algum modo, por pura falta de autocontrole? Por isso tantas pessoas são sedentárias e têm comportamentos insustentáveis, tanto do ponto de vista pessoal quanto social e ambiental?

A barbárie atual para Edger Morin (1921): Vivemos ameaçados por duas barbáries. A primeira vem desde os primórdios da história: é a crueldade, a dominação, a tortura. A segunda, ao contrário, é fria e vem do cálculo econômico. Porque quando existe um pensamento fundado exclusivamente em contas, não se vê mais os seres humanos.*

Fonte: http://fronteiras.com/canalfronteiras/entrevistas/?16%2C352, consultado em 06/abr/2023.

Uma primeira resposta a essas questões é que o autocontrole envolve forte dose de esforço. Os centros cerebrais de inibição estão localizados na área pré-frontal do córtex, justamente a região do cérebro que faz de nós, membros da espécie *Homo sapiens*, o que somos.

No caso da inibição motora, isto é, do ato de refrear um movimento, a área envolvida é o córtex pré-frontal ventrolateral. Uma das tarefas dessa área é manter o objetivo, isto é, a vontade de conter um impulso bem viva na memória. Essa área também é importante para manter vivos em nossa mente os benefícios da contrariedade, sinalizando que seremos recompensados no futuro pelo exercício do autocontrole. Como se diz em Neuroeconomia, um típico caso de escolha intertemporal: a troca de uma privação presente por um benefício proporcionalmente maior no futuro.

Já no caso da inibição emocional, isto é, o controle dos estados afetivos, a área em ação é o córtex pré-frontal dorsomedial. Essa região do cérebro é relevante na avaliação de nossos estados emocionais. Conter emoções exige que elas sejam reconhecidas e dimensionadas para que, então, o impulso possa ser contido, se possível. É o que muitos autores chamam de monitoramento emocional (Hare, Camerer e Rangel, 2009 e Ilan e outros, 2020).

Ocorre que, como já visto, as áreas localizadas no neocórtex são grandes consumidoras de energia e sujeitas a fadiga por esforço de modo muito semelhante aos músculos.

Essa simples constatação abre um vasto campo de pesquisa na Neurociência cognitiva chamado de *Strength Model of Self-Control* ou Modelo de Esforço do Autocontrole (MEA).[18] Segundo essa abordagem, nossa capacidade de nos contrariar, de inibir nossas ações e ter centro controle sobre

---

[18] Ver, dentre outros, Baumeister e outros (2018) e Audiffren e André (2015).

as reações emocionais é como um recurso escasso, limitado e sujeito a renovação lenta. Se formos além de certo ponto, nossa força de vontade tende a diminuir por fadiga e vamos acabar deixando nossos impulsos e desejos mais imediatos, afetivos ou instintivos, tomarem conta de nossas decisões. Então o bárbaro interior vai acabar vencendo e atacando aquela barra de chocolate.

Contrariedade no trabalho e passeio no *shopping*

Os defensores do MEA argumentam que o exercício da vontade em situações que exigem autocontrole utiliza algum tipo de recurso mental esgotável, como se tivéssemos um estoque de força de vontade que vai baixando conforme exercitamos o autocontrole durante um certo período de tempo. Se isso é verdade, pessoas submetidas a tais situações deveriam apresentar redução em sua capacidade cognitiva, uma vez que a área do cérebro que participa ativamente do autocontrole é precisamente o córtex pré-frontal, nosso grande centro de cognição.

Diversos experimentos citados por Baumeister, Heatherton e Tice (1994) e por Heatherton (2011) procuram demonstrar essa tese. Como regra, nesses experimentos, dois grupos de voluntários são submetidos a duas tarefas sucessivas. Na primeira tarefa, um grupo deve exercer o autocontrole, mas o outro, não. Um exemplo é fazer com que todos assistam a um filme dramático cheio de cenas tristes. Pede-se ao primeiro grupo que contenha suas emoções (não chorem, por exemplo). Já o outro grupo é deixado à vontade para reagir como bem quiser.

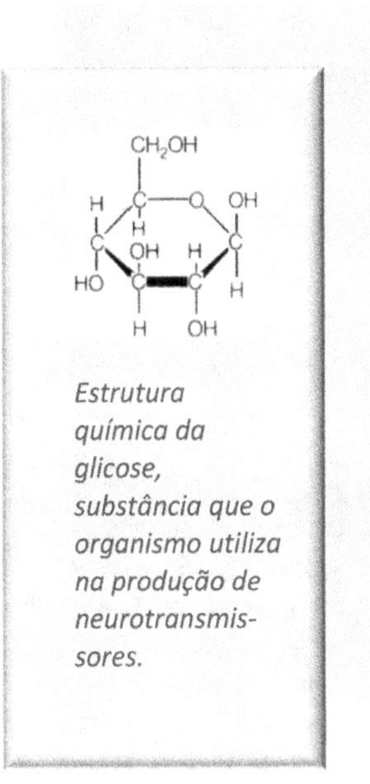

Estrutura química da glicose, substância que o organismo utiliza na produção de neurotransmissores.

Na sequência, os membros de ambos os grupos são chamados a resolver um problema que exige capacidade cognitiva como montar um quebra-cabeças. O tempo para a segunda tarefa é limitado e os participantes podem desistir se quiserem. Como regra, o grupo que foi obrigado a exercer o autocontrole apresenta um maior número de desistências e um desempenho pior na montagem do quebra-cabeças.

Esse tipo de experimento parece muito ingênuo. Você, leitor, pode estar dizendo para si mesmo: "Muito bem... Mas, e daí? Quem se contraria sente uma espécie de 'cansaço mental' e fica menos disposto para executar tarefas na sequência. Todo mundo sabe disso...!"

Mas, se sairmos do laboratório de Neurociência e levarmos essas mesmas conclusões para a vida prática, vamos chegar a conclusões bastante relevantes.

Pense em seu ambiente de trabalho. Se a seu redor existem pessoas que realmente não gostam do que fazem e suportam o trabalho apenas para terem como pagar suas contas, essas pessoas estão consumindo energias que poderiam ser melhor utilizadas em suas tarefas, mas estão sendo dispersadas pela contrariedade.

Autocontrole, *e-commerce* e *nudge*

O nudge ("empurrãozinho" em uma tradução livre) é uma prática de venda muito ligada ao *Neurobusiness*. Esse tema é explorado mais profundamente nos capítulos de Neuroeconomia e Neuromarketing, também conhecido como arquitetura da escolha. Por enquanto, vale destacar uma dica comportamental. Muitos sites de vendas pela internet procuram despertar mecanismos típicos do nosso sistema límbico com avisos do tipo "só restam mais tantas unidades em estoque" ou "existem mais tantas pessoas pesquisando esse item nesse instante".

O melhor a fazer nesses casos é pesquisar, comparar e até empolgar-se com item à nossa frente. Tudo, menos clicar no "comprar agora". Levante-se, distraia-se, adie a compra para o dia seguinte se puder. Com menores níveis de dopamina e adrenalina no sangue, algumas horas depois, talvez aquele impulso quase irresistível de comprar tenha passado. Afinal, muitas pessoas compram coisas pela internet para entrega dias depois e, ao receberem o pacote pelo correio, já não se lembram muito bem o porquê de terem comprado.

A expectativa de recompensa (dopamina) e o estresse de competir com outros consumidores são os verdadeiros combustíveis das compras por impulso e os fatores por trás do sucesso das estratégias de nudge.

Portanto, equipes compostas por pessoas mal alocadas serão sempre de baixa performance. Não se trata apenas de algo subjetivo do tipo "procurar sua verdadeira vocação" ou "sentir-se realizado no trabalho". Trata-se de desempenho efetivo, objetivo, sustentado pelo uso adequado de um recurso mental escasso. Mas essa história não acaba aqui.

Você já imaginou as consequências dessa descoberta para o entendimento da obesidade como consequência da frustração profissional? Na tentativa, consciente ou não, de melhorar seu desempenho em atividades das quais não gostam, pessoas que se sentem muito contrariadas no trabalho terão uma sensação de mais vigor comendo alimentos calóricos, ricos em glicose. Se você está pensando em chocolate...

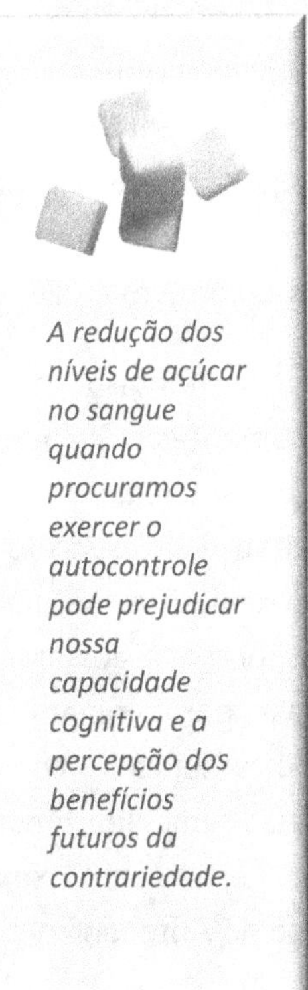
A redução dos níveis de açúcar no sangue quando procuramos exercer o autocontrole pode prejudicar nossa capacidade cognitiva e a percepção dos benefícios futuros da contrariedade.

O paradoxo do autocontrole deve estar ficando mais claro agora. Comer em excesso, ganhar peso, correr o risco de ter problemas cardíacos e ficar hipertenso é claramente algo contrário ao nosso objetivo cerebral número 1, a sobrevivência. No entanto, quando nos sentimos excessivamente contrariados no que fazemos, como no ambiente de trabalho, estamos consumindo recursos escassos e reduzindo nossa capacidade de cognição. E, com baixa cognição, a compreensão dos benefícios futuros da contrariedade fica mais difícil, pois projetar consequências futuras de escolhas presentes é exatamente uma das coisas que no neocórtex pré-frontal faz de melhor.

Buscamos repor nossos níveis de glicose e isso nos faz sentir revigorados. Então vem o desejo de exagerar, comer ainda mais e acabamos dizendo para nós mesmos: "Dane-se o sobrepeso! Eu quero mais é chocolate..." Isso agora faz todo o sentido em um arcabouço neurocientífico.

Deter o impulso de comer além do limite exige precisamente aquilo que está relativamente esgotado nesse tipo de situação: a força de vontade, o poder de se autocontrolar dissipado pela contrariedade no trabalho. Paradoxalmente, o MEA também pode explicar por que tantas pessoas gostam de passear nos *shopping centers* apenas para olhar as vitrines. Muito embora o comportamento do consumidor seja um tópico de grande interesse em Neuromarketing e em Neuroeconomia, o assunto é bastante explorado no contexto do Modelo de Esforço do Autocontrole.

Segundo essa abordagem, a escolha é um típico processo de força de vontade, isto é, de autocontrole. Quando optamos por comprar algo, sempre ficamos com uma ponta de dúvida: "Será que a outra opção não teria sido melhor?" Temos que nos controlar e abrir mão de uma lista enorme de outras opções quando nos decidimos por um item específico. E isso custa muito em termos energéticos.

Por outro lado, quando passeamos pelo *shopping,* entramos em uma loja e somos abordados com a clássica pergunta "Posso ajudar?", ao responder "Estou só olhando. Obrigado!" tendemos a nos sentir livres da pressão da escolha, livres para não comprar. Essa liberdade retira a pressão sobre os centros inibidores do córtex pré-frontal ventrolateral e diminui a dissipação de energia, provocando uma sensação agradável de relaxamento cerebral. Será que Immanuel Kant – sempre ele... – teve esse tipo de insight quando discutiu o conceito de liberdade como exercício autônomo da Razão?

Adicionalmente, nosso sistema límbico participa ativamente quando estamos comprando algo. A escolha de um item de consumo qualquer sempre mexe com lembranças profundas (outras experiências de consumo) e com nosso sentido de pertencimento (queremos fazer parte do grupo dos consumidores de determinado item, como uma blusa GAP ou uma bolsa Dolce e Gabbana).

Quando estamos "olhando sem compromisso", também ativamos esses processos, mas de forma exclusivamente lúdica. Revivemos outras experiências de consumo e podemos até nos imaginar possuidores de um determinado bem, mas não temos que decidir, fazer as contas para saber se o melhor é comprar à vista ou parcelado no cartão e coisas assim.

Tudo isso não significa que ir ao shopping só para olhar seja sempre melhor do que comprar. Mas a satisfação obtida no consumo já é um tema bastante conhecido. O que a Neurociência traz de novo é uma explicação para a importância neuronal de simplesmente passear, ver vitrines e não comprar.

Não deixe de passar seu fio dental!

É comum que os defensores do MEA comparem nossa capacidade de nos autocontrolar ao esforço muscular. A fadiga é a consequência do excesso de esforço, tanto no que se refere ao uso da musculatura quanto da força de vontade. Ao mesmo tempo, exercícios regulares melhoram nosso condicionamento, seja ele muscular ou no exercício da contrariedade e da força de vontade.

Então, doses corretas e sistemáticas de esforço podem fortalecer a musculatura e o mesmo deve valer para a capacidade de autocontrole. Baumeister e outros (2018) afirmam, inclusive, que o exercício do autocontrole em atividades específicas fortalece a força de vontade em geral. Tudo se passa, de fato, como alguém que realiza certo tipo de exercício numa academia e fortalece sua musculatura para atividades em geral, e não apenas para aquele tipo específico de exercício. O resultado é a redução do esgotamento (*depletion*) causado pelo exercício do autocontrole à medida que exercitamos essa capacidade. Assim, quanto mais você se autocontrola, mais fácil se torna o próprio autocontrole.

> *O bom humor e a capacidade de escolha (autonomia) são elementos que ajudam a compensar os efeitos desgastantes do exercício do autocontrole. Quando nos dedicamos voluntariamente a uma atividade que nos contraria e mantemos o humor, nossa capacidade cognitiva e nossa força de vontade tendem a ser melhor reservadas.*

Mas, por que isso acontece? Como se dá esse adestramento da mente ou esse fortalecimento da força de vontade necessária para o autocontrole?

As respostas para essas questões são diferentes quando analisamos o autocontrole no ser humano e nos animais. Adestradores de gatos e cachorros conseguem fazer com que eles mantenham comida a seu alcance, às vezes até sobre as patas ou a cara, mas só comam quando recebem o comando.

Sabemos que os mamíferos têm um sistema límbico mais desenvolvido do que os répteis ou as aves, por exemplo. E o sentimento de bando está localizado exatamente nessa área do cérebro. Então, quando o adestrador usa suas técnicas para incentivar o autocontrole desses animais, o que está em jogo, na verdade, é a obediência, a submissão ao líder alfa. Essa é uma característica que já está bem presente em animais com comportamento de bando. O que o adestrador faz é impor sua liderança, fazendo com que o animal o veja como o alfa de seu bando, de seu grupo.

A recompensa que damos a um animal que nos obedece também é um exercício de liderança. Não é preciso deixar um animal faminto para que ele obedeça ao adestrador. O biscoito dado a um cachorro no final de um percurso de *agility*, por exemplo, serve para deixá-lo contente de alguma forma, não para saciar sua fome necessariamente. Por isso os treinadores também acariciam os animais que obedecem. Estão reforçando sua aceitação no bando.

Muito embora mecanismos assim também sejam observados nas relações humanas, como veremos no capítulo sobre Neuroliderança, o autocontrole que exercemos tem motivações sociais mais complexas.

Se os mamíferos superiores têm uma tendência evolucionária a obedecer ao líder, o *Homo sapiens* está em busca de aceitação e ascensão social em diversos níveis. Do ponto de vista evolucionário, a expansão do neocórtex esteve associada ao aumento da complexidade das relações sociais. Assim, pode-se dizer que o encéfalo humano evolui no sentido da sociabilidade, o que nos legou níveis elevados de capacidade cognitiva em razão da complexidade das relações sociais, mas também exigiu níveis crescentes de autocontrole (Adolphs, 2003, p. 166 e Dunbar, 2016).

Ao mesmo tempo, o ser humano possui uma visão de futuro que não está presente em nenhuma outra espécie animal. Somos capazes de pensar em nossa aposentadoria ou no futuro que nossos filhos terão. Também temos consciência da morte, outra coisa que os outros animais não têm. E isso nos motiva a poupar ou a não exagerarmos no consumo de bebidas alcoólicas, pelo menos diante de nossas crianças. Por tudo isso, exercitar e fortalecer nossa capacidade de nos contrariar em favor de um melhor convívio social e de um comportamento mais previdente vai muito além da obediência ao alfa do bando.

Um aspecto típico do autocontrole nos seres humanos é que, muito embora o exercício tenda a fortalecê-lo, a capacidade de se autocontrolar depende das expectativas, o que parece não acontecer nos animais.

Se alguém acredita que precisará se autocontrolar por um período curto, sua capacidade de resistência é, via de regra, maior. Mas, se alguém passa por uma experiência que o contraria sabendo que, logo depois, terá que enfrentar outro evento desse tipo, sua resistência se mostra menor. Em outras palavras, a expectativa de um esforço prolongado mina nossa resistência desde o início, pois, de alguma forma, é como se trouxéssemos para o presente todo aquele esforço que ainda não fizemos. Pode chamar isso de "sofrer por antecipação", se quiser, pois é isso mesmo!

Em experimentos controlados, isso é verificado quando dois grupos separados são submetidos a uma tarefa exaustiva, como uma série de exercícios matemáticos. No caso do primeiro grupo, não é dito que terão que realizar uma segunda atividade cognitiva logo depois. Para o segundo grupo, isso é dito desde o início. Os integrantes do grupo que não sabia que teria que enfrentar uma segunda tarefa mostraram maior capacidade de resistência durante a primeira, muito embora as tarefas sejam as mesmas para os dois grupos.

Elementos como autonomia e boa autoestima são capazes de reduzir o desgaste causado pelo esforço de autocontrole. Em Psicologia e Ciências Comportamentais, essa tese é destacada pela chamada Teoria da Autodeterminação. Eles agem como fatores compensatórios. Hábitos simples como cantar ou sorrir diante de situações difíceis contribuem para um tipo de equilíbrio bioquímico que favorece a tomada de decisão.

Assim, conclui-se que a expectativa de realizar duas tarefas cansativas reduziu a capacidade cognitiva do segundo grupo, comprometendo seu desempenho na primeira tarefa (ver Baumeister e outros, 2018).

Outro aspecto de interesse no autocontrole humano se refere à existência de fatores compensatórios. Por exemplo: o estímulo ao humor ou a outros elementos lúdicos durante uma tarefa que nos contraria pode reduzir o nível de desgaste em nossa capacidade de exercer o autocontrole. O canto dos escravos ou as piadas dos professores de cursinhos pré-vestibulares são exemplos desse tipo de compensação.

Da mesma forma, Moller, Deci e Ryan (2006) afirmam que a autonomia também age no sentido de reduzir o desgaste da capacidade de autocontrole. Em diversos experimentos descritos e analisados pelos autores, quando os participantes podiam escolher as tarefas que iriam realizar, todas envolvendo algum grau de contrariedade e, portanto, de exercício de autocontrole, o nível de desgaste cognitivo era menor. As mesmas tarefas realizadas por participantes que não puderam escolher comprometeram mais sua capacidade de realizar tarefas cognitivas na sequência.

Antes de avançarmos, vale uma reflexão a essa altura. Se o exercício do autocontrole é semelhante à atividade muscular, é preciso estar atento para não lesar essa "musculatura". Exercícios exaustivos podem agir no sentido contrário e não fortalecer essa nossa capacidade, gerando, em vez disso, estresse e ansiedade.

Então, podemos concluir que o exercício do autocontrole também exige metacognição, isto é, uma grande dose de atenção para o que se passa em nosso encéfalo. É importante buscar elementos compensatórios para reduzir o nível de esforço, preservando por mais tempo nossa força de vontade. Sem isso, ela tende a se esgotar mais rápido e a nos fazer desistir das tarefas ou situações que geram contrariedade. Lidar com um problema de cada vez, por exemplo. Isso evita a sensação de que temos coisas infinitas para fazer. Sim, não é fácil viver cada instante. Mas antecipar problemas futuros, ainda que eles tenham que ser tratados na tarde do mesmo dia, simplesmente não ajuda.

Não se conhece ao certo o mecanismo por meio do qual o exercício do autocontrole fortalece esta mesma capacidade. Os adeptos do MEA, no entanto, oferecem diversas evidências de que a prática de pequenos atos diários de autodisciplina é extremamente benéfica para o aumento da capacidade de autocontrole. Em resumo, como quase tudo na vida, o exercício continuado do autocontrole o torna cada vez mais fácil, permitindo que, com o tempo, tarefas que causam contrariedade sejam desempenhadas de forma cada vez mais rápida e eficiente.

Um bom exemplo se refere à postura corporal. A grande maioria de nós tem o hábito de sentar-se de forma incorreta do ponto de vista ergonômico. Até mesmo no carro costumamos assumir uma postura descuidada. Se procurarmos nos corrigir um pouco a cada dia, estaremos reforçando nossa capacidade genérica de autocontrole, o que pode ser de grande utilidade no convívio social ou na carreira profissional.

Mas, a essa altura, caro leitor, você talvez esteja se perguntando: "Mas, o que tudo isso tem a ver com o fio dental?" Ou talvez você já tenha se esquecido do título desta seção.

O fato é que essa pequena contrariedade do dia a dia pode melhorar seu convívio social e sua produtividade no trabalho, por incrível que pareça. Mas, se você acha que usar fio dental não o deixa contrariado, bem... então vai ser preciso encontrar algum outro hábito ligeiramente desagradável para ser seu exercício diário de autocontrole. Essa é uma habilidade genérica. Não importa como você a exercite. Ela torna as demais contrariedades mais suportáveis.

Foco e autoestima

É preciso reconhecer: uma coisa é exercitar o autocontrole em pequenas doses, corrigindo a postura um pouco a cada dia. Outra coisa é, por exemplo, fazer uma dieta para perda de peso ou deixar de fumar.

Nossa vida cotidiana está sujeita a um número enorme de situações que colocam nossa força de vontade à prova. Temos oportunidades diárias de comer alimentos gordurosos e sobremesas hipercalóricas, sem falar nas oportunidades de gastar dinheiro de forma imprevidente ou praticar a infidelidade conjugal.

Muito embora saibamos das consequências potencialmente muito ruins de escolhas assim, sobretudo a longo prazo, muitos de nós sedemos a essas tentações todos os dias.

Um dos aspectos mais comuns nas situações de falha no autocontrole se refere ao excesso de atenção na contrariedade atual e à falta de foco nos benefícios futuros. Essa perspectiva míope costuma estar associada ao humor (ou ao mau humor...) que, como vimos, é um dos elementos capazes de compensar o desgaste de nosso potencial de autocontrole.

De modo mais geral, afetos negativos como raiva, ressentimento, inveja, dentre outros, potencializam a contrariedade presente, tirando o foco dos eventuais benefícios futuros, gerando estados de ansiedade que podem resultar em gastos excessivos, ingestão exagerada de alimentos, impaciência no convívio social e outros males típicos da falta de autocontrole em humanos.

A mensagem aqui é clara: muitas das falhas no autocontrole são resultado da exposição a estímulos indesejados e da atenção que colocamos sobre eles. Então, se a força de vontade é uma habilidade genérica que podemos exercitar e fortalecer com pequenos exercícios diários, não é preciso expor uma pessoa que está tentando parar de fumar à companhia de fumantes para que ela fortaleça essa específica aplicação de seu autocontrole. Evitar as situações de disparo do descontrole é algo terapêutico e desejável simplesmente porque não irá desgastar inutilmente nossa capacidade de persistir, de nos autocontrolarmos.

Um aspecto especialmente interessante se refere à autoestima. Pessoas que se dedicam a dietas para perda de peso muitas vezes se concentram em uma visão muito negativa de seu próprio estado. Estão fazendo dieta precisamente para obter uma melhoria física e uma saúde mais equilibrada. Mas costumam dar grande atenção a seu estado presente, isto é, à contrariedade da dieta e a seu atual sobrepeso. Os que agem assim estão continuamente analisando seu próprio estado e a situação de contrariedade em si, ou seja, a dieta. Esse é um exercício cognitivo que também exige muito do pré-frontal, precisamente a área do cérebro associada ao exercício da vontade e que é capaz de cogitar os benefícios que a dieta trará no futuro. A carga de contrariedade pode se tornar insuportável nesses casos e a dieta, muitas vezes, é abandonada em detrimento dos benefícios que traria.

Conclui-se que uma autoestima elevada e o foco nos benefícios futuros são fundamentais para potencializar o

Se tiver que escolher entre supervalorizar ou subestimar as dificuldades futuras, prefira a segunda opção. Isso não significa ser imprevidente, negligente ou procrastinar. É uma questão de autoestima! Acreditar que é possível fazer algo que já foi avaliado e planejado é uma atitude mental melhor do que ficar vendo monstros atrás das cortinas.

exercício do autocontrole. Pessoas confiantes são mais capazes de suportar experiências difíceis. Não por razões esotéricas ou religiosas, mas pelo simples fato de que não sobrecarregam seu córtex pré-frontal com pensamentos invasivos como a dúvida ou a autoimagem negativa.

Nesse sentido, diversos estudos também têm enfatizado o poder da reavaliação emocional (*reappraisal*). Essa prática pode ser considerada uma estratégia neural voltada para reduzir o desgaste da força de vontade e tornar o autocontrole mais efetivo (Ochsner e Gross, 2005 e Troy e outros, 2018). Dito de outra forma, a ideia aqui é reduzir, de forma consciente e voluntária, a importância atribuída a eventos indesejados a fim de diminuir o nível de contrariedade envolvido.

À primeira vista, isso pode sugerir que devemos nos autoenganar, diminuir voluntária e conscientemente a importância que atribuímos a situações adversas até nos convencermos de que não são tão adversas assim (Rock,

2020, p. 132). Bem... Para falar a verdade, é isso mesmo! Afinal, toda avaliação da dificuldade de uma dada situação é subjetiva. Então, entre optar por superdimensionar a contrariedade ou subdimensioná-la, a segunda opção pode ser melhor.

Não se trata de assumir atitudes temerárias e imprudentes como se tudo, no fim, sempre fosse dar certo, mas de manter um olhar otimista sobre as situações adversas pelas quais tenhamos que passar. Isso pode ajudar a não disparar mecanismos estressantes de luta ou fuga típicos das áreas mais primitivas do nosso encéfalo e que limitam nossa capacidade cognitiva. Se pudermos agir assim, vamos contribuir para manter nossa razão e nossa vontade muito mais no controle da situação.

Do ponto de vista do funcionamento do cérebro, uma estrutura muito importante nos processos de autocontrole ou descontrole é a **amígdala**, um órgão localizado em nosso sistema límbico e que participa ativamente da identificação e do dimensionamento de estímulos emocionais. Esse órgão também participa dos processos de formação de memórias afetivas e, para isso, trabalha em sintonia com o hipocampo, outro órgão do sistema límbico.

Quando superdimensionamos um evento adverso, acionamos nossa memória afetiva e ligamos aquele evento a outros, ocorridos no passado, nos quais não nos saímos bem. É como se selecionássemos os piores cenários em nosso conjunto de memórias. Imediatamente, áreas do tronco cerebral são acionadas e começam reações involuntárias como alterações nos batimentos cardíacos e na pressão arterial. Para isso, contribui muito a produção de hormônios como o cortisol e a adrenalina. E, quando esse estado se instala em nós, nossos impulsos mais primitivos de sobrevivência e reprodução assumem o comando. Nesses casos, podemos começar até a ver fantasmas numa sala escura, tamanha nossa sensação de ameaça. Ou seja, nossa capacidade de avaliação cognitiva estará comprometida por conta dessa verdadeira dança sincronizada das várias áreas do encéfalo triuno.

No sentido oposto, quando redimensionamos de forma otimista uma situação adversa, nossas chances de manter a razão no controle da situação aumentam muito. Mas essa postura exige um elevado grau de atenção, de foco. Diversos autores têm demonstrado que a atenção a nossos estados emocionais, voltada para o exercício do autocontrole e associada ao redimensionamento emocional, pode reduzir enormemente a ação da amígdala, impedindo que sejamos vítimas de processos de descontrole (Creswell e outros, 2007).

Um caso muito comum, sobretudo para os homens, é o banho no hospital. Um paciente do sexo masculino e hétero, impossibilitado de sair de seu leito, e que seja atendido por uma enfermeira jovem e bonita, deverá dizer para si mesmo insistentemente que o banho que ela dará nele não tem nenhuma conotação erótica. O mesmo valeria para uma paciente homoafetiva, é claro. Caso contrário, ele ou ela poderá passar por um grande constrangimento cheio de impulsos dos mais primitivos. Trata-se de uma contrariedade por motivos éticos, é claro. Mas não deixa de ser um evento tenso, indesejável do ponto de vista social e até moral.

Essa é uma situação que envolve doses consideráveis de força de vontade! Devemos acionar nosso pré-frontal dorsolateral no sentido de manter em mente que não dar vexame será melhor, ao menos no longo prazo. Ao mesmo tempo, nosso ventromedial deve procurar inibir as emoções que o tal banho possa estar causando, sobretudo ao evocar as lembranças de situações que tenham alguma semelhança com aquela. A ideia é mudar o foco, dizer para si mesmo que a enfermeira nem é tão atraente assim, que aquilo é algo que não poderia jamais "evoluir" do ponto de vista sensual. Se tivermos sucesso, nossa amígdala não irá disparar o processo de alerta que acaba impulso de reprodução. Serão dez minutos de pura tensão, de pura batalha cerebral. Mas é plenamente possível vencer!

Quando trabalhamos para reduzir a importância subjetiva que atribuímos a eventos emocionais, também estamos baixando os níveis de desgaste de nossa capacidade de autocontrole. Ameaças menores geram menos atividade de órgãos como a amígdala, deixando mais combustível (glicose) para ser consumido pelos centros analíticos e racionais do córtex pré-frontal. Com isso, aumentamos as chances de enfrentar aquelas mesmas situações adversas com maior potencial cognitivo.

Portanto, "rir na cara da morte" ou "dançar à beira do abismo" – em sentido figurado, isto é, de manter-se frio diante de situações de risco – são formas inteligentes de enfrentar a adversidade, reconhecendo que nossa capacidade de autocontrole é uma espécie de recurso esgotável que precisa ser utilizado de forma cuidadosa e sem desperdício.

Algumas conclusões

Autocontrole como um esforço voluntário e cognitivo é uma habilidade essencialmente humana. Evoluiu juntamente com nosso neocórtex e atingiu um patamar de grande complexidade neurossocial com o desenvolvimento da razão humana, exercitada por nosso pré-frontal. Esse é a base neuronal dos comportamentos eticamente orientados. Ainda assim, as formas de sociabilidade típicas do século XXI estão nos lançando em uma verdadeira armadilha. Excesso de racionalidade, de atividades cognitivas, de informação e de alternativas de escolha reduzem esse recurso escasso que é nossa força de vontade, combustível do autocontrole. Por isso assistimos a um número crescente de experiências de descontrole, desde a atual epidemia de obesidade até os atos violentos como crimes e consumo de drogas. É um paradoxo: o excesso de racionalidade leva a comportamentos cada vez mais irracionais e autoagressivos.

Mas é possível exercitar essa habilidade tão humana em benefício próprio e do convívio social, seja em família ou nas empresas. A discussão feita nesse capítulo se resume a sete aspectos de extremo interesse para a qualidade de vida, seja em sociedade, na família ou no trabalho:

- **Sua capacidade de autocontrole é um recurso escasso**. Não exagere e use com critério! Contrariedade em excesso em curto período de tempo reduz sua capacidade cognitiva e faz com que você tome decisões racionalmente mais pobres ou simplesmente desista.
- Como no caso da atividade muscular, **o exercício contínuo do autocontrole, mesmo que em pequenas doses diárias, pode favorecer o aumento de sua força de vontade de um modo geral**. E esse ganho poderá ser posteriormente aplicado em diversas situações. Portanto, contrarie-se um pouco diariamente e não deixe de usar seu fio dental!
- **A contrariedade aceita de forma voluntária e consciente é menos desgastante**. Então, se for fazer algo de que não gosta, faça de boa-vontade e de modo espontâneo, por contraditório que pareça. Aceite que dói menos, diz o ditado.

- **Evitar os estímulos que nos geram contrariedade é fundamental**. Faz parte do autocontrole afastar-se de situações que podem nos induzir ao descontrole. O foco excessivo nas adversidades é a melhor forma de torná-las ainda menos suportáveis.
- **É possível compensar o desgaste da capacidade de autocontrole com o humor e otimismo**. Pessimismo e mau humor aumentam a intensidade e a rapidez do esgotamento da força de vontade e estão associados a comportamentos posteriores menos consequentes.
- **Diminuir a importância que atribuímos a situações que nos causam contrariedade é útil**. Acreditar que se pode matar o leão ajuda a enfrentar a fera de modo mais eficaz, ainda que não opere milagres.
- **O exercício do autocontrole no ser humano está ligado à busca de aceitação em um contexto social complexo**. Assim, o autocontrole melhora a qualidade e a intensidade de nossas relações sociais. E as sensações de aceitação e pertencimento podem ser grande fonte de prazer, compensado o sacrifício envolvido no exercício do autocontrole.

4.Cooperação e Altruísmo

Não haja medo que a sociedade
desmorone sob um excesso de altruísmo.
Não há perigo desse excesso.

Fernando Pessoa

Lições do Dilema dos Prisioneiros

O que nos leva a cooperar? Será um desinteressado espírito de bando surgido lá no límbico? Ou um autointeresse sínico, calculado e mal disfarçado, coisa do córtex pré-frontal? Há quem diga que, quando arranhamos o altruísta, vemos o egoísta sangrar. Se isso é verdade, o altruísmo é apenas um álibi, um disfarce para a busca dos objetivos mais mesquinhos. Será?

Sabemos que a capacidade de cooperar representou um degrau evolutivo importante, um passo dado por diversas espécies há milhões de anos, sobretudo no caso dos mamíferos. Cooperação e adaptabilidade marcaram toda uma era associada, no campo da neuroevolução, ao desenvolvimento do sistema líbico. Os dois elementos foram decisivos para o surgimento da espécie humana e também deixaram marcas em nossas estruturas cerebrais.

Mas é inegável que cooperação e estrito autointeresse geram uma tensão constante para qualquer teoria da ação humana, sobretudo no campo material. Por isso o tema é tão estudado em disciplinas como a Neuroeconomia e a Neuroliderança.

Felizmente, os avanços recentes da Neurociência nos permitem compreender melhor o que se passa em nossos cérebros durante alguns experimentos clássicos, sobretudo no campo da Teoria dos Jogos. Utilizando as técnicas de neuroimagem, é possível verificar a tensão entre cooperação e autointeresse estrito que se passa dentro de nossas cabeças em diversas situações da vida prática. Nesse sentido, Rilling e outros (2002) realizaram dois experimentos com o objetivo de mapear o comportamento do cérebro durante a realização do Dilema dos Prisioneiros, o mais simples e mais famoso caso da Teoria dos Jogos (ver box a seguir).

		Prisioneiro B	
		Confessar	Não confessar
Prisioneiro A	Confessar	-2 ; -2	0 ; -4
	Não confessar	-4 ; 0	-1 ; -1

Na versão mais simples do Dilema dos Prisioneiros (acima), duas pessoas são acusadas de cometerem um crime juntas. Cada uma delas deve decidir se confessa ou não o crime sem saber qual a escolha do outro. Se nenhuma confessar, ambas ficarão na cadeia por apenas 1 ano (-1 na matriz acima). Se uma confessar e a outra, não, a que confessa é liberada imediatamente (0 na matriz) e a outra fica na cadeia por 4 anos (-4 na matriz). Se ambas confessam ao mesmo tempo, a pena das duas será de 2 anos (-2 na matriz). Como regra, por oportunismo (receber pena zero) ou por medo de que o outro não coopere, os jogadores preferem sempre confessar, o que resulta em 2 anos de prisão deixando escapar a oportunidade da condenação a apenas 1 ano caso eles cooperassem entre si. Esse resultado não cooperativo é chamado de Equilíbrio de Nash. Cada um pensou só em si a ambos acabam pior.

Em experimentos controlados, pode-se introduzir valores monetários, como na matriz abaixo. Nota-se que, se ambos decidem cooperar, cada jogador ganha $ 50. Mas o maior ganho ($ 100) ocorre quando um jogador trai o outro (decide não cooperar), enquanto o outro escolhe cooperar. O risco é que ambos decidam não cooperar, visando o maior ganho, e acabem não recebendo nada.

		Jogador B	
		Não cooperar	Cooperar
Jogador A	Não cooperar	0 ; 0	$ 100 ; $ 5
	Cooperar	$ 5 ; $ 100	$ 50 ; $ 50

No primeiro desses experimentos, 19 pessoas participaram de quatro rodadas do jogo e tiveram sua atividade cerebral monitorada por PET (tomografia por emissão de pósitrons). Duas interagiram com um computador e as outras 17, com parceiros humanos.

O objetivo era mapear eventuais diferenças de comportamento em contextos sociais e não sociais e o eventual reforço desses padrões por conta de estímulos monetários.

Os resultados revelaram padrões de atividade neuronal diferentes quando os participantes interagiam com um ser humano ou com o computador.

Quando sabiam estar interagindo com um parceiro humano, os participantes do jogo tendiam a adotar a postura cooperativa (não confessar), viabilizando ganhos maiores (ou penas menores) para ambos.

Mais ainda, quando uma postura cooperativa era adotada por ambos em uma dada rodada, o resultado mais provável na rodada seguinte era novamente o cooperativo, reforçando os ganhos comuns. Posturas não cooperativas, típicas do Equilíbrio de Nash, foram verificadas com mais frequência quando os jogadores sabiam não estar se defrontando com um parceiro humano.

Cognição social: o mecanismo complexo da cooperação

O monitoramento da atividade cerebral na situação de cooperação mútua revelou que uma das áreas mais envolvidas na tomada de decisão foi o *striatum* (ou corpo estriado), incluindo uma subestrutura chamada núcleo *accumbens*. Essas áreas estão associadas às funções executivas do cérebro, como o processamento de informações novas para a tomada de decisão, mas também à percepção ou antecipação de recompensas de caráter imediato. Por essa razão, o *striatum* se liga às regiões intermediárias do cérebro liberadoras de dopamina, fato que vincula a expectativa de recompensa à sensação de prazer.

Outra área que revelou grande participação na decisão dos jogadores que cooperaram foi o córtex orbitofrontal (COF). Região associada com processos cognitivos de tomada de decisão, o COF também participa ativamente da percepção de situações de recompensa.[19] E, apesar de estar localizado no córtex pré-frontal, o COF é de tal maneira ativo em situações afetivas que pode ser considerado parte do sistema límbico.

---

[19] Ver Nestor e outros (2012) para uma análise detalhada.

A Teoria da Cognição social (social cognition) foi proposta originalmente por Albert Bandura (1925-2021), psicólogo e professor de Stanford.
A teoria vê as pessoas como agentes ativos que influenciam e são influenciados por seu ambiente social.
Um componente importante da teoria é a aprendizagem observacional: o processo de aprender comportamentos desejáveis e indesejáveis observando os outros e, em seguida, reproduzindo os comportamentos aprendidos para maximizar as recompensas.

O estudo conclui que a cooperação entre seres humanos no Dilema dos Prisioneiros é processada no cérebro como uma situação prazerosa e geradora de recompensas, algo muito parecido com o ganho de valores em dinheiro. Mas, quando foi registrada, a cooperação com o computador não ativou aquelas duas áreas do cérebro dos participantes (Rilling e outros, 2002, p. 397).

Uma leitura possível é que há mais estímulo à cooperação em contextos genuínos de sociabilidade. Em outros termos, quando interagimos socialmente, a cooperação pode resultar em ganhos materiais potencializados por recompensas afetivas, um prazer não cognitivo por natureza.

Mas, para que haja sociabilidade, é preciso reconhecer na contraparte um semelhante, alguém com quem tenhamos algum tipo de identificação social. Em outras palavras, parece que temos em nós um tal espírito de grupo que ganhar junto com o bando nos dá maior prazer. Ao mesmo tempo, ganhar interagindo com alguém que não gera em nós um sentimento social de identificação acaba por se tornar algo muito mais frio e estritamente racional.

Os resultados da pesquisa de Rilling e outros (2002) deixam claro, portanto, que o reconhecimento do outro jogador como membro do meu grupo (um ser humano e não um computador) influenciou a interação social, estimulando cooperação recíproca nas várias rodadas do Dilema dos Prisioneiros.

Do ponto de vista da Neurociência, essa relação entre parcelas do córtex pré-frontal como o COF e as emoções, especialmente no que se refere à identificação de semelhantes, é chamada de cognição social. Esse termo híbrido é muito significativo, pois remete a duas das três áreas de nosso "cérebro triuno": o neocórtex e o límbico. Nesse sentido, a cognição social é um processo encefálico complexo, uma mistura rica entre razão egoísta (antevisão e busca do ganho) e emoção (estar interagindo com um semelhante).

Indo um pouco mais além, Fiske e Taylor (2013) definem cognição social como o processo por meio do qual as pessoas são capazes de pensar a respeito e atribuir sentido a si mesmas em situações sociais. Mas também se refere aos mecanismos através do quais formamos nossas impressões,

O desrespeito às regras de trânsito são umas das posturas não cooperativas mais comuns em países como o Brasil. Mas mesmo um motorista estrangeiro, depois de algum tempo no país, tende a não ser tão cooperativo, pois a cooperação vai desaparecendo em sua memória afetiva.

boas ou más, a respeito da personalidade, do papel e da identidade das demais pessoas em nosso meio social, tudo isso em um processo de influência mútua e busca de aprendizado.

Este é um campo muito interessante para a Neuroeconomia e para a Neuroliderança. As respostas estritamente estáticas de que existem perfis de pessoas mais ou menos cooperativas acaba se revelando insuficiente. Na verdade, lado a lado com isso, um elemento que pode ser até mesmo genético, existe um aspecto estritamente social relacionado à disposição a cooperar e que se expressa no reconhecimento de indivíduos de nosso grupo ou de fora dele.

Descendo mais a fundo na compreensão da cognição social, é possível notar especializações dentro do COF. Sua subestrutura intermediária, chamada de COF médio, tem fortes ligações com o hipocampo, parcela do sistema límbico associada à transformação de memória de trabalho, isto é, informações voláteis de experiências novas, em memória afetiva, profunda, perene. Em outros termos, relações sociais duradouras como a cooperação contínua durante o Dilema dos Prisioneiros, estão relacionadas a esse processo de aprendizado que vai das áreas mais cognitivas do cérebro para as mais afetivas.

Simplificando, é possível dizer que a memória de situações passadas de cooperação são um forte indutor de novas posturas cooperativas. Se isso é mesmo assim, a cooperação é um comportamento social cumulativo. Se pensarmos no comportamento dos motoristas brasileiros comparado, por exemplo, aos alemães, talvez agora tudo faça sentido! É bem mais difícil manter uma postura cooperativa quando temos, no Brasil, um longo histórico de oportunismo por parte da maioria esmagadora dos demais motoristas ao nosso redor. Sem muitas lembranças afetivas de situações de cooperação, nossa tendência a cooperar também não se sustenta. Já na Alemanha, o longo aprendizado de cooperação permite até mesmo que não haja limite de velocidade nas grandes autoestradas (*autobahnen*), algo impensável em países como o Brasil ou mesmo Portugal, onde os limites existentes já não são muito respeitados.

Mas é impressionante como os motoristas brasileiros que dirigem em alguns países estrangeiros voltam para cá com outra visão sobre o nosso trânsito! Tudo parece bem mais selvagem, não é verdade? Guardamos dentre nossas memórias afetivas de viagem a sensação agradável e menos estressante do trânsito cooperativo daqueles países e nos perguntamos com é possível sobreviver no meio do "cada um por si" de nossas ruas.

Por outro lado, o chamado COF lateral está fortemente ligado funcionalmente ao córtex pré-frontal e atua de forma mais intensa nos comportamentos individualistas e oportunistas associados a recompensas imediatas (Fabrice e outros, 2019). Certamente é essa a área do cérebro mais ativa nos motoristas brasileiros. E talvez seja o COF lateral que nos diz para acelerar no sinal amarelo, o famoso "vai que dá!"

Assim, se o comportamento dos jogadores no Dilema dos Prisioneiros nos revela aspectos ligados tanto à cognição quanto ao afeto, é possível especular, ainda, que a cognição social é algo que se aprende por meio da repetição. Mais uma vez, o histórico de cooperação se mostra relevante. A cooperar se aprende cooperando!

Assim, memória afetiva é algo que precisa ser alimentado por meio da prática. Veremos a importância desses processos cumulativos adiante, sobretudo no capítulo de neuroplasticidade. E aqui vale a pena citar uma pequena história verídica que pode ser chamada simbolicamente de "a parábola do brasileiro no ônibus australiano".

Dizem que um brasileiro em visita à Austrália teve que tomar um ônibus para visitar um amigo. A distância era relativamente grande e o ônibus não tinha cobrador (claro!), apenas um equipamento automático de cobrança próximo ao motorista. Esse equipamento tinha três botões nas cores branca, azul e verde, um dispositivo para a colocação de moedas e uma pequena brecha que emitia os bilhetes de passagem. Abaixo de cada botão, um valor em dinheiro, algo do tipo $2,00 (botão branco), $2,50 (azul) e $3,00 (verde).

Em sociedades onde a cooperação se tornou a regra, agir de forma oportunista e premeditada visando ganhos individuais e imediatos torna-se algo até mesmo difícil de compreender. "Por que alguém faria isso?" É o que as pessoas perguntam em países nos quais a cultura da cooperação está bem estabelecida. No Brasil é mais comum a pergunta: "Mas por que alguém não iria querer 'se dar bem'?"

Ao entrar no ônibus, sem compreender bem como o sistema funcionava, o brasileiro não teve dúvidas e apertou o botão branco. Depois de se sentar, notou que os passageiros que iam subindo nas muitas paradas apertavam de forma aparentemente aleatória os três botões. Como a casa do amigo era distante, ele pôde observar um número grande de passageiros, todos apertando aqueles botões sem um critério que lhe parecesse razoável.

Lá pela terceira visita ao australiano, o brasileiro, intrigado, quis saber do amigo como funcionava o sistema de cobrança naquela linha de ônibus. O australiano explicou que o valor da tarifa dependia da distância percorrida (cobrança por zona). Quanto maior a distância, mais o passageiro teria que pagar. Disse ainda que havia cartazes no ônibus explicando o sistema.

Sentindo-se um tanto preocupado, o brasileiro perguntou, sem revelar o que já tinha feito mais de uma vez: "Mas, o que acontece com a pessoa que vai fazer um percurso longo e aperta o botão branco (tarifa mais barata)? Tem algum tipo de fiscalização?" O australiano, muito espantado, arregalou os olhos, fez uma careta e disse para o brasileiro: "Mas, por que alguém faria isso...?!" De imediato, o brasileiro mudou de assunto...

O que essa pequena parábola revela é que, quando a cooperação se torna a regra, as vantagens imediatas, egoístas e estritamente monetárias chegam a perder o sentido. Passamos a agir muito mais com o límbico e nosso sentimento de pertencimento a um coletivo do que com o pré-frontal e sua busca de vantagens individuais, mais com o sentido espontâneo do coletivo do que com o egoísmo premeditado, puro e simples. Quando isso acontece, a cooperação se torna a regra, não a exceção.

Na linha da Teoria da Cognição Social de Bandura, podemos imaginar que o brasileiro voltou para casa com vários elementos de aprendizado comportamental australianos que o fizeram refletir ou, quem sabe, até mudar algumas escolhas e atitudes.

Empatia e neurônio espelho, outra vez

Eventuais diferenças de perfis psicológicos podem ter seu peso, mas a mensagem de que a cooperação social é um processo simultaneamente cognitivo e afetivo sujeito a aprendizado parece clara (Molemberghs e Morisson, 2012). Essa ideia reforça a visão de nosso encéfalo como triuno com ênfase no uno, isto é, três grandes áreas que funcionam de forma muito integrada. Mas o papel do afeto no aprendizado e na interação social, gerando comportamentos cooperativos, tem ainda outra face.

O reconhecimento dos membros de nosso grupo exige capacidade de empatia. Como vimos no capítulo anterior, este é um termo amplo, empregado para indicar sentimentos humanos diversos como imitação, identificação, contágio emocional, dentre outros. No entanto, a compreensão dos sentimentos de outros é o que chamamos empatia cognitiva. Já o contágio, o "sentir o mesmo" ou, alternativamente, "emocionar-se como o outro está se emocionando" é a empatia afetiva, também chamada de simpatia.

Neste último caso, podem atuar elementos não racionais, completamente involuntários e, portanto, o termo simpatia nos afasta dos processos cognitivos. Nesse sentido, empatia cognitiva se refere especificamente ao reconhecimento de sentimentos alheios e à tentativa voluntária e relativamente mais consciente de identificação de estados afetivos dos outros. Em poucas palavras, um ser empático é capaz de compreender a emoção de outros, ainda que não se contagie com ela necessariamente. Já um ser com capacidade de simpatia (literalmente, "emocionar-se ao mesmo tempo") é aquele que sofre, em algum grau, um autêntico contágio emocional.

Empatia e simpatia: cognição e contágio emocionais

O que uma professora de ensino infantil, um médico e um líder empresarial têm em comum? Bem... Há várias respostas para essa questão. No campo do *Neurobusiness*, seria desejável que todos eles tivessem um grande potencial empático. Em outras palavras, fossem capazes de perceber racionalmente o estado emocional das pessoas ao seu redor, agindo de acordo. Do mesmo modo, sobretudo no caso de profissionais como psiquiatras, psicoterapeutas ou professores do ensino infantil, seria desejável evitar o simples contágio emocional, tecnicamente chamado de simpatia (em grego, literalmente, "emocionar-se ao mesmo tempo").

Enquanto a empatia está associada a uma tentativa consciente e voluntária de compreensão do estado emocional de outra pessoa, a simpatia é uma reação de caráter bem menos voluntário. No caso deste contágio, tanto a pessoa que se emociona primeiro quanto a que foi contagiada estão diante de um impulso, não de um processo cognitivo de compreensão de causa e efeito.

Pessoas submetidas a estímulos do córtex cingular anterior (límbico), um dos centros associados aos circuitos cerebrais da emoção, afirmam sentir uma sensação agradável e chegam a gargalhar. Quando perguntadas por que estão rindo, afirmam algo como: "Não sei...É que você é muito engraçado!". Essa mesma área se mostra ativa em exames de neuroimagem com pessoas que estão assistindo a filmes cômicos. Outros circuitos cerebrais associados ao medo envolvem sobretudo a amígdala cerebral e o tálamo (ambos no sistema límbico), estando pouco associados ao córtex. Por tudo isso, temos dificuldades para explicar racionalmente por que rimos de uma piada ou porque sentimos medo diante de um filme de terror. O mesmo vale para alguém que se contagia com essas emoções.

Já a compreensão voluntária dos estados emocionais de outras pessoas (empatia), muito embora seja um fenômeno complexo e que envolve diferentes áreas do cérebro, é uma atividade que exige mais de algumas áreas do córtex como o lobo frontal.

Assim, no contexto que estamos explorando, a cognição social se relaciona a um processo de reconhecimento de iguais, do grupo ou bando ao qual se pertence. E essa identificação, que aciona os mecanismos afetivos do cérebro, induz à cooperação.

É interessante notar o sentido em que os elementos racionais e afetivos do processo de decisão cerebral atuam aqui.

Começamos com a busca de reconhecimento dos membros do grupo (cognição, processamento, racionalidade) que exige a ação do córtex pré-frontal e sua capacidade analítica. Mas sabemos que esse reconhecimento também tem um elemento instintivo, comandado por áreas e mecanismos típicos do tronco encefálico de maneira não racional e impulsiva. Mas, quando identificamos um de nossos pares, especialmente em contextos em que a cooperação possa estar em jogo, o processo acaba avançando para o campo do afeto, da identificação coletiva, do bando ou grupo a que pertencemos.

A conclusão mais importante dessa análise é que, se queremos conquistar a confiança de um grupo e estimular a cooperação, é fundamental que haja identificação. Grupos que não se identificam são ambientes nos quais os comportamentos individualistas e/ou o medo tendem a prevalecer. Veremos a importância dessa afirmação quando estudarmos as lições históricas de Neuroliderança, mais adiante

Mais ainda. A identificação joga papel fundamental no funcionamento dos sistemas neuronais em espelho ou "neurônios espelho". Como sabemos, trata-se de áreas do cérebro que são estimuladas tanto quando vemos alguém executando uma atividade como quando nós mesmos a executamos. Tudo se passa como se o cérebro simulasse aquilo que estamos observando, ensaiando as mesmas ações, incluindo expressões faciais e movimentos corporais. Essa espécie de imitação cerebral exige identificação. Nesse sentido, é comum observarmos mães que alimentam seus filhos e mexem a mandíbula como se também estivessem mastigando. Um exemplo de imitação cerebral que chega a se expressar externamente. Mas essa imitação é reforçada pela identificação entre a mãe e seu bebê.

Mas a ação dos neurônios espelhos (ou processos neuronais em espelho) nos seres humanos é ainda mais impressionante. Estudos recentes demonstraram que existe ampla capacidade empática e simpática em jogo (Rizzolatti e Vozza, 2008 e Woodruff e Stevens, 2018). Em outras palavras, quando observamos outras pessoas em determinada condição emocional, as áreas correspondentes de nosso próprio cérebro também são ativadas. Tudo se passa como se simulássemos a mesma emoção (simpatia e afeto) para poder compreendê-la melhor (empatia e cognição). Emoção e razão lado a lado, de novo!

Os experimentos de Rilling e outros (2002), por terem sido realizados no âmbito de "relações sociais" simuladas por meio do Dilema dos Prisioneiros repetido algumas vezes, mostram que o circuito identificação-simpatia-empatia também aponta para frente, isto é, se presta à antecipação das ações dos outros com vistas a gerar ganhos recíprocos. Essa é uma característica altamente desejável em equipes de alta *performance*, um nível de identificação e sincronia tal que a ação dos outros possa ser, em algum grau, antecipada por ter sido corretamente simulada e compreendida.

Nota-se que afeto e cognição estão trabalhando em estrita proximidade nesse caso. Imagine um jogador de futebol em posição avançada no ataque sendo capaz de antever o lançamento longo que um armador fará desde o meio de campo. Essa capacidade de simulação, ao mesmo tempo motora, afetiva e cognitiva, pode fazer toda a diferença, seja no horizonte tático (o jogo) ou estratégico (o campeonato).

Altruísmo: recompensas imateriais

Mas, e o altruísmo? Aquelas ações e escolhas que fazemos em favor dos outros de forma aparentemente desinteressada, sem esperar nada em troca? No Dilema dos Prisioneiros, como vimos, o estímulo à cooperação está vinculado à busca de ganhos materiais objetivos. No autêntico altruísmo, supostamente, não é esse o caso. Muito pelo contrário.

Os céticos afirmam que é tudo uma questão de orgulho. No fundo, o altruísta age em favor de si mesmo, maximiza de alguma forma seu próprio bem-estar por meio de uma visão melhor de si mesmo. Beneficiar os outros seria, portanto, apenas um álibi, um disfarce para o autointeresse puro e simples.

Mas, se essa tese é verdadeira, estaríamos diante de um processo cognitivo e, portanto, relativamente consciente. O “falso altruísta” seria um egoísta inteligente e capaz de premeditar uma estratégia de ação visando seus próprios benefícios, materiais ou imateriais. Do ponto de vista neuronal, estaríamos diante de um processo típico do neocórtex e de áreas específicas do pré-frontal associadas à expectativa de recompensa e, em muitos casos, ao controle de impulsos imediatos com vistas a ganhos futuros. Mas, será que as técnicas de pesquisa da Neurociência comprovam isso?

Segundo Tabibnia e Lieberman (2007), diversos estudos comprovam que, no convívio social, o tratamento justo (*fair*) é potencial fonte de prazer. Esse tipo de recompensa imaterial se mostra tão relevante quanto ganhos monetários como fatores de estímulo à cooperação. Mas, não se trata de um processo consciente e cognitivo e sim de uma satisfação emocional, algo associado ao límbico (ver também Cortiz, 2022).

Em 2016, Paul Bloom (1963) publicou um livro impactante: Against Empathy: The Case for Rational Compassion. O autor critica a tomada de decisão baseada em empatia, sugerindo que processos empáticos são em geral distorcidos pelas próprias emoções e levam a ações e escolhas muitas vezes egoístas. Isso porque muitas pessoas fazem uso de sua capacidade empática em proveito próprio e sem propósitos realmente altruístas.*

Uma forma tradicional de testar os efeitos combinados de ganhos em dinheiro e tratamento justo é o experimento chamado *Trust Game* (Jogo da Confiança).

Nesse experimento clássico, interagem dois jogadores. O primeiro, chamado “investidor” recebe um valor inicial em dinheiro; digamos, R$ 500. Ele deve, então, decidir quanto entregará ao segundo jogador. No limite, poderá simplesmente decidir ficar com tudo para si. Mas, se o investidor entregar algum valor para o segundo jogador, esse valor será imediatamente multiplicado por um dado fator como 3, por exemplo. Com o valor multiplicado em mãos, o segundo jogador deverá decidir quanto irá devolver ao investidor e quanto ficará com ele mesmo. No limite, o segundo jogador poderá simplesmente ficar com tudo para si. A figura a seguir resume a estrutura do *Trust Game*.

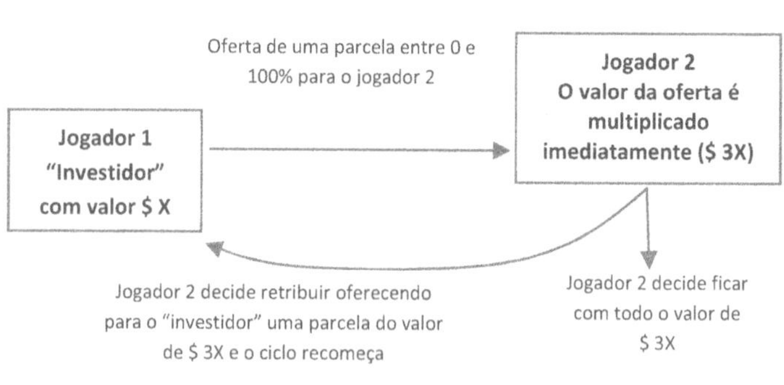

Aplicado em sua forma mais simples, isto é, uma única vez, o *Trust Game* permite mensurar o grau de confiança que o investidor tem em relação ao segundo jogador. Também permite observar se o segundo jogador terá ou não um comportamento justo (*fair*), retribuindo o benefício gerado pelo investidor, isto é, devolvendo mais do que recebeu dele.

Resultados apresentados por Eisenberg e outros (2003) sugerem que tratamentos injustos e que geram sentimentos de exclusão social são processados no cérebro de modo semelhante ao da dor física. E a área do cérebro ativada em tais situações é o córtex cingular anterior (CCA), uma das partes do sistema límbico responsáveis pelo sentimento de motivação. Mas o CCA também atua nas situações em que algo parece estar errado, isto é, quando nossas expectativas não são atendidas.

Atitudes altruístas não são, necessariamente, uma forma disfarçada de egoísmo. Essas ações podem ser associadas à busca de aceitação e defesa não cognitivas do bando.

Essa é uma descoberta importante na Neurociência. O tratamento justo que recebemos é, em si, fonte de motivação, pois gera um sentimento de que "tudo está no devido lugar" ou, se preferirmos, "as expectativas foram satisfeitas; não tenho do que reclamar". Ao mesmo tempo, como vimos na discussão anterior sobre cooperação, o tratamento justo, processado no límbico, estimula o sentido de pertencimento e tende a gerar comportamentos semelhantes (cognição social).

Assim, quando agimos de forma aparentemente desinteressada, praticando o altruísmo, talvez não estejamos em busca de vantagens materiais imediatas. Se é assim, então não se pode afirmar que o altruísta é o egoísta disfarçado. É claro que existe uma motivação, algo que nos impulsiona quando adotamos atitudes altruístas. Mas o processo está associado, sobretudo, à busca de aceitação social e à conquista de confiança recíproca.

No *Trust Game*, se o investidor cede um montante expressivo para o segundo jogador, esse ato será interpretado como uma sinalização de confiança. O investidor age de forma cognitiva, visando a recompensa futura, algo típico do pré-frontal. Mas, caso seja realmente recompensado com um valor expressivo de volta, sua satisfação também terá um elemento afetivo: o prazer gerado pelo tratamento justo que recebeu por parte do segundo jogador.

Também é interessante a participação de outras estruturas cerebrais quando estamos diante de um tratamento socialmente justo ou injusto. A amígdala, órgão importante do sistema límbico, especialmente na geração do sentimento de medo, também participa ativamente do prazer provocado por um tratamento justo. Sentir-se no bando, na companhia de iguais, reduz nosso sentimento de insegurança, reduz nosso medo.

Outro órgão envolvido em situações desse tipo é a ínsula (ou córtex insular). Como vimos, essa área do sistema límbico participa da avaliação de estímulos tanto físicos quanto emocionais. E também comanda reações inconscientes de defesa diante de uma intensa dor física.

Tanto a amígdala quanto a ínsula, ao participarem de experimentos envolvendo tratamentos justos ou injustos, acrescentam uma dimensão involuntária às nossas reações. Assim, a busca de aceitação pela prática altruísta não pode ser igualada a gestos premeditados, cognitivos e conscientes de busca de ganhos, ou seja, o altruísmo, como regra, não é o egoísmo disfarçado.

Essa tese é confirmada pelos circuitos cerebrais em jogo quando, em experimentos controlados, pessoas são submetidas a situações potencialmente geradoras de atitudes altruístas. Por exemplo: quando somos expostos a imagens de crianças pobres em um cartaz que pede doações para uma instituição de caridade, o estímulo visual, captado pelas retinas, dirige-se aos centros primários de visão, no córtex occipital. Mas, antes de chegar lá, passa pelo sistema límbico (diencéfalo), por uma área chamada tálamo.

Em si, esse fato se mostra impressionante. Antes de ser decodificado pelos centros de visão que transformam os impulsos vindos da retina em imagens propriamente ditas, os sinais de uma criança carente são avaliados pelas áreas afetivas de nosso cérebro.

O tálamo, então, pode distribuir esses impulsos tanto para o occipital (centros de visão) quanto para a ínsula. Além de avaliar e dimensionar o estímulo em temos afetivos, a ínsula terá papel fundamental na geração de processos neuronais em espelho. Em outras palavras, podemos reagir de forma empática afetiva ou simpática, simulando de forma inconsciente as privações daquela criança.

O circuito poderá seguir adiante, ativando a amígdala. Como um dos centros do medo, esse órgão poderá nos fazer sentir uma aversão àquela imagem, como se nossa própria integridade estivesse ameaçada. Esse segundo elemento será tão mais forte quanto mais identificação tivermos com a criança retratada na imagem.

Por fim, quando nos dispomos a realizar a doação, sabemos que estaremos nos desfazendo de valores monetários, isto é, estaremos diante de uma situação de escolha. A avaliação disso é feita por áreas específicas do córtex pré-frontal. Terminado o processo, possivelmente nosso sentimento será de ter protegido um membro do grupo, do bando, o que nos leva de volta ao límbico, especialmente ao córtex cingular anterior e aos centros límbicos produtores de dopamina, a substância que nos dá a sensação de prazer.

Note que os elementos cognitivos e racionais são apenas parte do processo nesse caso. Nem o começo, nem o final da história.

É claro que sempre haverá quem queira fazer uma doação para garantir um pedacinho do Céu. Nesse caso, estaríamos diante de uma escolha consciente e cognitiva, uma espécie de contabilidade religiosa nada desinteressada. O que a Neurociência Social afirma, porém, é que o legítimo altruísmo existe e faz parte da busca essencialmente límbica de aceitação e defesa desinteressada do bando.

Algumas conclusões

A análise da cooperação e do altruísmo a partir das contribuições da Neurociência chega a ser surpreendente. A sociabilidade humana passa por um elemento cognitivo: a busca voluntária de reconhecimento dos membros de nosso grupo. Mas também envolve elementos instintivos e, portanto, associados às áreas mais antigas e primitivas de nosso encéfalo.

A partir daí, chegando ao campo dos processos afetivos e dos mecanismos de simulação cerebral, concluímos que a autêntica sociabilidade – isto é, o espírito de equipe – se sustenta por conta de uma coordenação neuronal, um certo grau de sincronia entre diferentes áreas do encéfalo trabalhando como uma orquestra bem regida, a empatia e a simpatia.

A mensagem que surge é, mais uma vez, bastante relevante. O envolvimento emocional tem que se somar às expectativas de ganho para estimular a cooperação. Deve haver espaço para os processos simpáticos (mais afetivos e automáticos) e empáticos (mais cognitivos e voluntários). Ainda assim, quanto mais cooperamos, menos importantes se tornam os ganhos individuais e imediatos.

Mas, ainda que os benefícios da cooperação sejam claros, se não houver um grau suficiente de identificação, podemos acabar escolhendo o oportunismo e, como o Dilema dos Prisioneiros deixa claro, todos podem sair perdendo. Infelizmente, a falta de cooperação e as atitudes oportunistas também são cumulativas.

Assim, quando nosso sentimento de grupo falha, ou quando as memórias afetivas de experiências de cooperação começam a ficar distantes no tempo, podemos cair em um processo no qual a falta de cooperação leva a comportamentos cada vez mais individualistas. Tudo questão de aprendizado.

Reverter esse ciclo vicioso pode exigir altas doses de contrariedade, ao menos no início. E, como vimos no capítulo de autocontrole, isso pode dar uma forte dor de cabeça! Não é fácil abrir mão de benefícios individuais e de curto prazo em favor do bem comum, dos ganhos coletivos.

Mas vale a pena. A cooperação é uma das marcas das sociedades mais civilizadas.

Por fim, a Neurociência afirma que o verdadeiro altruísmo, a ação em prol de outras pessoas sem ter em vista ganhos materiais e imediatos, realmente existe. O altruísmo não seria praticado se não fosse capaz de gerar em nós algum tipo de impulso motivacional, é verdade. E até mesmo o sacrifício pode visar algum tipo de recompensa. Mas essa recompensa e essa motivação são de caráter afetivo, ligadas à aceitação e à defesa do bando, do coletivo.

No campo do altruísmo, motivação e autointeresse não se confundem. Afinal, não faz muito sentido acreditar que alguém que se martiriza – isto é, dá a vida pelo grupo – esteja agindo de forma estritamente autointeressada. A noção do coletivo é que está presente na decisão do mártir. Parece que não pode haver uma antevisão do Paraíso como um lugar de prazer solitário. O Céu é uma abstração humana de caráter social, a convivência eterna com os seres virtuosos e até com a própria divindade.

5.Neuroplasticidade

> Quando o cérebro humano se distende para abrigar uma ideia nova, nunca mais volta à dimensão anterior.
>
> Oliver Wendell Holmes (1841-1935), jurista e acadêmico de Direito norte-americano

Constantemente se adaptando

Você já percebeu como algumas mudanças de hábito podem causar grandes impactos em nossa percepção do mundo? Uma simples viagem ao exterior nos faz mudar a forma de ver nossos próprios costumes. O exemplo do brasileiro visitando seu amigo australiano, visto no capítulo sobre cooperação, ilustrou esse tipo de visão alternativa sobre nós mesmos que uma simples viagem pode gerar.

Quanto mais atividades nosso cérebro desenvolve e quanto mais variadas são essas atividades, maiores as transformações. Essa é a essência da afirmação de António Damásio: "Somos seres autobiográficos", presente em vários de seus livros. Em outros termos, se você perdesse por completo a memória dos últimos doze anos de vida, como na série italiana "DOC: uma nova vida", você literalmente se tornaria outra pessoa. Em outras palavras, nossa identidade depende crucialmente de nossas memórias, boas e más, agradáveis e traumáticas.

Ao mesmo tempo, você já notou como conseguimos nos adaptar a vários tipos de mudanças que acontecem ao longo de nossas vidas? Algumas pessoas, quando se mudam para outra cidade, passam os primeiros meses com uma grande vontade de voltar. Mas, depois de algum tempo, podem se acostumar de tal forma com a nova vida que passam a estranhar sua cidade de origem quando fazem uma visita à família ou aos amigos que ficaram por lá. O mesmo acontece com o idioma ou o sotaque quando mudamos de país ou de região.

O ser humano é tão adaptável que é uma espécie animal encontrada em todo o mundo, nos mais diferentes climas e ambientes geográficos. Mas, por quê? Sob o ponto de vista da Neurociência, a resposta é surpreendente: isso acontece porque nosso cérebro é plástico e pode mudar significativamente ao longo de nossas vidas, mesmo depois de encerrada a fase de crescimento.

Até a década de 1990 acreditava-se que nosso cérebro parava de se desenvolver quando atingíamos os 20 anos de idade ou um pouco mais. Em 1998, os neurocientistas Fred H. Gage e Peter Eriksson [20] anunciaram que, mesmo na fase adulta, o cérebro ainda produz novas células nervosas, além de alterar as conexões entre as células já existentes.

A neurogênese (surgimento de novos neurônios) é limitada, mas não é nula. Do mesmo modo, exercícios físicos e mentais podem "moldar" o cérebro e interferem em sua eficiência.

Formado no terceiro mês da gestação, nosso cérebro continua a se desenvolver e se adaptar ao longo de toda vida, influenciado por nossos hábitos, pelo que fazemos e pela forma como interagimos com o mundo ao nosso redor. Dessa forma estamos sempre interferindo, de forma consciente ou não, na evolução de nosso próprio cérebro ao longo da vida.

Assim, ao contrário do que se pensava até o final do século passado, o número de células cerebrais não é algo fixo que sofre um declínio lento e contínuo ao longo da vida. Exercícios físicos estimulam a produção de novos neurônios

[20] Ver Eriksson e outros (1998).

além de oxigenar o cérebro e adestrar nossa habilidade motora. E exercícios mentais, como aprender uma nova língua ou a tocar um instrumento, atuam plasticamente no cérebro mudando sua formação e o deixando mais alerta e preparado para novos desafios, além de ajudar a prevenir doenças como Alzheimer e diversos outros tipos de demência.

Mas, se a plasticidade é estimulada pelo treinamento do cérebro, o contrário também vale: sem estímulo, as células cerebrais podem ser perdidas e as conexões entre os neurônios existentes podem ser enfraquecidas, perdendo velocidade operativa e precisão. Como veremos adiante, para nosso cérebro vale o lema: "use ou perca".

Células-tronco e neurogênese

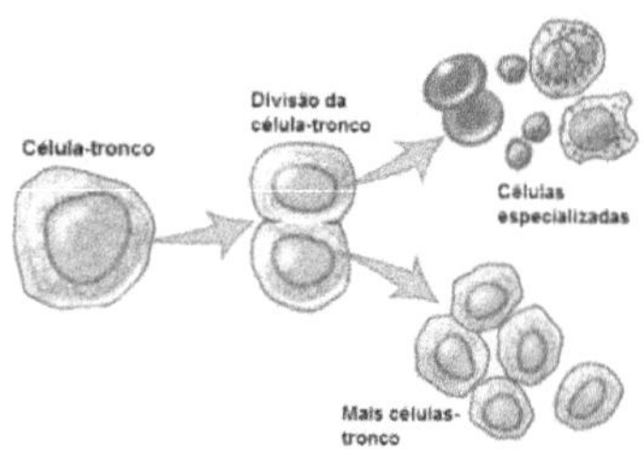

As células-tronco são células indiferenciadas que possuem a capacidade tanto de se multiplicar quanto de dar origem a outros tipos especializados de células. Se uma célula-tronco dá origem a células nervosas, estamos diante da neurogênese, seja a que ocorre no período embrionário como um processo natural, seja como resultado de transplantes em processos induzidos.

Atualmente, o principal uso clínico de células-tronco faz uso de células adultas em implantes. Essas células são obtidas a partir da medula óssea e de sangue de cordão umbilical.

As células-tronco podem dar origem às chamadas células progenitoras, que têm potencial mais restrito de renovação e diferenciação. Mas ambas são conhecidas em alguns textos técnicos células precursoras neurais.
No sistema nervoso central, há células-tronco neurais. Estas, juntamente com as neuroprogenitoras que se diferenciam a partir delas, estão envolvidas na geração de neurônios ou neurogênese, sobretudo nas fases fetal e logo após o nascimento. Tanto as células-tronco neurais quanto as neuroprogenitoras permanecem existindo em algumas áreas do cérebro durante a vida adulta. As pesquisas em curso estão discutindo a eficácia de transplante dessas células para a geração de diferentes tipos especializados de células do sistema nervoso central. Avanços têm acontecido nos anos recentes no uso desses transplantes em tratamentos para o câncer e na restauração de tecidos lesionados. Em neurologia, a aplicação dessas células tem sido estudada para o tratamento de doenças degenerativas como esclerose múltipla, acidente vascular cerebral, câncer e traumas. Uma das hipóteses que estão sendo testadas nesses estudos sugere que as células transplantadas favorecem a regeneração do tecido lesado (ver Suzuki e outros, 2008).

Muitas pessoas que sofrem acidentes vasculares cerebrais (AVC) sofrem danos que atingem partes inteiras do cérebro. Alguns perdem totalmente sua capacidade de controle motor ou ficam com a fala comprometida, por exemplo. Ainda assim, muitos conseguem se recuperar e voltar às suas atividades normais depois de alguns meses. Como isso acontece?

As diversas técnicas de neuroimagem têm demonstrado que, de fato, as áreas comprometidas não se recuperam. Então, se as habilidades afetadas pelo AVC foram total ou parcialmente recuperadas, elas tiveram que ser

Compreendendo a plasticidade do cérebro, podemos direcioná-la de forma voluntária, influenciando e estimulando a atuação de diferentes regiões do encéfalo.

"reaprendidas" por outras partes do cérebro. Por isso o tratamento para aqueles que sofreram AVC é tão lento e difícil. Nosso cérebro precisa "desaprender" habilidades básicas, isto é, deixar de utilizar as antigas áreas cerebrais no exercício dessas habilidades, um hábito exercitado por anos, e "reaprender" essas mesmas habilidades, isto é, passar a utilizar outras áreas para poder executá-las. De certa forma "rearrumamos" nossa "casa cerebral", atribuindo antigas funções a áreas do cérebro que jamais tinham feito aquilo, exatamente como já havíamos feito quando crianças.

Essa é uma realidade dramática e, ao mesmo tempo, fascinante. Se o cérebro é plástico, então seu tamanho e a distribuição de funções em suas diversas regiões podem mudar. E, até certo ponto, nós mesmos podemos orientar essas mudanças, direcionando a plasticidade cerebral.

Outro exemplo, menos dramático do que o das vítimas de AVC, ocorre com os violinistas. Quando esses músicos são destros, é possível observar por meio de técnicas de neuroimagem que a área do cérebro associada à mão esquerda é maior e mais ativa que sua correspondente no outro hemisfério cerebral. Isso porque, assim como ocorre com os que tocam outros instrumentos da mesma família, a mão esquerda precisa de grande habilidade para pressionar de forma rápida e coordenada as cordas do instrumento. Enquanto isso, a tarefa da mão direita é mais simples e se limita aos movimentos do arco.

Vidas diferentes, cérebros diferentes

Como vimos antes, se o nosso cérebro é influenciado plasticamente por nossos hábitos, pelo que fazemos e pela forma como interagimos com o mundo ao nosso redor, isso significa que não podemos esperar que um cérebro seja igual ao outro. Diferentes estímulos formam diferentes cérebros. E esses estímulos são o resultado de nossa criação, dos valores que nos são passados, de nossa cultura, nossa profissão, nossa vida social, nossas experiências pessoais, memórias e assim por diante.

> *Taxistas londrinos são um dos maiores exemplos da plasticidade cerebral, de como hábitos específicos afetam a forma como o cérebro funciona.*

Exames de neuroimagem feitos em taxistas de Londres [21], por exemplo, mostram que seu hipocampo (região responsável pelo processo de armazenamento da memória e localização no

[21] Shinobu e Park (2010).

espaço) é significativamente maior do que em outras pessoas. Isso porque Londres é uma cidade com malha viária extremamente complexa e os taxistas passam por um treinamento bastante exigente para poder dirigir os famosos *Black Cabs*.

Depois do treinamento eles fazem o "The Knowledge", um teste que é considerado um dos mais difíceis do mundo. Para ser aprovado e se tornar um motorista dos *Black Cabs*, eles têm que saber não só os nomes das ruas de Londres, mas também os pontos de referência e as possíveis rotas, desde as mais curtas até as que fogem de ruas movimentadas e, consequentemente, do trânsito. É possível especular que o GPS, que tanto facilita a vida dos motoristas nas grandes cidades, também pode retirar de nossa vida um estímulo cerebral importante e que deveria ser substituído por outros.

Se nossas profissões provocam alterações desse tipo no cérebro, imagine o que diferentes culturas não podem provocar! Diferentes estímulos significam diferentes reações neuronais. Diferentes reações neuronais levam a diferentes percepções das informações que nos chegam do mundo e, se a percepção é diferente, certamente as reações também o serão.

Estudos realizados por Stephanie Forkel e Michel Thiebaut (Forkel e Thiebaut, 2022) enfatizam que a constituição de conexões entre diferentes áreas do encéfalo são a chave para compreender como nosso sistema nervoso central funciona. Mais do que as funções típicas de cada área, as relações entre elas, garantidas por conexões de curto e longo alcance, devem ser objeto de nossa atenção. E a neuroplasticidade se torna ainda mais relevante nesse contexto.

Em boa medida, a criatividade é a capacidade de ter diferentes percepções sobre temas tradicionais. E o contato com pessoas e culturas diferentes pode favorecer essa percepção variada.

No mesmo sentido, estudos feitos comparando a percepção de estímulos visuais entre pessoas da Ásia e América do Norte explicam melhor essa situação. Enquanto ao olhar uma imagem os ocidentais tendem a focar nos detalhes, os orientais costumam ter uma visão mais holística, com um foco no conjunto. Seus cérebros reagem de forma diferente aos estímulos visuais e, consequentemente, eles tendem a perceber a imagem de forma diferente. Esse elemento pode estar associado à escrita. No ocidente, temos o sistema fonético, onde cada letra tem um som específico e diferentes combinações de letras geram sons diferentes associados a palavras distintas. Por isso é preciso estar atento aos detalhes, isso é, a cada letra. No oriente, um único ideograma pode representar uma expressão ou mesmo um conceito. A leitura por ideogramas é mais rápida, mas exige uma visão e uma interpretação amplas, menos detalhista do que está escrito. São formas diferentes de utilizar o cérebro na interpretação da leitura (ver Tang e outros, 2018).

Essa é uma das questões que temos que levar em conta quando nos relacionamos com pessoas de culturas diferentes. Muitas vezes achamos tão óbvio nosso ponto de vista que nos limitamos ao expô-lo, sem preocupação com o padrão de percepção de quem recebe a mensagem. Isso pode prejudicar consideravelmente os relacionamentos humanos, negociações e reuniões em geral.

Por outro lado, essa variedade de percepções pode criar um cenário rico em criatividade. O contato com pessoas diferentes, com pensamentos, culturas, profissões, experiências e idades diversas estimula nosso cérebro a pensar diferente, a fazer novas associações, a mudar plasticamente. Voltando ao exemplo de Londres, a experiência de dirigir pela mão inglesa em carros com o volante do lado direito é um verdadeiro desafio para nossas habilidades motoras e, portanto, para nossos padrões cerebrais.

Diversos estudos demonstram que o cérebro criativo é aquele capaz de utilizar intensamente velhas conexões cerebrais na busca de novas ideias. A criatividade envolve a recuperação e a modelagem de nosso acervo de lembranças e experiências. Quanto mais ricas e diversificadas elas forem, maior nosso potencial criativo. Nesse sentido, o hipocampo, estrutura essencial para a formação de novas memórias a partir das experiências do dia a dia, também se mostrou muito atuante quando pessoas que participavam de eventos controlados eram estimuladas a exercitarem a criatividade. Em resumo: nossas experiências modelam nosso encéfalo e, quanto mais ricas elas forem, maior o número de conexões cerebrais que serão úteis em novas atividades (ver Beaty e outros, 2018).

Período crítico

A Neurociência do desenvolvimento[22] confirma que a plasticidade dos cérebros dos bebês e das crianças é muito maior do que nos adultos. Afinal, nos primeiros anos de vida, o metabolismo celular é muito mais intenso, facilitando a adaptação das várias estruturas cerebrais aos hábitos, cultura e valores que nos são transmitidos. Essa é uma realidade tanto para seres humanos quanto para animais em geral.

Por conta dessa gradação observada ao longo da vida, a plasticidade é dividida em períodos críticos relacionados a fases específicas. E cada área do cérebro tem seu potencial máximo de plasticidade e desenvolvimento em um período crítico específico.

As primeiras regiões do cérebro da criança a amadurecer, isto é, a desenvolver plenamente suas habilidades, são as

[22] Ver Haan, Dumontheil e Johnson (2023).

que se relacionam com as funções básicas do movimento. E as áreas relacionadas com a integração de funções são as últimas a amadurecer. Por exemplo: indicar direções, explicando para outras pessoas como se chega a um determinado lugar, exige capacidade de localização e de comunicação ao mesmo tempo; uma criança típica só consegue fazer isso aproximadamente a partir dos 7 anos de idade. Entre 6 e 12 anos ocorre um enorme desenvolvimento nas áreas do cérebro relacionadas com a habilidade de falar idiomas estrangeiros e assim por diante.

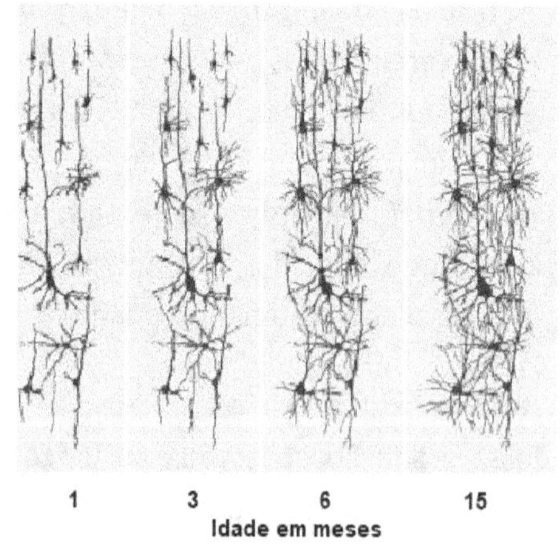

Ilustração da formação de sinapses entre neurônios próximos no cérebro humano entre 1 e 15 meses de vida.

Os períodos críticos são como janelas que se abrem por um tempo e depois se fecham. Esses períodos são formativos, eles nos moldam e nos transformam no que seremos pelo resto de nossas vidas. Assim, enquanto essas "janelas de oportunidade" estão abertas é preciso aproveitá-las, estimulando o cérebro para que desenvolva e aprimore cada habilidade.

Passado cada período crítico, a oportunidade pode ser perdida para sempre. Por exemplo: se, no período crítico do desenvolvimento da visão, uma criança não receber estímulos visuais – ficando com os olhos vendados ou na completa escuridão –, a área do cérebro que se especializaria no processamento dos estímulos visuais vai buscar outra atividade. Encerrado o período crítico, qualquer estímulo visual tardio vai se tornar inútil e a cegueira será definitiva, muito embora olhos e cérebro estejam saudáveis.

Também o sistema auditivo tem seu período crítico nos primeiros anos de vida. Essa descoberta foi muito importante para orientar os médicos na decisão de inserir implantes em crianças que nascem com problemas de audição.[23] Não só isso, mas também para uma mudança de regra nas maternidades, que antes eram muito mais barulhentas, com diversos aparelhos que produziam algum tipo de som em funcionamento 24 horas, como o ar-condicionado. Essa poluição sonora afetava e prejudicava o desenvolvimento do sistema auditivo, o que se refletia em adultos com menor capacidade de percepção de sons.

[23] Ver Ismail, Fatemi e Johnston (2017)

Outro período crítico de extrema importância é o de formação do sistema límbico que ocorre quando ainda somos bebês. Como visto em capítulos anteriores, o límbico está associado ao afeto, mas também à memória permanente. Por isso é extremamente importante o contato físico constante com a mãe nos primeiros meses de vida, além de um ambiente calmo e sem discussões familiares.

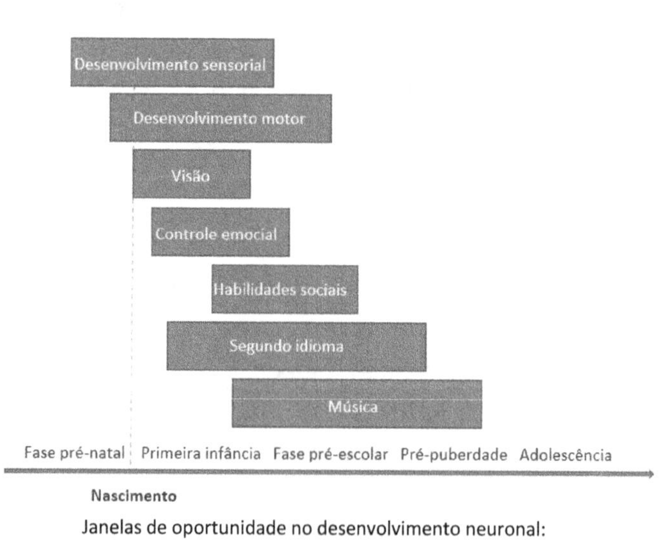

Janelas de oportunidade no desenvolvimento neuronal: representação esquemática.

Compreender e acompanhar o desenvolvimento neuronal dando a devida atenção aos períodos críticos e à necessidade de estímulos é de grande importância. Isso pode evitar danos definitivos ao encéfalo. É por essa razão que, por exemplo, crianças que nascem com catarata, mas são operadas cedo, não ficam cegas. Elas recuperam a capacidade de enxergar graças aos estímulos visuais que chegam ao cérebro a tempo ao longo de seu processo de desenvolvimento.

Use ou perca: a competitividade encefálica

A plasticidade do encéfalo tem natureza competitiva. Tudo se passa como se nossas diferentes habilidades disputassem espaço em nosso sistema neural. Assim, se pararmos de exercitar determinadas habilidades mentais, a região do cérebro associada a ela poderá ser ocupada por outras funções. É o famoso termo da Neurociência: "use ou perca" (ver Mistridis e outros, 2017).

Um bom exemplo são aquelas aulas de química ou física do período pré-vestibular. Talvez você até se lembre de um ou outro detalhe da tabela periódica ou de alguma aplicação da segunda lei de Newton. Mas é bastante provável que muitas das fórmulas aprendidas já tenham sido esquecidas se você não as

> *O cérebro detesta ociosidade. Áreas não utilizadas em algumas funções tendem a ser utilizadas para outras. É a competitividade encefálica.*

usou mais depois de entrar na faculdade. Isso ocorre porque as áreas que armazenaram aquelas informações foram demandadas por outros fatos, habilidades e dados, deslocando o que não foi usado.

Dois tipos fundamentais de neuroplasticidade

Em poucas palavras, neuroplasticidade se refere ao fenômeno de redesenho das conexões neuronais que literalmente remodela nosso encéfalo ao longo da vida em razão do próprio uso que fazemos de nosso sistema nervoso.

Muito embora ainda não exista uma teoria abrangente que permite estudar a neuroplasticidade como um fenômeno relativamente homogêneo nas várias áreas do sistema nervoso central, pode-se distinguir dois tipos básicos de neuroplasticidade: a estrutural e a funcional.

No primeiro caso, trata-se de uma reorganização anatômica do encéfalo. É o caso da densificação das conexões sinápticas das áreas mais utilizadas, por exemplo. Isso se dá tipicamente nos processos de aprendizagem.

No caso da neuroplasticidade funcional, observa-se a adaptação de áreas do encéfalo que passam a desempenhar novas funções, algo típico da situações em que uma pessoa sofre lesões e, com muito esforço e fisioterapia, "ensina" outra área do encéfalo a desempenhar a função antes exercida pela área lesionada ou perdida.

Esse aspecto competitivo da plasticidade cerebral explica também por que é tão difícil aprender uma segunda língua depois de adulto. Antes de tudo, como vimos, existe um período crítico para aprender línguas. Quando esse período acaba, as novas línguas que aprendemos serão armazenadas e controladas em outras regiões do cérebro, áreas diferentes das que guardam as línguas aprendidas no período crítico e que são as regiões ideais para essa tarefa.

Mas, além disso, o mais difícil ao aprender uma língua depois de adulto é que quanto mais falamos uma mesma língua, mais dominante ela se torna em nosso cérebro. Por isso muitas pessoas que vão morar em outro país têm maior facilidade em aprender a língua do que só fazendo algumas aulas por semana. Em um país diferente, a língua dominante do cérebro perde um pouco de sua força já que será menos utilizada, enquanto a língua nova começa a ser realmente essencial para o conforto e sobrevivência, sendo usada de forma intensiva. Em outras palavras, nosso cérebro realmente muda em função dos hábitos. E quanto mais intensamente exercitarmos novos hábitos, mais rápida será a mudança.

Neuroplasticidade, Alzheimer e Gabriel Garcia Marques

Gabriel García Marquez (1927-2014, imagem ao lado), Nobel de Literatura em 1982, sofria do Mal de Alzheimer. Apesar disso, permaneceu muito lúcido até os anos finais de sua longa vida. Os sintomas da doença demoraram a se manifestar. A Neurociência sugere que não foi a saúde mental que sustentou sua atividade; foi exatamente o oposto. Manter-se mentalmente ativo favorece o surgimento de novas conexões neurais e isso pode amenizar os sintomas de demência, típicos do Alzheimer. Esse processo é conhecido como reserva cognitiva. Não se trata apenas de uma resistência comportamental à doença; a reserva cognitiva associada à atividade mental é um processo histológico, isto é, se relaciona ao que se passa no nível das células nervosas. Uma vez estimulados, os neurônios ampliam as conexões no tecido nervoso, o que favorece a transmissão dos estímulos neuroquímicos mesmo quando o cérebro é afetado pelo Alzheimer, doença que prova a perda significativa de células cerebrais.

Um aspecto interessante é que o estímulo que favorece a reserva cognitiva não está associado apenas a anos de estudo ou a atividades puramente intelectuais. Dança, viagens, jardinagem e o estudo de idiomas, dentre outros hábitos, geram o mesmo efeito. E tudo pode ser ainda mais potencializado pela atividade física.

Assim, a máxima do "use ou perca" também pode ser usada de forma estratégica quando aprendemos uma nova técnica para executar uma função que já fazíamos entes aleatoriamente. Aqui vai um exemplo simples para ilustrar melhor essa situação.

A maioria das pessoas canta em algum momento da vida, seja no chuveiro, no carro ou no karaokê. Alguém que cante todo dia no chuveiro sem nunca ter feito aula de canto – o que é a realidade na maioria das vezes – canta sem usar nenhuma técnica específica. Se essa pessoa resolve aprender a cantar usando técnicas do canto lírico ou do *belting*, por exemplo, ela pode ter dificuldades em mudar seu jeito antigo de cantar. Ficar um tempo sem praticar essa atividade, de modo a enfraquecer as áreas do cérebro responsáveis por essa função, vai fazer com que seja mais fácil reaprender a cantar da forma desejada. A conclusão que podemos tirar disso é que muitas vezes precisamos desaprender para aprender.

E essa é uma das lições mais importantes ensinadas pela neuroplasticidade. Hábitos estão associados a atividades específicas e disputam espaço em nosso encéfalo. Quando descobrimos isso e passamos a prestar atenção aos processos por trás da neuroplasticidade, nossa capacidade de aprendizado e de desenvolver novas habilidades aumenta muito.

Quando chegamos à fase adulta, por volta dos 40 anos, nossa vida finalmente se acalma um pouco. A estabilidade profissional já foi atingida, nós adquirimos um conhecimento maior de nós mesmos e dos nossos objetivos de vida e carreira. Se por um lado essa estabilidade é muito boa, pois finalmente podemos aproveitar mais a vida, por outro lado temos que tomar certo cuidado. Muitas vezes nos acomodamos e deixamos de buscar novas experiências, desafios, aprendizados realmente inéditos. Assim, ao chegarmos nos 70 anos, se tivermos seguido esse padrão, teremos acostumado nosso cérebro a não usar todo seu potencial de plasticidade que, afinal, não se esgota no final da infância.

E o mesmo acontece com nosso corpo. Nós nos acostumamos a sentar na mesma posição no trabalho, ficar de pé para nos locomovermos e nos deitar na hora de dormir. Deixamos de nos alongar, pular, dançar, correr, desenhar, tocar instrumentos, brincar. Quanto menos fazemos essas tarefas, menor nosso controle sobre movimentos que necessitam precisão, força, alongamento ou resistência.

> *Exercitar o cérebro é importante, mesmo na velhice. A atividade cerebral pode recuperar, mesmo que parcialmente, funções e habilidades que estavam sendo perdidas com a velhice.*

Da mesma forma que nossos músculos vão perdendo sua precisão motora, força e rapidez quando não fazemos exercícios, nosso cérebro sofre as mesmas consequências. Por isso buscar desafios ao longo de toda a vida é algo extremamente positivo. Não que trabalhar ou criar um filho não sejam desafios, mas são ações já conhecidas pelo cérebro, já existe alguma parte dele que se dedique a funções relacionadas a isso.

Exercitar o cérebro é realmente pisar em algum terreno desconhecido, fazer algo totalmente novo, como aprender a dançar, tocar algum instrumento, aprender alguma língua estrangeira, entre outras várias possibilidades.

Um cérebro que tem sua plasticidade estimulada tem menores chances de desenvolver doenças como o Alzheimer. Ou, ainda que desenvolva algum tipo de problema, a habilidade da plasticidade pode fazer com que o cérebro consiga, de certa forma, driblar a doença. Existem casos de pessoas que desenvolveram Alzheimer e nunca exibiram os sintomas. Ou mesmo o exemplo que vimos no início desse capítulo sobre pacientes que conseguem se recuperar de um AVC (ver Wilson e outros, 2021).

Mas, não é preciso entrar em pânico! Tudo isso também não significa que, por deixar seu cérebro mal-acostumado, aos 70 anos ele terá perdido sua plasticidade por completo. Com treinamento adequado é possível rejuvenescer o cérebro vários anos, mesmo na fase adulta.

Para ilustrar ainda mais esse conceito de "use ou perca" é preciso entender que nosso encéfalo é como um mapa, dividido em diversas regiões. Cada região é especializada no controle de alguma função. Se pararmos de utilizar tal região, ela vai se atrofiando e sendo invadida pelas vizinhas, o que também afeta redes que fazem uso dessa mesma região. Por exemplo: se colocarmos uma venda em nossos olhos de modo a não receber nenhum estímulo visual, depois de algumas semanas as áreas responsáveis pelo tato e pela audição vão se desenvolver onde antes era território dominado pela visão. Nossas habilidades nessas duas áreas vão crescer consideravelmente. Porém, desde que isso seja feito na fase adulta – fora do período crítico –, no caso da visão, assim que removermos a venda, em menos de 24 horas, voltamos ao estado anterior.

Outro exemplo pode ilustrar como a plasticidade do cérebro vai muito além do que imaginamos. Diversas pessoas que tiveram alguma parte do corpo amputada sofrem com dores, coceiras e outras sensações nesses "membros fantasmas". Como satisfazer uma coceira numa parte do corpo que não existe mais? Mais uma vez, a neuroplasticidade vem responder essa questão e ajudar a saciar coceiras desses "membros fantasmas".

Como visto antes, este é mais um caso que envolve o famoso "use ou perca". Quando perdemos um membro, deixamos de receber estímulos nele. Portanto as partes do cérebro que eram responsáveis tanto pelo seu controle motor como sensorial vão ter que mudar de função. O que normalmente ocorre é que as áreas vizinhas se expandem sobre essa área que está se atrofiando sem uso. No caso dos braços, por exemplo, uma área vizinha é a área que controla o rosto. Assim, é muito comum que pessoas com coceiras no braço "fantasma" se satisfaçam coçando o queixo. Ao fazê-lo elas terão a sensação de que estão tocando no queixo e no braço "fantasma" ao mesmo tempo!

Em resumo, com alguns conhecimentos de neuroplasticidade podemos nos preparar para viver uma vida muito mais saudável, buscando estimular diferentes áreas do cérebro de acordo com nossas necessidades. Além disso, nosso autoconhecimento se torna muito maior e também nossa compreensão do comportamento de outras pessoas. Isso é muito útil não só na medicina, mas gestores de pessoas também podem utilizar conhecimentos da neuroplasticidade em seu favor e em favor da organização!

Aprendendo a aprender

Aprender não só aumenta nosso repertório de conhecimentos, mas também altera a estrutura do cérebro e sua capacidade de funcionamento. Ao ser estimulado a aprender o cérebro responde plasticamente, isto é, altera de várias formas as conexões neuronais. Eric Kandel, vencedor do Nobel de Medicina em 2000, comprovou essas alterações neuronais que ocorrem quando aprendemos algo (ver Kandel, 2009).

Muito antes disso, ainda no século XVIII, o cirurgião Vincenzo Malacarne (1744-1816), antecipando os estudos recentes, descobriu que partes dos cérebros dos seus pássaros treinados eram maiores do que dos pássaros que não receberam treinamento, mesmo eles sendo de uma mesma ninhada. Meio século mais tarde, Charles Darwin (1809-1882) também descobriu que os cérebros de animais que viviam na natureza eram 15% a 30% maiores do que os dos animais de cativeiro (ver Mandolesi e outros, 2017).

Mas, como nosso cérebro se altera quando aprendemos? Tarefas recentemente aprendidas requerem maior concentração porque um maior número de neurônios ainda não especializados no assunto aprendido será necessário para sua execução. Com mais treinamento os neurônios ficam mais eficientes, e por isso um número menor deles será utilizado para a execução da mesma tarefa. Esses neurônios treinados também se tornam mais rápidos. Devido a essa rapidez, os sinais ficam ainda mais claros e isso aumenta nossa precisão.

Quem não se lembra das primeiras vezes em que saiu dirigindo sozinho? Era um momento de concentração total, nada de conversar, ouvir música ou cantar naquela situação tão tensa. Com a prática, porém, não só começamos a dirigir melhor, como também conseguimos prestar mais atenção em outras coisas, como em alguém que esteja com a gente no carro, ou nas notícias da rádio, nos nossos pensamentos e por aí vai.

Mas o aprendizado não é algo tão simples. Na verdade, os neurocientistas acreditam hoje que existem cinco tipos de aprendizado:

- **Aprendizado perceptivo**: consiste na evolução da habilidade de discriminar características simples no processo de percepção. Por exemplo: com a prática, as pessoas melhoram sua habilidade de perceber diferentes texturas, sabores, formas etc. Um *sommelier* vai perceber melhor os sabores dos vinhos e um pianista, as notas musicais. É algo que requer treinamento. Arquitetos que passaram cinco anos ou mais estudando arquitetura têm 25% a mais em média do córtex visual usado para processar imagens de edifícios do que outras pessoas (Ver Eberhard, 2009).

- **Aprendizado emocional**: é a mudança na forma de sentirmos algo que já foi processado antes. É totalmente ligado ao límbico e, portanto, muito ligado à memória profunda e afetiva. Se não prestamos atenção a esse tipo de aprendizado, temos a tendência de levá-lo conosco pela vida inteira. Por isso, coisas que nos aconteceram ainda na infância podem influenciar o desempenho da nossa vida adulta. Um bom exemplo disso é aquela criança que, na primeira peça de teatro de que participou na escola, cometeu algum erro que foi motivo de piada para a plateia e, por isso, virou um adulto com dificuldades de falar em público. Os traumas também fazem parte do aprendizado emocional, como alguém que bateu o carro e depois disso se sente mal sempre que tenta dirigir.

- **Aprendizado por hábito**: este, como o próprio nome diz, consiste em aprender repetindo várias vezes uma ação até que se consiga fazê-la mais inconscientemente. São exemplos desse tipo situações em que nos condicionamos a dizer sempre "obrigado" e "por favor", trancar a porta de casa ao sair, escovar os dentes antes de dormir, tomar um café depois das refeições. Ou então quando pegamos o mesmo caminho para ir trabalhar todos os dias da semana. Quando chega o fim de semana e temos que fazer um caminho diferente, é provável que, se não estivermos atentos, acabemos diante do local para onde vamos todos os dias durante a semana.

- **Aprendizado cognitivo**: é o aprendizado intelectual. Nesse tipo, precisamos compreender algo para aprender. Ocorre com um engenheiro que aprende a realizar certos tipos de cálculo, ou com um mecânico que associa certos problemas no funcionamento de um carro com partes específicas do sistema elétrico ou do motor.

- **Aprendizado psicomotor**: é aquele que envolve movimento, coordenação, força, delicadeza, velocidade, precisão. No século passado, as aulas de datilografia eram um enorme treinamento desse tipo. Mas digitar na tela dos *smartphones* também envolve o mesmo tipo de aprendizado.

O importante é notar que esses tipos de aprendizado se complementam. O mecânico treina sua audição e, dirigindo um carro por poucos quarteirões, ouve um ruído que é associado, em seguida, a um problema específico. O *sommelier* cheira e prova o vinho, mas também é hábil para manejar o saca-rolhas. E, ao servir o vinho, sabe que não deve beber antes do brinde, nem brindar e não levar a taça à boca logo em seguida.

Um aprendizado eficiente sempre envolve diferentes combinações daqueles cinco tipos mencionados e, portanto, diferentes áreas do cérebro que se completam e interagem.

A importância de uma vida rica em aprendizados é que as conexões neuronais formadas ou reforçadas podem ser utilizadas de formas variadas e para desempenhar tarefas distintas, físicas ou intelectuais. Aprender, nesse sentido, é algo desejável em si mesmo. Um conhecimento adquirido ou uma habilidade desenvolvida podem nos surpreender por nos permitirem usá-los em situações que não imaginávamos de início.

Exercitar o corpo é exercitar o cérebro

Não é preciso insistir sobre a importância da atividade física para a saúde corporal. Todos sabem disso. Mas você sabia que o exercício físico também é importante para a plasticidade do seu cérebro?

Pois é. Se formos pensar na história da humanidade, o maior período de desenvolvimento do nosso cérebro ocorreu na época em que éramos nômades, perambulando pela natureza. Andar fazia parte do nosso dia a dia. E cada vez que chegávamos a uma nova região, nosso cérebro tinha que se adaptar ao clima, à vegetação, à topografia e assim por diante.

Colocando em termos menos históricos e mais biológicos, quando nos exercitamos nós estimulamos a produção de BDNF (*Brain Derived Neurotrophic Factor*). Essa substância atua como um verdadeiro fertilizante. BDNF é uma proteína que mantém os neurônios existentes jovens e saudáveis, muito mais aptos a se conectarem aos neurônios vizinhos. Além disso, o BDNF encoraja a formação de novas células no cérebro, principalmente na região do hipocampo, uma área com forte influência no armazenamento da memória e na criatividade, como sabemos.

Tudo vai bem até aí; mas, infelizmente, o BDNF possui um inimigo mortal, o estresse. Voltando a pensar historicamente, o estresse foi essencial para nossa sobrevivência. No passado remoto, tanto quanto hoje em dia, assim que percebíamos algum perigo próximo, os hormônios do estresse, como adrenalina e cortisol, eram liberados, estimulando a nossa rapidez na fuga ou a nossa força para lutar.

Porém, pensando em nossos ancestrais *Homo Sapiens* mais remotos de 200 mil anos atrás, aquele era um estresse passageiro e durava só o suficiente para superarmos o perigo e voltarmos à normalidade. Já o estresse do mundo moderno é completamente diferente. A

> *A atividade física estimula a produção de substâncias que favorecem as conexões cerebrais.*

correria e as preocupações do dia a dia nos acompanham por longos períodos. E isso pode se tornar extremamente prejudicial para a plasticidade do cérebro.

O estresse contínuo não só pode matar células nervosas do nosso cérebro, como também faz com que o hipocampo pare de produzir novos neurônios. O problema não acaba aí, além de tudo, o estresse pode "desligar" o gene que produz o BDNF.

Esses fatos têm grande importância para o uso da Neurociência na busca de conciliar alta performance com boa qualidade de vida. Nesse sentido, o *workaholic* muitas vezes é um tipo de pessoa que joga contra si mesmo. Procura se dedicar ao trabalho de forma quase incontrolável e acredita que, com isso, está sendo produtivo. Ocorre que, se sua rotina de trabalho é estressante, se suas tarefas o obrigam a se manter alerta contra possíveis ameaças tempo demais – sejam elas o chefe insatisfeito, o prazo de um projeto que vai estourar ou um cliente que faz mil exigências de última hora –, sua saúde cerebral estará sendo comprometida a longo prazo.

Portanto, é bom ser claro: três anos sem tirar férias, celular corporativo ligado durante o final de semana ou entrar no trabalho pela manhã sem hora de sair à noite são verdadeiros venenos cerebrais do nosso tempo.

Compreender elementos da Neurociência relativos à neuroplasticidade, à nossa capacidade de aprendizado e a relação de tudo isso com o estresse é de grande importância. Não é preciso abrir mão da qualidade de vida para ter um bom desempenho profissional. Mas, ao mesmo tempo, performance e qualidade de vida devem se conciliados em uma perspectiva de longo prazo.

Neurônios usados juntos trabalham juntos

Esse conceito da Neurociência foi introduzido por Donald Hebb[24] ainda nos anos de 1940: se treinarmos nosso cérebro a associar tarefas diferentes, ele vai aprender a fazer a associação sozinho. Seria como aprender pelo hábito, como já visto antes. Se no começo de um aprendizado é preciso se policiar para lembrar de dizer "obrigado" toda vez que alguém nos faz um favor, depois de certo tempo isso passa a ser natural, às vezes até nos escapa um "obrigado" quando nem queríamos falar. Ou então quando trancamos a porta de casa tão automaticamente que depois ficamos nos perguntando se realmente lembramos de trancar ou não.

Mas é possível constatar que essa mudança não é apenas externa, mas acontece dentro de nós. A princípio nós conseguimos mexer todos os dedos das nossas mãos individualmente, certo? Sim, mas muitas pessoas têm certa

---

[24] Hebb (1949).

dificuldade em dobrar o dedo mindinho mantendo o dedo ao lado imóvel. Mas, por que isso é tão comum?

Em geral esses dois dedos trabalham juntos fazendo o mesmo movimento quando, por exemplo, seguramos algo com a mão. Por isso as áreas do encéfalo responsáveis pelo movimento de cada um acabam se fundindo em muitos aspectos. Essa situação não vai acontecer para aqueles que exercitam os dedos separadamente, como pianistas, por exemplo. O mesmo vale quando tentamos levantar apenas uma sobrancelha; será que todos conseguem? Por fim, a maioria das pessoas tamborila os dedos da mão começando do dedo mínimo para o indicador. Mas é muito difícil para muita gente fazer o contrário. Já para um pianista ou um violinista, a tarefa parece banal.

Os casos citados acima podem ser vistos, até certo ponto, como uma forma limitante de condicionar nossas habilidades motoras, um mau uso das habilidades do nosso encéfalo que acaba sendo treinado em função do que exigimos dele, muitas vezes de forma inconsciente. Mas é claro que, vendo por outro lado, isso pode ser extremamente positivo.

Voltemos àquele exemplo de quando aprendemos a dirigir. No começo parece que temos muitas coisas para fazer ao mesmo tempo: olhar para frente, olhar no retrovisor, virar a direção, mudar a marcha, pisar na embreagem, respirar e ainda prestar atenção se não tem nenhuma criança correndo no meio da rua. Mas, ao treinarmos nosso encéfalo com a prática, ele começa a dar conta de tudo isso com facilidade e nos deixa tão tranquilos a ponto de conseguir cantar alguma música que toque no rádio enquanto dirigimos.

Nosso cérebro é realmente capaz de aprender as associações mais incríveis. Indo ainda mais longe, existem diversos estudos que utilizam a Neurociência para entender o masoquismo. Sob esse ponto de vista, o masoquismo nada mais é do que um conjunto de neurônios da dor reconectados passando a fazer parte dos nossos centros de prazer no cérebro (Doidge, 2016 e Kamping e outros, 2016).

Nosso cérebro tem a capacidade de associar sentimentos "ruins" com prazer. Por exemplo: quando ouvimos uma música triste em um lindo concerto; ou quando assistimos a Romeu e Julieta e, mesmo chorando no final, ainda assim sentimos prazer em ter assistido um belo filme de romance. Ou quando sentimos aquele medo e frio na barriga e mesmo assim andamos de montanha-russa. Ou ainda quando ouvimos artistas descrevendo o prazer que sentem naqueles momentos de pura ansiedade quando vão se apresentar ao vivo. Assim, percebemos que associar um sentimento negativo com prazer é mais comum do que podemos imaginar a princípio.

No caso dos masoquistas, a maioria deles foram crianças com sérios problemas de saúde que necessitavam de longas internações e tratamentos dolorosos. Para suportar esses longos períodos de sofrimento, as crianças começam a imaginar histórias felizes, nas quais elas passam pelas situações negativas e vencem. Durante o período crítico de formação sexual, para suportar o sofrimento, pode haver uma erotização da agonia que sofrem. Dessa forma, seus cérebros acabam sendo programados para associar a dor ao prazer.

> *A rigidez de mindset ou aversão à mudança pode ser explicada pela neuroplasticidade. Reforçamos tanto um comportamento ou uma percepção por conta da repetição que acabamos tendo dificuldades para agir ou pensar de modo diferente.*

É o caso do famoso masoquista Bob Flanagan (1952-1996), que nasceu com fibrose cística, uma doença grave que causa o acúmulo de muco denso e pegajoso nos pulmões e trato digestivo. Grande parte das crianças que nascem com fibrose cística não chega à fase adulta. Desde bebê, Bob Flanagan conviveu com agulhas espetadas constantemente em seu peito. Além disso, ele passava por longos períodos de internação e muitas vezes ficava nu por horas sendo observado pelos médicos que queriam monitorar seu suor. Isso pode justificar tanto seu prazer ao sentir dor como seu prazer em se expor nesses momentos tão íntimos e, de certa forma, humilhantes.

Os vícios que adquirimos ao longo da vida também estão ligados a essa capacidade de associação do nosso cérebro. Muitas pessoas que tentam largar o cigarro comentam que além da dependência da nicotina, os hábitos também são muito difíceis de serem abandonados. Como fumar sempre depois de tomar café ou em situações estressantes. Situações assim envolvem, antes de tudo, um aprendizado associativo ou um condicionamento.

Pensando no dia a dia, estamos acostumados a fazer associações ainda mais banais que acabam influenciando negativamente nossa vida, tais como vincular o fato de ter que falar em público com algo negativo, o que provoca um nervosismo maior do que o necessário e uma queda da qualidade da performance, além do estresse que realimenta o problema.

Pascual-Leone (nascido em 1961), professor de neurologia na Faculdade de Medicina de Harvard, tem uma metáfora que ilustra bem as situações observadas neste capítulo (ver Doidge, 2016). Ele diz que a neuroplasticidade é como uma montanha de neve fofa. Ao descermos a montanha de trenó, nós podemos ser flexíveis, pois temos várias opções de caminho sobre a neve cuja superfície está relativamente lisa. Porém, se toda vez que descermos a montanha nós o fizermos pelo mesmo caminho, uma trilha vai ficar marcada na neve, e cada vez mais funda, dificultando um desvio. Nossa rota ficará mais rígida, como as ligações dos nossos neurônios quando repetimos diversas vezes a mesma tarefa até ela se tornar dominante e automática.

Esse elemento da neuroplasticidade tem dois lados. O bom é que a prática favorece o exercício das mais diferentes habilidades, desde falar um idioma estrangeiro até ouvir o barulho de um carro e indicar qual o defeito. Essa é a chamada inteligência cristalizada, nossa capacidade de fazer bem-feito algo que já fizemos muitas vezes. Porém, o excesso de repetições também pode levar a um *mindset* rígido, isto é, a uma certa dificuldade de fazer e aprender coisas novas. Daí a importância de termos interesses variados, de experimentarmos com segurança quebra nossas rotinas, falar sobre temas que são incomuns em nosso cotidiano. Isso literalmente ensina o cérebro a aprender, desenvolvendo nossa inteligência fluída, isto é, nossa capacidade de aprender coisas novas.

Algumas conclusões

A plasticidade do encéfalo nos acompanha até o fim da vida. É muito reconfortante sabermos disso e podermos, de alguma forma, ter o controle desse processo de autocriação.

O cérebro está constantemente se adaptando às novas demandas que surgem do mundo externo e tornando-se mais eficiente. Estudos científicos têm mostrado que estímulos dos nossos sentidos possuem uma ligação direta com o funcionamento do cérebro e com nossa saúde. Exercitar o cérebro pode ser tão útil quanto o uso de remédios para tratar doenças mentais, tais como esquizofrenia.

Em qualquer momento de nossa vida podemos buscar exercitar o cérebro de modo a alterar nossa forma de aprender, pensar, perceber, lembrar. Podemos sempre ir em busca de novos desafios e aprendizados com a confiança de que, mesmo que seja difícil, podemos chegar muito longe.

Em certo sentido, portanto, podemos nos reinventar. Isso exige tempo, dedicação, disciplina. Mas não devemos dizer jamais frases do tipo "eu nasci assim e não vou mudar" ou "é tarde demais para aprender a fazer de outra forma". Nosso encéfalo está sempre mudando. E, em boa medida, podemos conduzir essa transformação e direcioná-la para atingirmos uma melhor qualidade de vida, um melhor convívio social e níveis maiores de produtividade no trabalho.

6.Neurociência da Comunicação

"O corpo diz o que as palavras não podem dizer."

Martha Graham (1894-1992),
coreógrafa norte-americana

A boa comunicação é um requisito para o sucesso profissional

Quem são as pessoas de sucesso que você conhece? Antes de responder a essa pergunta já surge outra: O que é sucesso? Para alguns, sucesso está associado a dinheiro, ganhar bem. Mas, ganhar bem fazendo algo que a gente não gosta não é sucesso por completo. Então, pode-se concluir que o sucesso vem de ganhar bem para fazermos algo de que gostamos e que fazemos muito bem... Será isso mesmo? Não só. Podemos ganhar bem fazendo algo de que gostamos e ainda assim nos sentirmos sozinhos e tristes, ou fazer bem algo de que gostamos e nunca sermos reconhecidos. Assim, podemos concluir que o sucesso é uma combinação de fatores. Mas existe um elo de ligação importante aí. Sabe qual é? Ainda não? Aguarde e verá.

Mas, afinal... em quem você pensou quando perguntamos sobre as pessoas de sucesso que você conhece? Possivelmente foi algum político ou celebridade, ou até algum personagem da História. De Genghis Khan ao papa Francisco, de Marilyn Monroe a Elvis Presley, de Malala Yousafzai a Greta Thunberg. O que eles/elas têm em comum? São pessoas que conquistaram legiões de fãs ou seguidores, pessoas com forte presença e capacidade de comunicação verbal e não verbal, pessoas contagiantes. Mas o que torna uma pessoa contagiante? Vamos descobrir isso juntos ao longo desse capítulo desde o ponto de vista da Neurociência aplicada aos negócios.

Se você está realmente curioso para responder à pergunta feita acima, vamos começar a elaborar nossa resposta agora. Mas, saiba que esse é só o começo.

A resposta pode variar de características menos subjetivas, tais como capacidade de liderança, aparência, talento, capacidade de se comunicar, empatia e autenticidade, até características mais subjetivas, como carisma, presença, força e brilho. A questão é: dentre todas essas características, das mais subjetivas às menos, o "talento" – a capacidade de fazer algo específico muito bem – aparece apenas uma vez. Todo o resto são características muito mais humanas e que não envolvem um talento específico; são habilidades necessárias para qualquer um, do médico de sucesso ao arquiteto ou ao político.

Mais do que isso, a maioria dessas habilidades estão, de alguma forma, ligadas ao processo de comunicação. Um líder que não se comunica e que não busca a empatia com seus liderados tem um quê de ditador. Uma pessoa que não tem presença, dificilmente é ouvida. Um político que não cuida da sua aparência é logo alvo de chacotas e perde popularidade ou, ainda mais, perde credibilidade. E, independente da atividade a ser praticada, seja ela uma entrevista com um cliente, uma apresentação para os diretores da empresa, a coordenação de um novo projeto, uma aula para os alunos ou uma consulta para seu paciente, a comunicação é uma das bases para o sucesso. Nesse sentido, relacionando comunicação e talento, podemos dizer que nossa capacidade de fazer algo incrível precisa ser mostrada para o mundo. Assim, é a comunicação que torna o sucesso algo real, revelando o talento e qualquer outra qualidade que se tenha.

Mas a habilidade de comunicação não é algo trivial e está presente em todas as dimensões da vida humana. Ou seja, a comunicação não só é fundamental para qualquer pessoa, em qualquer atividade, seja na vida pessoal ou na profissional, como também o processo de comunicação é muito mais complexo do que o clássico esquema emissor → mensagem → receptor. Para que o processo de comunicação possa acontecer e atingir seu potencial máximo, precisamos compreender e aprimorar diversas habilidades e características de cada um desses três elementos. E, claro, a Neurociência pode nos ajudar a fazer isso de forma muito mais profunda e eficiente.

Comunicar para sobreviver

A necessidade de comunicação surgiu muito antes de nós humanos. Dos seres mais simples aos mais complexos, a comunicação é fundamental para a sobrevivência e perpetuação das espécies. Até as bactérias se comunicam, mesmo estando entre os menores seres vivos do planeta. Mas a comunicação entre elas acontece de uma forma muito mais simples, por meio de sinais químicos. É através desses sinais que elas se reconhecem e conseguem agir de forma sincronizada.

A comunicação entre nossos neurônios também acontece por meio de sinais químicos e elétricos e, a rigor, isso vale para o funcionamento celular em geral. Por tudo isso, é possível dizer que a comunicação é a base da vida de cada indivíduo e não apenas um fenômeno interpessoal. Isso faz da comunicação algo relevante biológica e socialmente, isto é, tanto para nossa sobrevivência individual quanto dos sistemas em que estamos inseridos: família, empresa, sociedade etc.

Ainda uma ciência muito jovem, o quorum sensing, ou percepção de quórum, estuda a forma como as bactérias se comunicam entre si. Há pouco tempo descobriu-se que essa comunicação pode alterar seu comportamento. O resultado disso, por exemplo, é que bactérias salmonela podem esperar até que sua população esteja grande o suficiente antes de liberar uma toxina que faça seu hospedeiro adoecer.

A partir dos sinais químicos simples dos organismos unicelulares, a evolução das formas de vida animal permitiu o surgimento de novas técnicas de comunicação: as pistas químicas deixadas pelas formigas para ajudar a guiar as colegas pelo caminho correto; a batida que os golfinhos dão com a cauda na água; a exibição da cauda colorida do pavão. Todos são exemplos de sinais contendo mensagens úteis à sobrevivência individual e da espécie. E, quanto mais evoluídos os animais, mais complexos os mecanismos cerebrais relacionados à comunicação.

Nós humanos contamos com diferentes áreas no encéfalo envolvidas no processo de comunicação. Em primeiro lugar, pode-se citar as áreas responsáveis pela cognição, como o córtex pré-frontal, ou pela linguagem, como as áreas de Broca e de Wernicke. Mas o que a Neurociência nos provou é que o processo de comunicação no cérebro acontece independente da cognição e da linguagem. O sistema de neurônios espelho (Shete e outros, 2016), ativado por estímulos visuais como imagens que vemos ou imaginamos, é fundamental para que a comunicação seja eficiente. Como já vimos, esse sistema se ativa no córtex parietal de forma a simular em nosso próprio corpo situações que observamos em outros seres vivos. Por exemplo: se alguém nos estende a mão, nossos neurônios-espelho serão ativados de modo a simular esse gesto como se nós mesmos o estivéssemos executando. Muitas vezes esse estímulo é tão intenso que também estendemos a mão e, quando nos damos conta, já estamos cumprimentando a outra pessoa.

Esse é um processo que nos ajuda a compreender o significado do que acontece no mundo ao nosso redor fazendo de nosso corpo como um todo um órgão sensorial por imitação. Esse mecanismo é uma herança evolutiva muito mais primitiva do que nossa cognição ou linguagem e, por isso, mesmo sendo relativamente inconsciente e involuntário, desempenha um papel relevante no processo de comunicação humano.

Reconhecer que o receptor de uma mensagem simula em seu cérebro o que vê durante o processo de comunicação resulta em um entendimento bem mais amplo desse mesmo processo. Significa que, para comunicar bem uma mensagem, é preciso ir muito além do conteúdo. Postura corporal, gestos, expressões faciais, contato visual e movimentos de corpo e cabeça, além da variação de entonação, também fazem parte do pacote. Mais ainda, esses elementos não são meros coadjuvantes.

Alguns teóricos defendem que a linguagem humana evoluiu a partir do sistema de neurônios-espelho e não dos sons emitidos até hoje por animais como uivos, latidos e miados, por exemplo (Shete e outros, 2016). Se essa hipótese estiver correta, de um ponto de vista neuroevolutivo, o processo de comunicação focado demais apenas no conteúdo da mensagem seria menos eficaz. E as evidências sugerem que é assim mesmo. Basta pensar em espetáculos como os musicais da Brodway ou as óperas clássicas. O público não se envolve apenas por conta do enredo, como se estivesse lendo um livro. Esses são eventos multissensoriais e os componentes cênicos, que incluem a expressão corporal, facial e vocal dos atores é essencial para o sucesso da experiência do público e a transmissão efetiva das mensagens.

Nesse sentido, o psicólogo e neurocientista Uri Hasson mediu as atividades cerebrais em vários grupos de pessoas enquanto estes se comunicavam e percebeu que, quando a comunicação ocorria de forma eficiente, os cérebros do emissor e dos receptores passavam a apresentar os mesmos padrões de ativação, processo conhecido como *neural entrainment* (Hasson e outros, 2013). Dito de forma simples, os cérebros entravam em sintonia ou, melhor ainda, em sincronia. Esse processo é similar ao que acontece no nosso sistema de neurônios-espelho, que se ativam de modo a "copiar" o estado do cérebro da pessoa observada com base em sua postura, gestos e expressões.

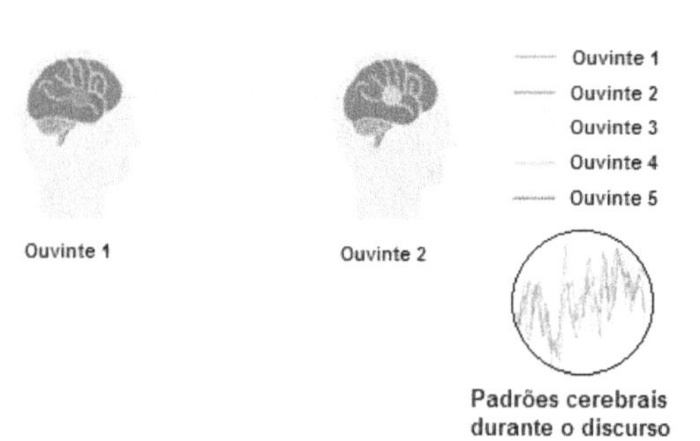

Alinhamento das ondas cerebrais (*neural entrainment*) durante a comunicação.

O *neural entrainment,* por sua vez, só acontece quando a comunicação se dá de forma efetiva (Hasson e outros, 2010). Portanto, se o receptor não entender o que o emissor estiver comunicando, como no caso de pessoas que não falam a mesma língua, o *neural entrainment* não ocorrerá.

Processo de comunicação

Sem receio de exagerar, pode-se dizer que a comunicação é a base para o sucesso de qualquer tarefa, qualquer desafio, qualquer projeto. É claro que essa habilidade sozinha não vai resolver nenhum problema; mas sem ela, a maioria dos problemas não podem ser enfrentados.

Desde o processo de criação de um projeto até sua execução e sua venda, a comunicação está presente em todas as fases. No pós-venda, tudo isso também é válido. O líder tem que comunicar a sua equipe as tarefas que eles deverão executar, a responsabilidade de cada um, o prazo etc. Os membros da equipe têm que saber se comunicar entre si para que as rotinas de trabalho aconteçam de forma eficiente. E, no processo de marketing e venda, é fundamental a boa comunicação para não causar falsas expectativas no cliente ou simplesmente para não perder a venda. Quando tratamos de Neurociência aplicada à comunicação estamos em busca de uma melhor compreensão dos processos mentais envolvidos para aumentar a eficiência do processo em cada uma dessas dimensões da vida corporativa.

Assim, no processo de comunicação, diferentes áreas do cérebro são usadas em conjunto. O lobo frontal, por exemplo, está ligado a determinados comportamentos sociais, à cognição e à habilidade de nos conectarmos com outras pessoas. O lobo parietal controla, entre outras coisas, nosso corpo quando interage com o espaço a seu redor – movimento, orientação e percepção de estímulos através do tato etc. O lobo occipital é responsável pelo processamento primário da visão. E, por último, o lobo temporal é onde se encontram os centros da audição e da fala.

Além disso, circuitos dopaminérgicos e os mecanismos de luta ou fuga mais associados ao tronco encefálico também podem se ativar ao longo do processo de comunicação dependendo da reação do receptor à mensagem. Mas, afinal, de um ponto de vista neuronal, o que é comunicação?

Sob a ótica da Neurociência, a comunicação é o compartilhamento de códigos simbólicos de um cérebro com outro. A ideia que se quer comunicar (conteúdo da mensagem) deve ser expressa pelo emissor através de um código enviado por um canal e o receptor deve sintetizar e processar a mensagem para compreendê-la. Por último o processo se inverte quando o receptor envia uma resposta (feedback) para o emissor.

Sendo assim, já é possível perceber um dos princípios básicos da Neurocomunicação: ela não é uma via de mão única. Para que a comunicação tenha sucesso, o emissor deve ser capaz de perceber e compreender o feedback e responder a ele também. É comum cometermos o engano de considerar o receptor um ser totalmente passivo quando, na verdade, ele tem um papel tão ativo quanto o emissor em todo o processo.

Campanha publicitária do peru Sadia

Poucas pessoas conhecem a história que já foi contada na mídia pelo publicitário Washington Olivetto. Em 1979, a Sadia lançou seu peru temperado e congelado. Esse é um produto bastante conhecido hoje, mas uma grande inovação na época.

No comercial de tv, atualmente disponível no Youtube (www.youtube.com/watch?v=XtRKL6amsuI), uma jovem fala com sua avó. Explica que o peru Sadia já vem limpo e temperado. A avó se preocupa com a possibilidade de a neta deixar o peru queimar quando a jovem coloca a ave no forno. Mas a jovem explica que o peru vem com um "termômetro" que "avisa quando o peru fica pronto". O tal "termômetro" vinha espetado na carne do peru e, para "avisar" que a ave estava devidamente assada, uma espécie de palito vermelho saltava do "termômetro". Aí vinha o bordão do comercial, quando a neta dizia para a avó: "Avisou, é só servir". Ocorre que, na versão original do comercial, havia um efeito sonoro. Quando o palito vermelho saltava, os expectadores ouviam um "pliiin". O resultado foi que os primeiros consumidores a comprar o peru congelado da Sadia ficaram esperando o tal "pliiin" que avisaria que o peru estava pronto. O resultado foi que muitos desses primeiros consumidores deixaram a ave queimar, o que obrigou os criadores da campanha a remover o efeito sonoro do comercial.

Esse exemplo mostra a importância do padrão mental do receptor da mensagem. Um efeito sonoro foi confundido com um som real, resultando em pequenos desastres caseiros. Por isso é tão importante colocar-se na pele do receptor da mensagem, simulando como ela deve estar chegando até ele.

Por exemplo: para uma campanha de marketing, a empresa escolhe o canal (digamos, TV ou mídias digitais), prepara uma mensagem fechada que será enviada diversas vezes através do canal e atinge um número enorme de pessoas. O feedback dos receptores, nesse caso, pode ser sentido tanto nas vendas do produto divulgado como através das mídias sociais como Facebook, Instagram e Twitter, nas quais as pessoas manifestam suas opiniões pessoais por meio de posts e *likes*. É o caso do que aconteceu com a campanha da Gillete, na qual o jogador Neymar falava sobre sua performance na Copa do Mundo da Rússia em 2018. Com menos de 24 horas no ar, tanto a agência responsável como a empresa passaram a considerar se a campanha deveria continuar devido ao feedback negativo dos receptores.

Outro exemplo que vale a pena ser discutido e que possui características específicas é a comunicação direta entre emissor e receptor, como em uma conversa. Em situações desse tipo, o processo de comunicação acontece como um jogo de pingue-pongue, com receptor e emissor alternando papeis o tempo todo e as mensagens viajando de um lado para o outro.

Outro fator relevante no processo de comunicação é o canal pelo qual uma ideia – pensamento no cérebro do emissor – vai ser transmitida para o receptor. O canal ou meio pode ser a voz, por exemplo, e o código pode ser a língua portuguesa. O emissor precisará processar o código. Para isso, ambos, emissor e receptor, precisam compartilhar códigos semelhantes. Se a mensagem for passada em português para alguém que não fale essa língua, ela não conseguirá processar o código e não irá compreender a mensagem. Se o idioma nativo do receptor for uma língua latina, próxima ao português, pode ser ainda pior por conta dos conhecidos "falsos amigos". Por exemplo: a palavra "mórbido" em italiano significa macio, enquanto que, em português, é sinônimo de algo capaz de causar uma doença. Entre o espanhol e o português as palavras "classe" e "aula" têm significados exatamente invertidos uma em relação à outra.

Podemos então definir mais um princípio básico da Neurocomunicação: emissor e receptor precisam compartilhar códigos para que a mensagem seja compreendida em sua totalidade.

Mas vale destacar que a língua não é o único código compartilhado. Diferentes culturas possuem uma variedade de códigos que fazem parte do processo de comunicação. Aqui no Brasil, por exemplo, é considerado educado não deixar nenhuma comida no prato, ou o anfitrião pode achar que você não gostou tanto assim do que foi servido. Porém, em países como a Coréia ou o Egito, se você raspar o prato estará ofendendo o anfitrião e passando a mensagem de que não se sentiu suficientemente alimentado. Sendo assim, se você é o visitante num desses países e quer enviar a mensagem correta, você deve se esforçar para conhecer os diversos códigos daquela cultura e não apenas focar na comunicação verbal como único código comum.

Além disso, no processo de comunicação existem múltiplos códigos sendo enviados ao mesmo tempo. Por exemplo: uma pessoa pode estar dizendo algo através da linguagem falada, mas seu corpo ou sua expressão facial podem estar enviando uma mensagem de significado oposto. Assim, chegamos ao terceiro princípio da Neurocomunicação: Os diversos códigos enviados pelo emissor devem estar alinhados para que a comunicação atinja seu potencial total. Códigos contraditórios geram ruídos que atrapalham o processo de comunicação ou, em casos mais extremos, esses ruídos podem chegar a invalidar a mensagem.

Num ambiente corporativo, desafios nesse sentido são muito comuns. O líder de uma empresa pode fazer um discurso para seus funcionários sobre a política de diversidade, querendo passar a mensagem de que sua cultura valoriza as minorias. Mas a rotina interna pode apresentar um código incompatível com isso se as reuniões são permeadas de piadas machistas e homofóbicas e nada é feito a respeito. Esses códigos contraditórios não só invalidam a mensagem inicial como também fazem com que o emissor – nesse caso, o líder da empresa – perca a credibilidade até para futuras mensagens.

A Neurociência tem provado que a cultura transforma o cérebro. Nossas vivências alteram não só a estrutura cerebral, mas também suas funções (Park, 2012). Para maiores informações, veja o capítulo de neuroplasticidade.

Além desses ruídos na comunicação que prejudicam sua credibilidade e eficiência, existem também fatores externos que fogem do controle do emissor e podem afetá-la diretamente. Por exemplo: o receptor também apresenta um papel fundamental no processo de comunicação. Mesmo ideias muito bem expostas através de códigos reconhecidos pelos receptores podem ser mal interpretadas. Por isso, não existe uma única forma de nos comunicar bem; a forma mais eficaz vai depender do receptor que queremos atingir. Diferentes cérebros processarão a mesma mensagem de formas distintas; por isso são tão comuns os erros de comunicação quando achamos que o emissor pensa quase exatamente como nós mesmos.

A conclusão é que conhecer o receptor dos conteúdos que comunicamos é muito importante para garantir a eficácia da comunicação. Valores, cultura, expectativas, experiências passadas, tudo isso pode influenciar a eficácia da comunicação, para bem ou para mal.

Empatia ou simpatia?

A definição de simpatia é: contágio solidário e involuntário pela situação emocional de outra pessoa.

A definição de empatia é: capacidade voluntária de compreender e compartilhar os sentimentos do outro.

Por isso, também, ocorre com frequência a famosa "síndrome do conhecimento". Ela nada mais é do que a dificuldade na comunicação de um conteúdo muito conhecido do emissor. A maior dificuldade de um expert ao falar dos temas que domina é imaginar como é para outra pessoa não saber aquilo que ele sabe (Pinker, 2014). Quando conhecemos algo muito bem, temos dificuldade de exercitar a empatia e de perceber que, para um receptor que não tenha o mesmo conhecimento que nós, alguns aspectos podem não ser tão óbvios como são para nós. E, nesse ponto, surge uma velha amiga no contexto da comunicação: a empatia.

Como sabemos, empatia é a capacidade psicológica para sentir o que uma outra pessoa sente, de se colocar no lugar do outro. [25] Ela consiste em tentar voluntariamente compreender sentimentos e emoções de outras pessoas, procurando experimentar de forma objetiva e racional o que sente outro indivíduo.

Assim, no processo de comunicação, o emissor deve buscar entender como seu receptor pensa (*mindset*), seus valores, sua capacidade de compreensão e os códigos por ele utilizados. Só assim ele poderá escolher a melhor narrativa, o melhor canal e os melhores códigos para tentar garantir que a mensagem seja processada corretamente pelo receptor.

---

[25] Vale a ressalva de que nunca seremos totalmente capazes de sentir o mesmo que outra pessoa sente. A empatia é um esforço nesse sentido, válido, mas longe de ser perfeito. Mas não buscar ser empático por descrer na própria empatia é um erro quase fatal em comunicação.

Por outro lado, para aqueles receptores que querem entender a mensagem, o mesmo exercício empático pode ser útil. Durante o processamento de uma mensagem, o receptor deve considerar quem é seu emissor. Se ele compreender o *mindset* do emissor, tem mais chances de processar a mensagem corretamente e compreendê-la em sua totalidade.

Segue-se, então, mais um ponto fundamental para o processo de comunicação: O exercício de empatia, tanto por parte de emissores que querem se assegurar que sua mensagem será compreendida, como por parte dos receptores que querem se certificar de que estão entendendo a mensagem enviada.

A empatia ajuda não só na comunicação interpessoal, mas na comunicação de uma empresa com seus funcionários ou outros *stakeholders*, entre departamentos ou até com a sociedade. Um político que não exerça empatia para entender o modelo mental daqueles afetados por seus projetos e que não provoque a empatia de seus eleitores, dificilmente será bem-sucedido. No processo de venda, a empatia é fundamental para que o vendedor procure avaliar se sua abordagem está ou não sensibilizando o cliente. E se não estiver, definir em que sentido essa abordagem deverá ser ajustada também exige empatia.

Somente através da empatia e da compreensão da mensagem é que os cérebros do comunicador e do receptor entrarão em sintonia. Quanto melhor o entendimento da mensagem, mais sintonizados os cérebros estarão. Qualquer falha ao longo do processo de comunicação resultará numa percepção de significados diferentes e numa dissintonia cerebral entre emissor e receptor.

Já entendemos o papel e a importância do emissor, do receptor e dos códigos no processo de comunicação. Mas ainda resta uma pergunta fundamental: Como estruturar a mensagem para que esta capte a atenção dos receptores, gerando neles empatia e ativando o *neural entrainment*?

Storytelling

"O universo é feito de histórias, não de átomos."
Muriel Rukeyser

Já tratamos de um dos grandes desafios na comunicação: evitar a compreensão incorreta da mensagem por parte do receptor. Porém, temos um problema tão grave quanto e que vem se intensificando com o passar dos anos e com os avanços tecnológicos e o excesso de informação: a falta de atenção dos receptores. Durante a pandemia de Covid-19, nossos hábitos se alteraram muito nesse sentido e nos acostumamos com as vantagens e desvantagens de reuniões on line e sua ampla possibilidade de ficarmos com mais de uma tela aberta ou simplesmente dispersarmos acionando o comando Alt-Tab em nossos computadores.

Então, como conseguir falar com alguém que, a rigor, não está nos ouvindo? Se a atenção não for captada e os receptores não nos ouvirem, as mensagens que transmitirmos serão apenas palavras ao vento e não atingirão ninguém.

Mas, como conseguir a atenção de pessoas que estão cada vez mais sobrecarregadas pelo excesso de informação ou mesmo gostam de "multitelar"? Uma resposta que tem se mostrado eficaz é: por meio de narrativas estruturadas – ou *storytellings* – de modo a não só conectar os fatos que devem ser comunicados, mas também a gerar emoções e provocar sensações em nossos receptores.

Podemos usar como exemplo as formas de apresentação da coxinha dos restaurantes Frangó e Bueno de Andrada, em São Paulo, mostradas nas figuras abaixo.

Você consegue perceber a diferença na forma de comunicar de cada uma delas? A segunda (Bueno de Andrada) é bastante objetiva, apresentando uma grande quantidade de opções e seus respectivos preços. A primeira (Frangó), por outro lado, quase não tem informação objetiva nenhuma: não apresenta as opções de sabores ou o preço e nem especifica exatamente o tamanho. Porém, ela tem um grande diferencial: o curto parágrafo que descreve a coxinha do Frangó consegue provocar o leitor.

As Originais Coxinhas de Bueno de Andrada

Item	Preço	Item	Preço
COXINHA TRADICIONAL	R$ 5,60	MORTADELA COM QUEIJO	R$ 5,50
FRANGO CATUPIRY	R$ 6,00	COXINHA VEGANA	R$ 5,50
QUATRO QUEIJOS	R$ 6,00	BACALHAU	R$ 10,00
CARNE MOÍDA	R$ 6,00	CARNE SECA	R$ 14,00
PRESUNTO E QUEIJO	R$ 5,60	COXINHA DE CAMARÃO	R$ 16,00
CALABRESA	R$ 6,00	COXINHA DE SALSICHA	R$ 3,50
COXINHA SEM COLORAU	R$ 5,60	COXIBE CATUPIRY	R$ 6,00
BRÓCOLIS	R$ 5,60	COXIBE CARNE E QUEIJO	R$ 6,00
MEDALHÃO DE FRANGO	R$ 8,00	COXINHA DE FEIJOADA	R$ 7,50
MEDALHÃO DE PERNIL	R$ 6,00	COXINHA KIDS	R$ 2,00

COXINHA SEM GLÚTEN E LACTOSE — PORÇÃO MINI (10 UNIDADES)

Partes dos cardápios do Frangó (esquerda) e Andrada (direita).

Ao descrever a coxinha ("crocante por fora e com farto recheio..."), ela ativa no leitor os centros de processamento sensorial, tais como o tato, o olfato e o paladar. Ao colocar a coxinha na condição de "estrela do cardápio", "ícone da gastronomia brasileira" e "petisco mais famoso de São Paulo", ela provoca surpresa e curiosidade, além de muita salivação nos apreciadores.[26]

A comparação da descrição das coxinhas do Frangó e do Andrada aponta para uma característica do processo de comunicação na qual costumamos focar demais, mas que nem sempre é tão importante assim: os fatos. Esse aspecto também é explorado no capítulo de Neuromarketing.

Ao nos preocuparmos tanto em comunicar os fatos, nós esquecemos que, para a comunicação acontecer, temos que buscar a atenção, o engajamento, a empatia e, finalmente, a compreensão do nosso receptor. E, para isso, nem sempre serão os fatos os protagonistas da mensagem.

Quem provoca engajamento, atenção e empatia – todos elementos fundamentais para a compreensão – é a estrutura narrativa. Ou seja, essa estrutura tem papel fundamental para o sucesso da comunicação.

---

[26] Esse é o caso declarado dos autores deste livro, grandes admiradores das coxinhas e cervejas do Frangó!

A Jornada do Herói: uma estrutura narrativa universal

Joseph Campbell (1904-1987) é considerado um dos maiores mitólogos do século XX. Uma de suas maiores contribuições, expressas em vários livros como O Herói de Mil Fases (1949), refere-se à chamada "Jornada do Herói".

O autor defende a ideia de que existe uma estrutura composta de 12 elementos (A Jornada do Herói) que se repete, no todo ou em parte, em todas as grandes narrativas míticas da humanidade. Devido a essa presença tão marcante, mesmo entre povos que nunca tiveram o menor contato entre si, Campbell defende a ideia do monomito, isto é, da existência de um mito único cuja estrutura narrativa se repete indefinidamente.

Respeitado na academia apesar das muitas críticas, Campbell viu todos os elementos de sua Jornada do Herói serem aproveitados nos roteiros de Star Wars, de George Lucas (1944*), desde a origem na rotina familiar tediosa do jovem Skywalker (o "Mundo Comum" em Tatooine), até seu retorno para o planeta de origem como um grande guerreiro Jedi, passando pela presença do "Mentor" (Obi-Wan Kenobi e Mestre Yoda), até o mergulho no "Ventre da Baleia" (momentos de solidão e desespero como no compactador de lixo no Episódio IV ou a queda de sua nave no úmido planeta Dagobah, antes do encontro com Yoda no Episódio V) chegando ao "Sofrimento Supremo" (revelação de que Darth Vader é seu pai, Episódio V) e a "Ressureição" (prótese robótica para a mão amputada, também Episódio V).

Também é possível encontrar elementos muito claros da estrutura da Jornada do Herói em textos clássicos como as obras de Homero, os Evangelhos e, em grande escala, nas animações da Disney, desde as mais antigas como Pinóquio – que entra literalmente no ventre da

baleia – até Up, Altas Aventuras e O Rei Leão, dentre muitos outras. A admiração de Lucas por Campbell rendeu uma grande amizade entre os dois até a morte do mitólogo, em 1987).

Não é à toa que atualmente as *fake news* viralizam com tanta facilidade. Sua estrutura narrativa, por mais simples que seja, provoca curiosidade, surpresa, indignação, choque. Por isso as pessoas dão tanta atenção a elas e por isso também é tão difícil, depois que uma delas se espalha, fazer com que as pessoas a esqueçam. Os próprios fatos objetivos, sua veracidade, se mostram menos importantes. O que faz o sucesso das *fake news* é seu impacto emocional.

Mas você deve estar se perguntando: o que acontece no nosso cérebro quando ouvimos ou assistimos uma história bem contada? Vamos descobrir a resposta fazendo um experimento usando o *storytelling*, claro. Mas, não leia a história a seguir por ler. Preste atenção em você mesmo, como você se sente, o que essa história gera em você, que pensamentos vão passando pela sua cabeça ao longo da narrativa. Combinado? Então, vamos lá!

Fernando é o pai de João, um lindo menino de apenas dois anos. Os dois vão todo dia juntos ao parque para brincar. Quem os vê não imagina que dentro de alguns meses João não estará mais aqui. O menino tem câncer e, depois de meses de quimioterapia, finalmente os médicos pararam o tratamento e ele tem a chance de voltar a correr no parque e se divertir. Fernando, porém, passa pelo momento mais difícil da sua vida: ele olha o filho, tão pequeno e feliz a brincar, e sente uma tristeza sem tamanho por imaginar que o menino não deve sobreviver por mais três meses. Por outro lado, ele não pode mostrar essa tristeza para o filho. Ele sente que tem a missão de tornar os últimos dias do menino os mais felizes que ele puder ter. Por isso ele leva o filho todos os dias ao parque e os dois brincam juntos. E, nessas ocasiões, entre gargalhadas, pai e filho vivem os momentos mais alegres daquela relação.

E então, como você se sentiu? O que essa história despertou em você? O neurocientista Paul Zak fez um experimento interessante, no qual ele analisou o sangue das pessoas depois de ouvir essa mesma história (Zak, 2013). E ele percebeu que os participantes do teste produziam mais cortisol e ocitocina. O cortisol, o hormônio do estresse, também está envolvido no aumento dos níveis de atenção. Já a ocitocina, hormônio da intimidade, da proximidade e do amor, está envolvida com sentimentos de generosidade e compaixão, com nossas reações empáticas e com a forma de nos conectarmos com os outros. Ou seja, a ocitocina aumenta nossa sensibilidade às pistas sociais.

Mas o experimento não para por aí. Paul Zak também observou o comportamento dos participantes depois de ouvirem a história e terem seus níveis de cortisol e ocitocina alterados. A quantidade de pessoas que doou dinheiro para instituições de caridade imediatamente após ouvir essa história foi muito maior do que no grupo de controle. Isso revela o real impacto que o *storytelling* tem no cérebro, que culmina na alteração do comportamento dos receptores daquela mensagem.

Mas será que qualquer história gera os mesmos resultados nos ouvintes? A resposta é: não. Naquele mesmo experimento, Paul Zak utilizou também uma outra história. Esta era uma narrativa de um dia em que Fernando e João foram juntos ao zoológico, apenas relatando como foi o passeio. Ao ouvir essa história, rapidamente os níveis de atenção dos ouvintes iam baixando e não houve alteração significativa no seu sangue ao final da experiência.

Mas, afinal, o que torna algumas histórias tão especiais, sendo estas capazes de nos envolver ao ponto de mudar nosso comportamento? O novelista alemão Gustav Freytag estruturou o "arco dramático" (ou "pirâmide de Freytag"), que seria formado por cinco pontos em sequência:

- Exposição: elemento inicial no qual os personagens e a situação geral são expostos;
- Aumento de ação: quando a história vai se encaminhando para o ponto de tensão máximo;
- Clímax: ponto de tensão máximo da história;
- Declínio da ação: depois do pico de tensão, os problemas começam a se resolver;
- Desfecho: resolução da história.

O arco dramático de Freytag.

O arco dramático ilustra a estrutura universal das histórias e também se encaixa bem com a Jornada do Herói de Campbell. Aquelas que não seguem esse padrão de estrutura não impactam os receptores da mesma forma: ou eles não entendem a história completamente – no caso de uma exposição malfeita, por exemplo –, ou eles não se conectam com a história caso a tensão não seja suficiente para gerar curiosidade ou atenção.

Além disso, Freytag defende que a força do *storytelling* vem da criação da tensão dramática seguida pela sua liberação (Freytag, 1894). Quanto maior a tensão gerada, ou seja, quanto mais alto o cume do arco, maiores serão os níveis de atenção e curiosidade dos receptores. Se não houver tensão, a atenção, que é um recurso escasso, vai ser dividida com outros pensamentos e o receptor vai se desconectar da narrativa.

Quando uma história nos prende a atenção por determinado tempo, porém, acontece um processo conhecido como "transporte", e nosso cérebro passa a processá-la como se nós mesmos estivéssemos vivendo aquilo. Por isso nossas mãos suam diante de uma cena tensa de fuga de James Bond, ou ficamos extremamente desconfortáveis quando assistimos Jogos Mortais (2004), ou sofremos ao ponto de chorar ao assistir Sempre ao seu Lado (2009) ou Como Eu Era Antes de Você (2016). Racionalmente, sabemos que aquilo não é real, mas as partes mais primitivas do nosso cérebro são mais ingênuas e produzem as mesmas reações emocionais e instintivas que achamos que aqueles personagens estão sentindo. Mas, por que isso acontece?

O storytelling não é algo novo. Essa prática surgiu ao longo de nossa evolução, contribuindo para nos tornarmos os seres únicos que somos. Contar histórias está na base das funções cerebrais relacionadas à sobrevivência e seu processamento vai muito além da racionalidade. Por isso seus impactos no cérebro são tão fortes.

Como vimos, quando o "transporte" ocorre, nosso cérebro passa a aumentar a produção de hormônios e neurotransmissores tais como o cortisol e a ocitocina (Zak, 2015).

A produção do cortisol nos deixa atentos e preparados para entrar no estado de luta ou fuga caso seja necessário. Já a produção de ocitocina, por sua vez, aumenta nossos níveis de empatia, compaixão, generosidade e conexão social. Ou seja, quanto mais ocitocina, mais nos conectamos com as pessoas, ainda que elas sejam apenas personagens de uma narrativa. E essa capacidade de conexão é uma herança bem antiga e funcional. Então, não se recrimine se você for o tipo de pessoa super emotiva!

Sob a ótica evolutiva, nossa sobrevivência está diretamente ligada não só à nossa capacidade de fugir ou lutar, mas também à nossa capacidade de conexão com os outros. Vimos isso ao discutir cooperação e altruísmo no capítulo anterior. Enquanto um filhote de lobo de um ano sobrevive sozinho na natureza, um bebê humano de um ano ainda é totalmente dependente dos cuidados de um adulto. Nossa longa infância tem seu preço. Por isso, com menos de 24 horas de vida, os bebês já se conectam com as pessoas ao se redor. Em menos de um dia com os próprios olhos abertos, eles aprendem a encontrar o olhar daqueles que estão próximos e olham em seus olhos para gerar conexão e buscar garantir sua sobrevivência. Nada disso é cognitivo, premeditado com consciente. É puro instinto humano.

Além disso, as histórias conectam causa e efeito, sendo essa a base da nossa compreensão racional do mundo. Todo conhecimento humano é baseado em experiências passadas. Como afirma o neurocientista António Damásio (2010), somos seres autobiográficos e, por isso, novas experiências são interpretadas com base naquelas que já vivemos. E nós lembramos das nossas experiências com uma estrutura temporal e de causa e efeito. É por isso que o *storytelling* se mostra como um dos processos mais eficientes de criação e recuperação de memórias explícitas. Nossa consciência de nós mesmos é autobiográfica, ou seja, nós só nos reconhecemos como personagens de nossa própria história de vida. Em outros termos, nossa capacidade de refletir de forma autocrítica depende das narrativas que preservamos a respeito de nossas experiências, boas ou más.

> *Somos seres autobiográficos. Nossa consciência de nós mesmos depende de nos compreendermos dentro da narrativa de nossas próprias vidas, isto é, de um conjunto ordenado e dramático de lembranças, afetos e experiências. O storytelling é parte de nossas vidas e sequer percebemos isso. Somos personagens de nosso drama pessoal!*

Já discutimos bastante a relação emissor–mensagem–receptor e a força das histórias. Muitos vão achar, então, que nosso capítulo sobre comunicação está chegando ao fim. Mas nós ainda não respondemos completamente àquela pergunta feita no começo: O que torna algumas pessoas tão contagiantes?

Como o teórico Marshall McLuhan escreveu na década de 1960 e o neurocientista Paul Zak confirmou mais recentemente algo importante: o meio é a mensagem (Zak, 2013). Numa campanha de marketing, por exemplo, as empresas dedicam bastante energia para definir o melhor meio para sua mensagem publicitária. Mas, numa conversa, nós somos o meio, nós somos o canal que transmite a mensagem e não temos como fugir disso. Ela surge em nossa mente e deve chegar à mente de outros utilizando a nós mesmos como meio: nossas expressões, nosso idioma, sotaque, vocabulário etc. Como podemos, então, deixar esse canal nas melhores condições a fim de contagiar os receptores e transmitir a mensagem que queremos de forma eficaz?

Soft Skills

Para responder à última pergunta, voltemos às questões discutidas no início deste capítulo. Lembra das pessoas de sucesso que passaram pela sua cabeça? Quais eram as características comuns entre elas? Eram pessoas que conquistaram legiões de fãs e seguidores, pessoas com forte presença e capacidade de comunicação verbal e não verbal, pessoas com autocontrole sempre que expostas ao grande público, pessoas contagiantes. Esse conjunto de características faz parte do que chamamos de *soft skills*.

As *soft skills*, também conhecidas como habilidades humanas, com forte conteúdo relacional e expressivo, são aquelas habilidades que, independentemente da idade, do gênero e da profissão, todos nós temos que ter no convívio social, tais como criatividade, flexibilidade, empatia, autocontrole e, claro, capacidade de comunicação. São habilidades úteis não apenas na vida profissional, mas na pessoal também; habilidades que desenvolvemos ao longo de nossas vidas, desde o nascimento.

Apesar de o termo "soft" passar uma impressão mais subjetiva e bem menos tangível do que "hard", as *soft skills* não são tão simples como o nome, contraditoriamente, sugere. As habilidades *hard* ou habilidades técnicas são muito mais fáceis de aferir e ensinar. Por exemplo: imagine alguém que não sabe utilizar um software. Isso é facilmente identificável e, depois de algumas aulas e treinamento, o domínio daquela habilidade se desenvolverá e poderá ser testado por meio de uma prova, por exemplo. Por outro lado, identificar falhas de comunicação dentro de uma empresa ou equipe é muito mais difícil. Além disso, os resultados dessa falha podem ser muito mais destrutivos do que aqueles causados pelo colaborador que não saiba utilizar um software.

É por isso que as *soft skills* vêm sendo cada vez mais valorizadas. Até mesmo empresas como a Google, cujo foco é nas *hard skills* relacionadas à TI, têm percebido que habilidades como comunicação, criatividade e empatia são o grande diferencial dos seus melhores funcionários (Strauss, 2017).

O exercício das *soft skills* pode ser melhor compreendido se distribuirmos essas muitas habilidades em três grandes grupos ou esferas: o *self*, o grupo e o desconhecido ou imprevisto. Essas esferas se referem a dimensões da atividade humana nas quais as *soft skills* manifestam seu potencial e sua relevância de formas específicas.

A esfera do *self* refere-se a nossa relação conosco mesmos e, portanto, é uma dimensão que remete aos aspectos de nosso vasto mundo interior. É na esfera do *self* que se encontram habilidades intrapessoais necessárias a qualquer indivíduo, tais como como consciência corporal, autocontrole e confiança. Sem o domínio desses elementos, o processo de comunicação já começa sob ameaça ou até mesmo falho na origem. Sua importância é tamanha que afeta a própria geração do conteúdo que ser quer transmitir. Se não sabemos ao certo o que queremos comunicar, a comunicação pode até mesmo se tornar impossível e tudo o que daremos a conhecer aos outros é nossa própria indecisão, nosso vacilo ou insegurança.

A esfera do grupo abrange habilidades interpessoais básicas como a empatia e a capacidade de expressão verbal e não verbal, tudo claramente apoiado nas habilidades da esfera do *self*. A discussão feita acima sobre compartilhar os mesmos códigos se encaixa aqui. Grupos diferentes se comunicam de formas diferentes e, portanto, é preciso estar atento para a eficácia da comunicação nessa dimensão. Mesmo conteúdos bem concebidos podem ser corrompidos pelo uso inadequado dos códigos ou serem prejudicados por ruídos devidos à falta de conhecimento e domínio dos elementos ambientais interpessoais.

Por fim, a esfera do imprevisto contempla habilidades mais complexas necessárias para situações incertas e desconhecidas, tais como poder de persuasão, criatividade, flexibilidade e capacidade de improviso. Uma pergunta não prevista durante uma entrevista, a troca repentina de um interlocutor ou a mudança do local de uma reunião podem afetar os processos de comunicação, exigindo capacidade de resposta eficaz a elementos novos. E é esse conjunto de habilidades que, se bem trabalhado, não só nos ajuda a nos comunicar de forma eficiente, mas também a transmitir mais credibilidade e confiança, contagiando com maior facilidade aqueles ao nosso redor. Vale lembrar que a comunicação através do seu corpo acontece quer você queira, quer não. Daí a importância de trabalhar para que nossa postura, gestos e expressões estejam sempre alinhados com a mensagem que queremos passar, mesmo diante do imprevisto. Mais ainda: reagir prontamente diante de situações inesperadas contribui para impressionar positivamente os receptores, transmitindo toda uma série de elementos favoráveis à própria comunicação.

Dá para notar que a esfera do imprevisto por vezes testa e estressa as habilidades intra e interpessoais que temos. De um lado, essa é uma esfera que exige competências próprias. Mas, por outro, também exige níveis mais elevados e complexos das competências relacionadas às outras duas. Manter o autocontrole quando algo dá errado ou praticar a empatia frente a um receptor que não se esperava encontrar são bons exemplos dessa ampliação de alcance de habilidades relacionadas originalmente às esferas do *self* e do grupo.

Como você pode notar, ao longo do capítulo abordamos várias das *soft skills* que se concentram na esfera do grupo. Mas, para que elas se desenvolvam na prática, é fundamental que a esfera do *self* já esteja bem estruturada. Sem as habilidades do *self* desenvolvidas, as do grupo e as do imprevisto não funcionarão no seu potencial total, porque elas estão diretamente ligadas às habilidades do *self*.

As três esferas de exercício das *soft skills* no processo de comunicação

Uma pessoa pode ser um grande orador: falar de forma clara e fluente, saber dosar o humor e o conteúdo, fazer pausas dramáticas, utilizar a linguagem corporal e ter domínio do espaço. Certamente possui diversas das habilidades *soft* relevantes para se comunicar na esfera do ***self***.

Mas, será que ele ou ela conhece a cultura e os valores de seu público? Afinal, se estiver falando para um conjunto de pessoas muito conservadoras do interior de um país qualquer será melhor manter uma expressão séria no rosto e não tocar em assuntos polêmicos e não relacionados ao tema de seu discurso. Em outros lugares, seria interessante pronunciar algumas palavras de saudação no idioma local ou cumprimentar a pessoa mais velha dentre os anfitriões. Essas seriam *soft skills* relacionada à esfera do **grupo**.

Mas, e se algum dos presentes interpretar mal algumas de suas frases e se sentir ofendido? E se a tradução simultânea falhar, dando a entender que ele tem uma postura considerada imoral naquele meio ou cultura?

Manter o "sangue frio" será fundamental para superar o constrangimento. O mesmo acontece diante das velhas gafes. Aprender a esperar o inesperado é, sem dúvida, uma típica *soft skill*, fundamental em momentos críticos dos processos de comunicação. Essa é a essência da esfera do **imprevisto.**

Por mais dramático ou politicamente incorreto que pareça, imagine que você pagou caro para assistir a uma palestra proferida por um "bam-bam-bam" de uma área qualquer, o ex-CEO de uma grande empresa ou um ganhador do Nobel. Agora, imagine que ao subir ao palco e se colocar diante do microfone, ele comece a falar de maneira tímida e vacilante, que se perca na exposição e comentário dos slides, gagueje e acabe pedindo desculpas por estar cansado da viagem. Imagine que a fala dele ou dela se estenda por mais de duas horas e, em algum momento, você se pergunte: "Do que é mesmo que ele ou ela está falando?" Será que você se sentiria satisfeito nessa situação apenas pelo fato de que mais ou menos metade do que conseguiu entender da palestra tinha um conteúdo super relevante e inovador? Dificilmente. Um grande executivo ou um ganhador do Nobel geram a expectativa de um verdadeiro show, não apenas uma palestra morna. A falta de habilidades ligadas à esfera do *self* terá comprometido seriamente sua percepção de valor daquele evento.

Nesse sentido, diversos estudos de Neurociência comprovam que a maior parte das informações que nosso cérebro retém por meio da memorização e aprendizado são recebidas visualmente (Bigelow e outros, 2014). Ou seja, quando estamos conversando com alguém ou ouvindo uma pessoa falar, grande parte do que absorvemos da mensagem é passado através da visão e não simplesmente do conteúdo da mensagem falada. E o que vemos nessa pessoa que está se comunicando é a aparência e a expressão corporal – expressões faciais, olhar, postura, gestos, movimentos, ritmo. Ainda mais do que isso, boa parte da informação que absorvemos através da audição decorre da expressão vocal – entonação, ritmo, volume – e não do conteúdo em si. E, como você já deve ter percebido, as expressões corporal e vocal se relacionam diretamente com elementos da esfera do *self*, ou seja, de nossa relação com nossas habilidades intrapessoais.

Por tudo isso, a esfera do *self* é a base ou fundamento das habilidades *soft*. Na arquitetura, você não consegue erguer um prédio alto se não tiver uma base bem sólida. No caso das *soft skills*, para desenvolver as esferas do grupo e do imprevisto, é fundamental a solidificação da esfera do *self*.

A hierarquia das esferas de aplicação das soft skills: o self é o alicerce

Assim, uma pessoa que não saiba se expressar vocal e corporalmente dificilmente vai conseguir se relacionar bem com os diversos tipos de grupo ou lidar com situações imprevistas – que também envolvem outras pessoas, mas também elementos situacionais e ambientais – de forma eficiente.

Por isso, cuidado! Nosso cérebro está o tempo todo procurando por ameaças ou fragilidades que possam afetar nossa segurança e bem-estar. Essa busca acontece principalmente de forma inconsciente e, muitas vezes, ela resulta no que é conhecido como viés inconsciente, que é um erro de julgamento do cérebro, mas que não chega ao nível da consciência.

Quando isso ocorre, podemos nos sentir incomodados e pouco à vontade com determinados ambientes, pessoas ou situações sem saber o porquê, como se estivéssemos diante de uma ameaça que, na verdade, não existe de fato. Por isso esse viés é tão crítico: ele afeta nosso comportamento sem que possamos notar. Quando nos comunicamos, estamos sendo submetidos a esse julgamento inconsciente do cérebro por parte de nossos receptores e, quanto melhores forem nossa presença e nossa forma de expressão, menores serão as chances de nossa mensagem ser rejeitada pelo viés inconsciente daqueles que nos ouvem e assistem.

No processo de comunicação é preciso estar atendo para o viés inconsciente dos receptores de nossas mensagens. Transmitir convicção e se expressar de forma assertiva são elementos importantes para evitar que o inconsciente dos receptores faça um julgamento viesado da mensagem e a rejeite de forma instintiva e irracional.

Dessa forma, mais uma vez fica evidente a importância das *soft skills*, principalmente daquelas na esfera do *self*, que são a base de sustentação das outras esferas. O desenvolvimento dessa esfera é a melhor ferramenta para tentar contornar vieses inconscientes das pessoas com as quais nos relacionamos.

Uma pessoa baixinha, por exemplo, pode passar por um julgamento inconsciente negativo e, por isso, ter mais dificuldade de ser ouvida numa negociação. Isso acontece por conta das chamadas heurísticas, isto é, atalhos mentais que fazem um pré-julgamento ou pré-avaliação com base em experiências passadas que, em muitos casos, não deveriam ser aplicadas à situação corrente. Para contornar isso, aquela pessoa deve trabalhar e desenvolver habilidades do *self* tais como voz, postura e autoconfiança. Uma voz forte e uma postura aberta somadas à autoconfiança podem ajudar a reverter esse viés inconsciente.

O mesmo vale para mulheres que trabalham em empresas dominadas por homens com valores sexistas, por exemplo. Habilidades expressivas são importantes para quebrar a barreira dos pré-julgamentos inconscientes, as heurísticas cognitivas. Com isso, aquela pessoa baixinha talvez conseguisse uma chance de ser ouvida por dar a entender que "não é uma baixinha como as outras", por mais cruel que isso possa parecer.

Por último, mas não menos importante, o desenvolvimento das *soft skills* típicas da esfera do *self* têm um forte impacto no cérebro. O processo é conhecido como *biofeedback* e ocorre da direção oposta do que costumamos imaginar.

Heurísticas: atalhos mentais para tomada de decisão e julgamento

A palavra heurística significa "eu encontro" em grego antigo e tem a mesma raiz do famoso "heureca" (Achei! Encontrei!) atribuída a Arquimedes (287-212 A.C.), representado ao lado. Tipicamente, as heurísticas são processos cognitivos adotados em decisões não-racionais e, por vezes, inconscientes. São estratégicas rápidas de tomada de decisão, atalhos mentais que promovem a pré-classificação, o pré-julgamento ou a pré-avaliação de algo baseado em referências passadas (ver Gigerenzer, 2011 e Kahnemann, 2013).

Em seu aspecto positivo, a heurística nos ajuda a resolver problemas mesmo que não tenhamos todas as informações necessárias para fazer uma escolha ótima. Problemas novos são considerados variações de situações já experimentadas e, por isso, a solução costuma recair sobre aquela usada antes com sucesso. Se o resultado não é o desejado, pode-se promover adaptações sucessivas até se encontrar, eventualmente, a resposta adequada para o novo problema.

Mas, seja como for, a abordagem heurística evita o imobilismo diante de algo novo e leva ao enfrentamento do problema. No estudo do sistema nervoso, por exemplo, já se acreditou que os nervos transportassem alguma espécie de fluído, como o sistema circulatório. Só depois de muitas pesquisas se concluiu que o sistema nervoso funciona por meio de impulsos eletroquímicos.

Já no processo de comunicação, a heurística pode ser um grande desafio. Tanto o emissor quanto o receptor da mensagem podem estar sujeitos a uma atitude do tipo "já sei o que ele vai/quer dizer". Romper esse pré-julgamento do conteúdo da mensagem que às vezes acontece antes mesmo do processo de comunicação começar é um desafio e as *soft skills* são muito relevantes nesse contexto.

Em geral, quando falamos de Neurociência, tratamos de processos que ocorrem inicialmente no cérebro e, posteriormente, impactam nosso corpo, resultando em mudanças de comportamento, julgamentos ou ações. Porém, essa via cérebro→corpo é de mão dupla. Isto é, o que acontece no corpo também gera mensagens endereçadas ao cérebro. E, sim, essa mensagem tem o poder de afetar nosso cérebro, alterando diversos processos neuronais.

A psicóloga social Amy Cuddy estudou como a mudança de postura física impacta o cérebro e fez descobertas incríveis.[27] Ela percebeu que posturas de poder com ombros eretos, cabeça erguida, mãos na cintura – a famosa pose Mulher Maravilha da figura abaixo – alteram nosso sentimento de entusiasmo e de empoderamento (Cuddy, 2016). Estudos posteriores minimizaram a importância da descoberta de Cuddy em termos de geração de alterações bioquímicas (ver Carney e outros, 2017). Mas a sensação de empoderamento parece realmente estar vinculada à postura corporal.

A respiração também funciona de forma parecida. Segundo estudos recentes a forma como respiramos impacta diretamente nossa cognição (Zelano e outros, 2016). Frente a situações de ameaça, uma das primeiras mudanças em nosso corpo se refere ao ritmo e à intensidade da

---

[27] O trabalho de Cuddy sofreu diversas críticas e, portanto, deve ser tratado com cuidado. As evidências empíricas são por vezes dúbias. Mas, ainda sim, muito do que foi proposto por ela serviu de inspiração para outros estudos, citados em seguida.

respiração. Isso prepara o organismo para entrar em estado de luta ou fuga, aumentando os níveis de tensão.

A postura corporal de poder da Mulher Maravilha.

Porém, nosso estilo de vida agitado e as situações desafiadoras do dia a dia acabam nos levando a entrar nesse estado sem notar. Numa reunião ou apresentação em público, os altos níveis de estresse podem nos deixar menos criativos e atrapalhar nossa cognição e memória, o famoso "branco" na hora em que nos fazem uma pergunta. Mas, em sentido inverso, a respiração pode ser a chave para restaurarmos o estado de tranquilidade do corpo, afetando também os processos mentais. Por isso, respirar lenta e profundamente pode nos acalmar física e psicologicamente. É como se esse padrão respiratório informasse o cérebro de que o corpo está relaxado e, portanto, não deve haver uma ameaça tão grande ao redor.

Podemos tirar duas conclusões importantes das informações discutidas acima: A primeira é que uma pessoa confiante tende a se manter nessa condição; a segunda é que você pode mandar mensagens para o seu cérebro para alterar seu estado de confiança por meio das posturas somáticas que adota.

Mesmo em situações em que a nossa tendência é ficar inseguros e fechar nossa postura física, dobrando a coluna e curvando os ombros, podemos nos forçar a adotar posturas mais abertas e, consequentemente, nosso cérebro receberá essa mensagem, alterando seu próprio estado. Como em uma espiral para cima, os níveis de autoconfiança tendem a ser associados, consciente e inconscientemente, a essas posturas corporais, reforçando o mecanismo em um autêntico *biofeedback*.

Até agora já discutimos a esfera do grupo e do *self*. Mas, você deve estar se perguntando sobre a do imprevisto, na qual outras características se destacam. Todos os animais devem estar preparados para lidar com o imprevisto. Afinal, nunca se sabe o que pode acontecer quando estamos no meio de um ambiente selvagem – seja uma floresta escura ou uma empresa com pessoas de comportamento tóxico. Mas nós, seres humanos, nos destacamos na habilidade do improviso e na criatividade. Diversas pesquisas em

Neurociência estudam o chamado "cérebro criativo" buscando compreender, dentre outros temas, o que acontece no exato momento do *insight*, aquela ideia ou percepção súbita e criativa que nos ilumina de repente e parece ter vindo do nada. E, para lidarmos com situações imprevistas e solucionar problemas, a criatividade é a peça-chave.

O *insight* acontece quando, de repente, a gente reinterpreta estímulos e informações já conhecidos de uma forma nova e nada óbvia. Essa reinterpretação pode acontecer quando mudamos a nossa forma de entender determinada situação ou quando conectamos ideias distintas e que pareciam não ter conexão. Por exemplo: um *insight* de um cozinheiro pode ser a ideia de unir um tempero exótico utilizado em peixes com uma carne bovina cozida. Observe que esse momento "heureca!" só aconteceu porque o cozinheiro rompeu com seus pré-julgamentos, sua velha heurística, alterando seu próprio *mindset*. O conhecimento estabelecido dizia que aquilo não fazia sentido, mas ele se perguntou "e se...?"

Alguns neurocientistas dividem os *insights* em dois tipos: o primeiro resulta da busca metódica e consciente da solução para um problema e, portanto, trata-se de uma descoberta trabalhosa que resulta de um trabalho metódico; o outro consiste no *insight* abrupto e inesperado, que traz em um instante para a consciência uma ideia original que parece brotar subitamente de algum lugar escondido da mente

(Kounios e Beeman, 2014). É possível usar os conhecimentos de Neurociência aplicada para nos ajudar nos dois casos.

Antes de mais nada, pensar na solução de um problema demanda energia e espaço cognitivo. Ou seja, precisamos estar bem alimentados e liberar espaço mental para conseguir solucionar problemas de forma eficiente. Isto significa que, se ficarmos pensando em várias coisas ao mesmo tempo, nosso espaço mental estará ocupado por todas essas informações e teremos mais dificuldade em descobrir soluções. Pense numa operação matemática simples: 180:12. Agora tente calcular isso mentalmente. Quanto tempo você demorou? Agora faça a mesma conta rabiscando os números num papel. Foi bem mais rápido, não? Ao passar os números para o papel você liberou espaço mental, focando sua energia numa única tarefa: solucionar o problema. Por isso, as famosas "salas de guerra" são tão utilizadas. Elas são ambientes que contém todas as informações relevantes de um projeto, exteriorizando esses elementos e abrindo espaço mental para a busca da solução. Mas não é só isso. Essas informações aparecem de forma simples e visual, com post-its na parede, desenhos na lousa ou peças sobre um tabuleiro ou mapa. Assim, basta bater o olho para captar ideias, conectando elementos que pareciam dispersos antes, perdidos no turbilhão mental entulhado de informações. O nome destas salas, é claro, vem das clássicas cenas de planejamento estratégico de guerra, nas quais os líderes militares simulam as ações do inimigo com peças em miniatura sobre um mapa.

Técnicas desse tipo nos ajudar a aprender a esperar o inesperado. Napoleão, um dos líderes citados no capítulo de Neuroliderança, adorava jogos de guerra. Ele recriava batalhas históricas e escrevia comentários sobre os erros e acertos de seus ídolos como Julio César e Alexandre, o Grande. Com isso, ao que parece, Napoleão treinava seu cérebro para resolver problemas em pleno campo de batalha, um ambiente hostil onde o inesperado pode definir quem vence e quem perde. De certa forma, utilizando jogos de guerra, Napoleão treinava seu cérebro de forma metódica para esperar o inesperado.

Mas, e o segundo tipo de *insight*, aquele que acontece de repente, como podemos estimulá-lo? A resposta é simples: dormindo! A conexão de ideias remotas acontece durante o sono REM quando o hipocampo fica mais ativo (Lewis e outros, 2018). Por isso, entre outras coisas, noites bem dormidas são muito importantes para uma boa performance na esfera do inesperado.

Mas você deve estar se perguntando: numa reunião, por exemplo, eu não tenho tempo de anotar tudo num papel para liberar espaço cognitivo e nem de dormir para conectar ideias e ter um *insight*. Como agir então? Nesses momentos, a estratégia é manter a mente limpa e focar a atenção no momento presente. Isso contribui com algo de grande importância para a criatividade e o improviso: a prontidão cognitiva. Essa é uma condição que nos permite acessar de forma mais rápida eficaz o arsenal de conhecimentos e habilidades que já temos, evitando o "deu branco", seu exato oposto.

Deixar a cabeça vazia é um grande desafio, mas é isso que nos permite improvisar no momento em que imprevistos ocorrerem. Sempre lembrando do papel fundamental que nossa respiração e postura têm para nossa cognição e criatividade!

Mais rigorosamente, o foco no presente permite que nosso neocórtex pré-frontal esteja ocupado com um volume pequeno de material cognitivo. Mas isso não via impedir o *insight*. Isso porque nossa atenção é parte dos processos cerebrais conscientes. Enquanto isso, áreas menos conscientes do cérebro estarão, sim, ativas, prontas para retirar conteúdos de nosso arsenal de conhecimentos e habilidades e lançá-las no consciente para uso prontamente. E quando aquelas tiverem uma resposta, se o pré-frontal

A "prontidão cognitiva" como uma competência muito relevante em um mundo corporativo VUCA, pois volatilidade, incerteza, complexidade e ambiguidade são grandes geradores de elementos na esfera do imprevisto.
E estar presente no aqui e agora e acessar de forma eficaz nosso arsenal de conhecimento torna-se uma habilidade valiosa nesse contexto.

estiver relativamente livre e não sobrecarregado, essa resposta vai "emergir" em um autêntico "momento heureca!"

Finalmente, agora podemos responder àquela primeira pergunta do capítulo. O que torna algumas pessoas contagiantes?

Antes de mais nada, elas têm que apresentar algumas *soft skills* bem desenvolvidas, principalmente aquelas típicas da esfera do *self,* que é a base que sustenta a comunicação interpessoal. Mas também é preciso entender em que condições ocorre cada processo específico de comunicação, quem é o receptor, qual é a mensagem que você quer passar e por qual meio – além de si mesmo. E não basta apenas disparar uma mensagem; é preciso estar certo de que o receptor deverá processá-la corretamente. E o que é fundamental para que isso ocorra? Conseguir a empatia e a atenção desse receptor! Por isso o *storytelling* é tão importante; é a tensão da sua história que vai fazer com que seu receptor preste atenção nela e seja "transportado" para aquele contexto. Por último, na hora H, temos que manter nossa mente focada no momento presente, com pouco conteúdo cognitivo sendo processado, para estarmos preparados para responder com criatividade e improvisar quando imprevistos acontecerem.

Nada fácil, não é? Mas quem disse que a comunicação é fácil? Ela é uma habilidade altamente humana. E, como tudo que é altamente humana, também é altamente complexa.

7.Neuroliderança

Quando o líder de verdade dá o seu trabalho por terminado, as pessoas dizem que tudo aconteceu naturalmente.

Lao Tsé

A dor física e a dor moral

Nosso estudo das diferentes regiões do cérebro e sua evolução nos permitiu localizar os centros de diferentes sentimentos, processos e mecanismos cerebrais. Estamos certos de que, a essa altura, você, leitor, está mais atento a que parte do seu encéfalo tem usado em diferentes situações do cotidiano.

O objetivo da Neuroliderança é utilizar as lições da Neurociência a fim de influenciar grupos humanos em favor de um objetivo comum. Em outros termos, a Neuroliderança estuda o uso da metacognção de forma ampla, tanto pelo líder em relação a si mesmo quanto em relação a seu grupo de trabalho.

Também vimos como essas regiões evoluíram, estabelecendo relações complexas nas quais elementos cognitivos, afetivos e instintivos se misturam, complementam e interagem em diversos sentidos. Ao mesmo tempo, vimos que a prática da metacognição é fundamental para que possamos pelo menos tentar nos manter no comando de nós mesmos, evitando alguns estímulos que causam conflitos comportamentais e nos fazem tomar atitudes que podem jogar contra nossos interesses mais relevantes.

Mas a metacognição é ainda mais importante no campo da Liderança. Influenciar o comportamento de grupos humanos em favor de um objetivo comum, utilizando os conhecimentos oferecidos pela Neurociência: esse é o objetivo da Neuroliderança.

A primeira questão que essa disciplina visa responder é: por que é tão difícil motivar a ação conjunta e coordenada de grupos humanos visando fins comuns, ainda que o objetivo estratégico esteja bem definido, ainda que haja recompensas em caso de atingimento da meta e ainda que o fracasso possa resultar em prejuízos para todos os evolvidos no grupo?

Ao mesmo tempo, que processos neuronais estão por trás dos casos de líderes de sucesso, sejam grandes generais da Antiguidade ou empresários do século XXI?

Um dos maiores experts em Neuroliderança, David Rock (2020) sugere que esse tema deve ser discutido no que ele chama de Neurociência Social (*Social Neuroscience*). Segundo o autor, boa parte de nosso comportamento social, que sofre forte influência dos processos que se passam no límbico, visa um objetivo muito simples: minimizar as ameaças e maximizar as chances de recompensa. Mas, ainda segundo o mesmo autor, esse comportamento social é semelhante, do ponto de vista neuronal, à busca por necessidades básicas de sobrevivência, processo claramente associado às áreas menos cognitivas do encéfalo, com destaque para ínsula e corpo estriado (ver Tricomi e Sullivan-Toole, 2015).

Um exemplo amplamente citado pelo autor se refere ao que ele denomina de "dor moral" versus a dor física. As áreas do cérebro que se mostram ativas quando recebemos um golpe no estômago, por exemplo, são as mesmas que reagem a um mau desempenho no trabalho que resulte em uma bronca do chefe.

Isso mostra que as relações sociais modernas, muito embora sejam altamente complexas em termos evolucionários, também sofrem a influência de processos mais antigos e mais primitivos, muito presentes em nosso cérebro triuno. Afeto e cognição trabalham muito juntos nas situações de convívio social, o que inclui o ambiente corporativo. E separar a dor física da dor moral é algo quase impossível.

O modelo SCARF e a metacognição do líder

Uma das maiores contribuições de David Rock para o desenvolvimento da Neuroliderança é o modelo SCARF. O nome – um acrônimo – deriva das iniciais das palavras inglesas *status, certainty, autonomy, relatedness* e *fairness* (Rock, 2020). Partindo do binômio típico das áreas mais primitivas do encéfalo, ameaça e recompensa, o modelo desenvolve essas cinco dimensões do convívio social que estão continuamente em evidência, seja no ambiente de trabalho, familiar, escolar ou mesmo em eventos sociais.

O autor defende a tese de que nossa ação social e, portanto, nossa contribuição para o atingimento de um objetivo comum no âmbito da Neuroliderança, é influenciado por combinações das cinco dimensões do modelo. Em cada uma delas, queremos minimizar ameaças e maximizar recompensas. Mas, o que significa cada uma delas? Vamos ver isso com mais detalhes antes de avançar.

- ***Status*** é algo que se refere à nossa importância relativa no grupo, a como nos sentimos e nos vemos em termos relativos quando nos comparamos aos que estão ao nosso redor.
- ***Certainty*** (certeza ou ausência de incerteza) diz respeito ao nosso sentimento em relação ao futuro, à nossa capacidade de saber (ou acreditar que sabemos) como as coisas vão evoluir a nosso redor e nos afetar, seja em nossa carreira, no desempenho de nossa empresa ou em qualquer aspecto do convívio social.
- ***Autonomy*** (autonomia) é uma sensação de poder, de capacidade de decidirmos nosso próprio destino e/ou contribuirmos com o destino do grupo, de não estarmos sendo simplesmente levados pela corrente ou coagidos pelo poder de outros.
- ***Relatedness*** (companheirismo) é um sentimento de segurança no grupo, de estar entre amigos, não entre rivais, a tranquilidade de estar entre pessoas nas quais podemos confiar, o velho bando.
- Por fim, ***fairness*** é uma percepção de que estamos sendo tratados de forma justa, não necessariamente igualitária, mas segundo regras claras e que são plenamente aceitas por nós. Enquanto o companheirismo (*relatedness*) se

refere à confiança nos membros do grupo, a *fairness* se refere à confiança nas regras do jogo no convívio social.

Note que essas dimensões parecem amplamente associadas ao sistema límbico e ao âmbito social da nossa existência, seja no trabalho, na família ou em qualquer outro ambiente de convivência interpessoal. Mas Rock defende a ideia de que as cinco dimensões SCARF estimulam impulsos básicos e ainda mais primitivos associados à percepção de situações de ameaça ou recompensa. Tudo muito relacionado com os circuitos dopaminérgicos (ver Box na página 107).

Assim, uma ameaça a nosso *status* na empresa ativa mecanismos muito semelhantes aos que operam em nosso cérebro durante um assalto, evento que representa uma ameaça potencial a nossa vida. Em outras palavras, vamos procurar defender nosso território, ameaçado por alguém que quer nossa posição para si ou para dá-la a outros.

Todo líder alfa presta atenção e busca compreender os processos de percepção de seus liderados. Não existe liderança autêntica sem metacognição.

O autor vai além, e também associa as dimensões de seu modelo a processos cortexianos – o que também é compatível com os circuitos dopaminérgicos. Uma percepção de que o ambiente de trabalho se tornou mais justo (*fair*) atua no cérebro de forma semelhante ao ganho de uma recompensa monetária. Isso apesar de a percepção de regras honestas no ambiente de trabalho estimular, em princípio, um aumento no sentimento de confiança na instituição e naqueles que fazem valer as regras do jogo, processos tipicamente límbicos.

Conhecer, analisar e gerir as percepções das cinco dimensões SCARF na convivência social e no trabalho em equipe é um atributo essencial da liderança instruída pela Neurociência, um exercício amplo de metacognição que, como veremos adiante, abre espaço para liderança alfa. Sem essa compreensão da compreensão, muito da dinâmica corporativa, tanto nos casos de sucesso quanto nos de fracasso em termos de liderança, ocorre de forma incompreensível, isto é, não cognitiva. Todo líder alfa presta atenção e busca compreender os processos de percepção de seus liderados. Não existe liderança autêntica sem metacognição.

Portanto, o sucesso ou o fracasso dos líderes, segundo o modelo SCARF, depende de sua capacidade de reconhecer fatores que desencadeiam reações regressivas (fuga da ameaça) ou progressivas (busca da recompensa) em cada uma das cinco dimensões. Em outros termos, trata-se de combinar esses elementos da maneira mais favorável à busca conjunta do objetivo comum sem ignorar a força que os processos de luta ou fuga – associados ao tronco cerebral principalmente – e de busca de recompensa – circuitos dopaminérgicos – têm em termos de gerar atenção, motivação e engajamento.

Pode-se dizer que uma liderança de sucesso exige um *design* motivacional adequado em temos dos fatores neurossociais da interação entre os membros da equipe, incluindo o próprio líder.

Isso pode parecer complexo à primeira vista. Então, vamos usar alguns exemplos para ilustrar melhor a ideia de *design* motivacional compatível com o modelo SCARF.

Um dos elementos amplamente destacados por David Rock (2020) se refere às ameaças ao *status* dos membros de um grupo. Imagine um indivíduo que não esteja se saindo bem em um grupo, seja uma equipe de trabalho, grupo social ou um time de futebol, não importa. Seu comportamento não contribui para o objetivo comum e ele simplesmente se mostra insensível aos estímulos do líder. No limite, sua negligência pode comprometer o sucesso da estratégia.

No âmbito corporativo, uma ferramenta padrão para sinalizar que a empresa não está satisfeita são as avaliações de desempenho com os respectivos *feed backs*. Muitas vezes, essas ferramentas são usadas como estímulo porque delas depende o crescimento de cada colaborador na carreira ou a participação no bônus de final de ano.

Mas a experiência mostra que avaliações de desempenho não costumam ser muito efetivas em termos de mudança de comportamento e podem, inclusive, gerar o efeito contrário. Mas, por que as pessoas resistem a mudar sua postura e não respondem aos estímulos racionais da promoção ou do bônus?

Isso acontece pelo simples fato de que um *feed back* muito ruim por parte do chefe é interpretado como uma ameaça de *status*. Se os colegas forem promovidos ou ganharem um bônus maior, a condição relativa desse colaborador (seu *status*) será reduzida.

Ameaças assim reduzem a capacidade cognitiva, inibindo a ação mais racional típica do neocórtex. O empregado mal avaliado tende a sentir seu espaço ameaçado e irá defendê-lo. Ele vai adotar uma postura regressiva, fincando pé em seus comportamentos e perdendo a identificação com o líder que o avaliou. Focado em sua sobrevivência, na defesa de sua posição na organização, um colaborador mal avaliado tende a agir de forma instintiva e não racional,

> *Design motivacional é a combinação das cinco dimensões **SCARF** observada em cada organização. Cabe ao líder combinar essas dimensões de forma a evitar posturas regressivas que possam ameaçar a busca dos objetivos do grupo. Deve-se buscar reduzir as ameaças e elevar o sentimento de recompensa, estimulando posturas progressivas.*

inclusive do ponto de vista da adesão ao esforço coletivo em busca de um objetivo corporativo comum. Tudo isso reduz seu engajamento com a estratégia. A busca de sobrevivência nesse caso é não cognitiva, isto é, ele mesmo não saberia responder ao certo porque age dessa forma. Afinal, ao adotar a postura regressiva, esse indivíduo pode estar, inclusive, piorando sua situação na organização e caindo no conceito do chefe que o avaliou. É por isso que algumas pessoas mal avaliadas entram numa espécie de espiral negativa e se sentem cada vez piores no trabalho, até serem demitidas ou pedirem demissão.

Mas, então, qual a alternativa? Como trazer de volta um colaborador que não está contribuindo para o objetivo comum e para o crescimento do grupo?

Um *design* mais interessante é elevar o sentimento de autonomia desse indivíduo por meio, por exemplo, da prática da autoavaliação lado a lado com a avaliação tradicional, feita por um superior.

Um maior nível de autonomia pode compensar o sentimento de ameaça a seu *status*. Também é importante verificar se ele está sendo isolado pelo grupo. Nesse caso, fazê-lo se aproximar de outros membros da equipe pode elevar seu sentimento de *relatedness* (companheirismo). O ombro amigo dos colegas é sempre uma compensação para o mau desempenho em uma avaliação.

Observe que o conceito de um *design* motivacional adequado e funcional para o exercício da liderança se relaciona, portanto, a combinações dos elementos SCARF que reduzam as posturas regressivas por parte de membros de uma equipe que precisem ser "resgatados". Com certeza o conceito deve estar ficando mais claro a essa altura.

Outro bom exemplo se refere à incerteza. Chefes temperamentais, sujeitos a grandes mudanças de humor e de atitude, geram forte desgaste em seus colaboradores. Isso porque as áreas mais cognitivas do cérebro estão continuamente tentando prever o futuro próximo. E, é claro, isso é mais fácil em um ambiente estável e onde as pessoas, sobretudo os líderes, têm comportamentos razoavelmente previsíveis.

Quando nos levantamos para procurar o controle remoto da televisão que deveria estar sobre a mesa de centro, esse simples gesto dispara uma série de tentativas de adivinhar onde nossos filhos ou a faxineira podem ter colocado o aparelhinho. Ao mesmo tempo, quando alguém nos telefona inesperadamente, antes mesmo que a pessoa comece a falar, já criamos um conjunto de cenários possíveis, histórias alternativas para as razões daquela ligação fora de hora.

Essas são atividades próprias do córtex pré-frontal que consomem energia, são penosas, cansativas. Ambientes corporativos incertos reduzem a performance dos colaboradores, cujas energias estão sendo dispersadas imaginando como estará o humor do chefe a cada manhã. Pior do que isso. Imagine que um chefe instável marcou uma reunião para o final da tarde. Isso deixa seus colaboradores sob ameaça de incerteza pelo dia todo, desgastando seu pré-frontal, consumindo energias e imaginando mil e uma cenas desagradáveis para aquela tarde.

O mesmo acontece com empresas que passam por contínuas mudanças, cortes, redesenhos organizacionais. Nesses casos, a incerteza se refere à nossa futura posição na empresa e, em muitos casos, até a nosso próprio emprego. É muito difícil motivar alguém que não sabe se continuará na mesma função ou naquela mesma empresa daqui a algumas semanas.

Um *design* motivacional adequado deve reduzir a ameaça causada pela incerteza. Mudanças são necessárias e devem ocorrer. Mas devem ser a exceção, não a regra. Ao mesmo tempo, processos de mudança devem ter data para acabar. Isso reduz o sentimento de ameaça pela incerteza, a angústia da mudança.

Ao mesmo tempo, o planejamento estratégico deve ser uma oportunidade de compartilhar uma visão comum sobre o futuro da empresa. Não pode ser apenas um exercício burocrático voltado a validar decisões superiores que já estão tomadas. Metas organizacionais bem definidas à frente também reduzem a incerteza.

"Onde nossa empresa pretende estar em um horizonte de cinco, dez e quinze anos?" Essa questão é de grande interesse para os líderes que fazem a gestão da estratégia. Mas, para estimular o engajamento com os objetivos comuns, também cabe deixar clara a resposta para a seguinte questão: "Onde cada um de nós quer estar nesses horizontes?" É claro que a segunda questão pressupõe continuidade, mostra futuros possíveis para a organização, mas também para os colaboradores. Isso aumenta seu sentimento de certeza e incentiva atitudes progressivas, isto é, de atração em relação aos objetivos comuns.

Adler, o complexo de inferioridade e o modelo SCARF

Alfred Adler (1870-1937) foi um dos pais da Psicologia moderna, tendo sido muito próximo a Freud com quem rompeu em 1911.

Uma das principais divergências entre os dois referia-se ao conceito de libido que, para Freud, é uma energia psíquica de caráter essencialmente sexual (busca do prazer).

Adler explorou o que foi chamado até mesmo por Freud de "instinto agressivo", ou seja, a busca pelo poder. Para Adler, essa é a grande motivação psíquica.

Adler foi o primeiro a utilizar o termo "complexo de inferioridade" (1907), de grande interesse no âmbito da Neuroliderança e do modelo SCARF. Para ele, trata-se de um sentimento que se desenvolve durante a infância na relação entre a criança e seus pais.

Trata-se de um sentimento de inadequação e insegurança, decorrente de uma deficiência física ou psicológica, real ou imaginada. Alguém que se deixe dominar por esse sentimento acabará agindo de forma agressiva, ativa ou passivamente, de forma consciente ou inconsciente, no sentido de reduzir a assimetria de poder que percebe.

No ambiente corporativo, se os elementos do modelo SCARF não são adequadamente observados, é possível que um colaborador se sinta de tal forma inferiorizado que acabará agindo contra seu próprio interesse desde que acredite que seu comportamento será capaz de reduzir a assimetria de poder percebida por ele.

Não se trata, portanto, de uma busca pelo maior nível possível de poder na empresa, mas da redução das assimetrias que acionaram o complexo de inferioridade no colaborador/liderado.

Um pouco de Psicologia básica pode fazer muito bem aos líderes!

Associado às perspectivas de crescimento na carreira, esse tipo de *design* motivacional gera uma importante interseção entre os aspectos *status* e *certainty* do modelo SCARF. Afinal, crescer na carreira junto com a empresa no contexto de seu planejamento estratégico faz com que cada funcionário assuma um status cada vez mais alto em relação a sua própria posição anterior. Isso ao longo de uma trilha definida no nível estratégico da organização e que ela busca de maneira efetiva, com o mínimo de incerteza.

O caso do elemento *autonomy* do modelo é interessante. O trabalho em equipe requer, necessariamente, a redução da autonomia. É sempre preciso fazer concessões e o resultado final terá um pouco da contribuição de cada membro e, portanto, talvez não tenha a "cara" de ninguém.

Um colaborador individualista, com baixo conteúdo límbico em sua personalidade, talvez resista ao trabalho coletivo por perceber nessa atividade uma ameaça a sua autonomia.

Uma forma de gerenciar isso é buscar um *design* no qual a participação em equipes de trabalho gere uma melhor percepção de *status*. Se essa compensação for suficiente, querendo ou não, esse "lobo solitário" que é o colaborador individualista pode acabar desenvolvendo um maior sentimento de pertencimento. Se isso acontecer, estaremos também elevando sua percepção de companheirismo (*relatedness*).

Mas esse sentimento de grupo, a identificação de um colega de trabalho como sendo ou não de nosso bando, não é algo tão simples. Nossos processos encefálicos mais primitivos estão o tempo todo em alerta e seu modo normal de funcionamento é classificar pessoas estranhas como inimigas. No caso da vida corporativa, isso pode significar um competidor, alguém que quer tomar meu espaço e ameaça minha posição (*status*). Assim, para formar um time de verdade é preciso desligar o modo "inimigo" nas estruturas do tronco encefálico. Mas, como se faz isso?

Você já notou, leitor, como pessoas que têm filhos da mesma idade sempre têm assunto? Idem para os fanáticos em determinados esportes. Aqui temos uma boa pista.

O ambiente de trabalho também é um ambiente de convívio. Sem tempo para partilhar aspectos variados de suas próprias vidas, os colaboradores de nenhuma empresa poderão desenvolver o sentimento de identificação de grupo. Mas, cuidado! Não se trata simplesmente de promover os famosos churrascos de confraternização ou o terrível amigo secreto de final de ano. Ocasiões assim constrangem muitas pessoas a comparecerem apenas para não parecerem antissociais. A ideia é abrir espaço para a convivência amena, as conversas de corredor. Por incrível que pareça, esse elemento de aparente ócio é fundamental para elevar o desempenho das equipes quando estas precisam ser formadas.

Por fim, o elemento *fairness* do modelo SCARF costuma ser o ponto fraco de muitas organizações. Muitos chefes têm seus preferidos, seus pupilos, e tendem a ser mais generosos e menos severos com eles.

Mas, muitas vezes, o que contamina o ambiente de trabalho é a sensação de tratamento injusto (*unfair*), mas do que algum fato concreto. Quando o bônus de final de ano é distribuído, se os valores não são divulgados publicamente, sempre surgem boatos de que fulano ou beltrano recebeu mais do que todo mundo. Pior ainda: fulano e beltrano podem até se divertir com esses boatos. Afinal, isso lhes dá uma sensação de maior *status* frente ao grupo. Por que eles desmentiriam? Por que iriam revelar, por exemplo, que seus bônus foram, na verdade, os menores?

A melhor forma de aumentar o sentimento de *fairness* é a transparência nas decisões. Critérios de promoção, bonificação e premiação devem ser claros e objetivos na medida do possível.

Em paralelo, sobretudo em grupos pequenos ou em salas de aula, é interessante permitir que a própria equipe defina algumas de suas regras. Essa é uma prática usada, por exemplo, pelo professor Rubens Mazzalli que leciona governança corporativa nos MBAs da Fundação Getulio Vargas. Os valores coletivos das turmas são definidos logo na primeira aula da disciplina que é ministrada no início do curso. Feito isso, todos assinam um compromisso que permanece afixado na sala de aula. Isso cria forte identificação de grupo. Em muitos casos, aqueles que se desviam desse verdadeiro pacto deixam de ser identificados com o "bando" e sofrem a pressão da turma para se adequarem. Afinal, foi explicitado desde o início o que era ou não considerado *fair* de comum acordo.

Como regra, as áreas mais primitivas do tronco encefálico trabalham no modo "inimigo". Para formar um time de verdade é preciso alterar esse modo, fortalecendo o sentimento de companheirismo (relatedness).

Dá para notar que esse tipo de prática toca em mais de uma dimensão do modelo SCARF, reunindo, pelo menos, aspectos de *fairness* e *relatedness* para justificar a perda de autonomia típica da convivência social. Trata-se de um exemplo excelente de *design* motivacional com vistas ao atingimento de um objetivo estratégico comum: realizar um bom curso de MBA em um ambiente progressivo.

A mensagem final do modelo SCARF no âmbito da Neuroliderança é clara: o modelo oferece um referencial simples e denso de cinco dimensões para o exercício da metacognição por parte dos líderes.

> *A metacoginção também é um exercício de autoconhecimento. Por isso o modelo SCARF também pode e deve ser auto-aplicado.*

Criar o conjunto de incentivos correto, isto é, o *design* motivacional adequado é o desafio de quem lidera. Em nossos ambientes de trabalho, estamos sempre nos sentindo ameaçados de alguma forma. *Status*, certeza, autonomia, companheirismo e justiça são elementos altamente valorizados por nosso cérebro triuno. São frentes de batalha de onde sempre pode surgir uma ameaça que iremos evitar ou um prêmio do qual vamos querer nos aproximar.

Como é impossível eliminar todos os elementos de ameaça, o lema do modelo SCARF é: buscar um *design* que minimize as ameaças e maximize as recompensas. Quando o líder faz isso, as tarefas parecem mais fáceis e tudo o que foi feito parece ter seguido o único caminho razoável. Mas, quem olhar para o trabalho feito, talvez não imagine como foi desafiador para o líder arrumar as coisas e combinar os elementos de que dispunha para motivar sua equipe e fazer com que o bando caminhasse junto na direção do objetivo estratégico.

Parafraseando Lao Tsé: "Quando o líder de verdade dá o seu trabalho por terminado, as pessoas dizem que tudo aconteceu naturalmente".

Ao mesmo tempo, o modelo também oferece uma série de dicas para a gestão das próprias emoções. A metacognição também é um exercício de autoconhecimento.

O modelo reforça a importância da convivência em grupo, de jogar limpo, de conceder autonomia aos subordinados e assim por diante. Afinal, a reação cerebral em uma pessoa que se sente excluída de um grupo é semelhante à dor física. Integrar-se em todo ambiente de convivência é algo de importância fundamental.

Retira a pressão sobre os centros encefálicos ligados a comportamentos de luta ou fuga (tronco), reconforta o sistema límbico, ajuda na produção de ocitocina e facilita a concentração cortexiana em eventos novos e problemas complexos.

Empatia e poder: a liderança alfa

Não resta dúvida de que o exercício do poder é uma das marcas da liderança. Mas, o que é o poder? Melhor ainda, o que é o poder do verdadeiro líder?

Em um de seus textos mais influentes, Os Três Tipos Puros de Dominação Legítima[28], o sociólogo alemão Max Weber (1864-1920) associa o poder à capacidade de obter obediência. Ampliando a ideia, o exercício do poder (ou dominação nos termos do autor), para ser continuado, perene, tem que contar com a aceitação (ou legitimação) por parte daqueles que obedecem. No texto que estamos analisando, Weber sugere que existem três tipos de dominação legítima, isto é, de exercício da autoridade legitimado (aceito) pelos que obedecem: a dominação racional, a dominação carismática e a dominação tradicional.

Antes mesmo de avançar na discussão desses elementos weberianos, já podemos notar certa semelhança com a discussão que fizemos sobre as diferentes áreas do cérebro e suas funções típicas. Razão, carisma e tradição têm grande paralelo com a ideia de um cérebro triuno.

Assim, o exercício racional do poder apela para nosso córtex, sobretudo o pré-frontal. Acatamos o poder do líder por conta das vantagens objetivas que isso nos proporciona.

---

[28] O texto é parte da obra Economia e Sociedade (Weber, 2004), publicado originalmente em 1910.

Na democracia, aceitamos o resultado das eleições, pois essa foi a regra estabelecida, definida segundo um processo cognitivo de escolha com regras claras.

Já a dominação carismática é aquela que é exercida, segundo Weber, pelo profeta, o que emociona as multidões. Um processo de legitimação muito semelhante ao líder do bando.

Por fim, a dominação tradicional é aquela que não questionamos por que, afinal, "sempre foi assim". Agimos como nossos pais agiam e eles faziam o que nossos avós faziam. Também existe um certo elemento límbico aqui.

Weber reconhece que esses tipos são apenas ideais, isto é, não existem na realidade em sua forma pura. As experiências reais que vivemos, seja em sociedade ou no convívio corporativo, acabam misturando elementos racionais, carismáticos e tradicionais.

Então, como transpor a análise clássica de Weber para o mundo do *Neurobusiness*? Que insights a análise weberiana nos dá?

A dominação racional é facilmente adaptável para o mundo do *Neurobusiness*. Ela é típica dos líderes cumpridores de regras. "Cumpra-se o regulamento" é seu lema. Mas, será que um líder estritamente racional consegue tirar o melhor de seus liderados, motivar suas equipes, favorecer o comprometimento e a criatividade? A resposta é um grande e redondo não!

Se o exercício da liderança se limita a exigir o cumprimento das regras, dos contratos e dos estatutos, não estamos diante de um líder de verdade, mas de um bedel, um simples inspetor de alunos cujo papel é apenas evitar bagunça no pátio durante o intervalo.

É claro que a racionalidade, o cumprimento das regras é algo necessário no mundo corporativo e em qualquer sociedade moderna. Mas a liderança é muito mais do que isso.

No outro extremo, podemos nos questionar se o medo é necessário para o exercício da liderança. Afinal, o exercício do poder não exige certo temor?

Podemos nos socorrer outra vez de Max Weber, na obra já citada. Não há como separar o poder do exercício de um certo grau de violência. Mas, nas sociedades modernas, somente o Estado pode exercer a violência legítima. Já nas organizações, pequenas violências como transferir um colaborador ou mesmo demitir alguém também é uma forma legítima (aceita) de exercício do poder.

Mas a questão é: deter o poder e ser líder são coisas muitas vezes diferentes. Talvez eu obedeça a alguém na empresa que tenha o poder de me avaliar ou demitir. Mas essa pessoa, caso se limite ao exercício desse poder, não irá tirar o melhor de mim.

Os grandes ditadores como Hitler ou Stalin exerceram um poder tirânico. Nada muito diferente do Terror de Roberspierre durante a Revolução Francesa. Mas suas experiências de liderança não foram muito longe nem estimularam a criatividade ou verdadeiro engajamento.

Um "líder" exclusivamente racional poderá apelar para o estímulo do bônus. Irá criar regras para a avaliação de desempenho e, no final do ano, todo orgulhoso, vai anunciar os "campeões" da empresa. As maiores vendas, o maior número de processos analisados, o menor índice de reclamações. Com isso, estará criando equipes que serão pouco mais do que ratinhos de laboratório. Essa é a liderança cortexiana: racional, objetiva, fria e pouco animadora.

Já a liderança baseada no medo, na ameaça constante de demissão, de demora na promoção ou de transferência para um setor menos nobre das organizações é a liderança bárbara, primitiva, com seu lema: você me obedece ou eu o devoro!

Ora, leitor... A essa altura do argumento você já deve estar notando que, pelo menos na visão dos autores desse livro, a liderança autêntica, que vamos chamar mais adiante de liderança alfa, é a liderança afetiva, baseada essencialmente (mas não exclusivamente) nos processos do sistema límbico. A liderança alfa, que discutiremos na sequência, é, antes de tudo, centrada no afeto. Mas não abre mão da

A capacidade de compartilhar sentimentos de forma relativamente voluntária e controlada não é um atributo exclusivamente humano.

metacognição, do pensar as emoções para fazer as melhores escolhas, e também não se sustenta sem uma pitada de temor bem primitivo. O poder do líder, diria Max Weber, é o exercício da violência legítima.

O líder afetivo é o que o grande sociólogo alemão chamaria de carismático. Seu exercício do poder é baseado na identificação de bando e na empatia. Se perguntássemos para seus seguidores: Por que você o segue? A resposta seria bem pouco cognitiva, algo como: "Porque isso me faz sentir bem..."

Mas, se perguntássemos para o líder afetivo: Em sua opinião, qual o principal elemento de sucesso em sua liderança? A resposta seria bem diferente. A empatia no líder e a empatia em seus seguidores obedecem a regras distintas e trabalham áreas e processos cerebrais também muito diferentes, ainda que sempre baseados na identificação de bando ou, dito de uma maneira mais suave, no espírito de equipe, no sentimento de time.

Para compreender isso, reunindo Weber e a Neurociência, precisamos adotar uma perspectiva que muitos autores chamam de Neurociência social (*social-neuroscience*)[29]. Esse é mais um campo de estudo que emergiu com os avanços da Neurociência das últimas décadas, estudando comportamentos sociais em uma perspectiva neurocientífica. E um de seus aportes de maior interesse para o *Neurobusiness* é a questão da empatia e do exercício do poder, elementos essenciais para a Neuroliderança.

A primeira questão a ser respondida, sem dúvida, é simplesmente: O que é empatia? Como vimos, quando se trata de um esforço voluntário e cognitivo, a empatia pode ser definida como a capacidade de perceber, compreender e responder a experiências afetivas (isto é, emocionais) de outros indivíduos. É a chamada empatia cognitiva, associada à compreensão (ou à busca de compreensão) dos estados afetivos de outra pessoa.

Mas a empatia também pode ser definida como a capacidade de compartilhar voluntariamente estados afetivos de outros, algo além de uma mera compreensão racional e fria. Essa é a chamada empatia afetiva. Nesse sentido, a empatia não é um atributo necessariamente racional nem humano. Por seu caráter relativamente voluntário e controlado, a empatia afetiva se distingue do mero contágio emocional, a simpatia. Mas a fronteira aqui é tênue!

---

[29] Ver, dentre outros, Decety e Jackson (2006).

Assim, a percepção de estados emocionais de outros pode ter início a partir de uma busca voluntária e consciente (empatia afetiva). Mas também pode evoluir para formas inconscientes, não-cognitiva e, no caso dos animais, de caráter obviamente irracional. Sempre que um indivíduo interage voluntariamente com outro de modo a compartilhar um estado emocional que não é o dele mesmo, mas o do outro, está em jogo um processo empático. Se o caráter voluntário da experiência emocional diminui, caminha-se para os processos simpáticos.

E aqui chegamos a um ponto de interesse vital para a Neuroliderança. A fim de compreender o que se passa com seus seguidores, o líder precisa efetivamente fazer parte do bando. Como sabemos, sem identificação não há empatia e, sem empatia, não há efetiva capacidade de compreender o que se passa com os liderados. Em outros termos, um processo empático efetivo deve ser tanto cognitivo e voluntariamente direcionado quanto afetivo e espontâneo.

Mas isso não significa que o líder autêntico, verdadeiramente afetivo, tenha que abrir mão de seu poder, de sua capacidade de se fazer obedecer de forma legítima. Também não significa que ele deve abrir mão de algum nível de autocontrole, elemento essencial para evitar o mero contágio emocional que está a um passo da empatia afetiva. Ao longo da evolução, a emergência do cérebro intermediário, isto é, do sistema límbico, ocorreu juntamente com a noção afetiva e não racional de hierarquia. Afinal, onde houver liderança, haverá liderados e, portanto, relações hierárquicas de poder.

O líder afetivo é um líder alfa, ou seja, é reconhecido como o primeiro dentre os membros do bando, do grupo. Mas seu papel nos processos empáticos é mais desafiador.

Com vimos no capítulo anterior, compartilhar sentimentos pode ser algo vazio e até mesmo destrutivo. Numa empresa, se alguém está passando por um momento difícil do ponto de vista pessoal e se encontra à beira da depressão, um processo radical em espelho apenas contaminaria as pessoas ao redor, criando uma epidemia de depressão.

O líder alfa, além da habilidade tipicamente límbica de compartilhar sentimentos, precisa também processar essa percepção de forma estritamente racional e cognitiva. Um médico diante de um paciente com hemorragia deve conter seus sentimentos empáticos e procurar, de forma racional, a melhor forma de intervir para deter a perda de sangue. Em uma única palavra, o líder alfa deve praticar a um só tempo a capacidade empática e a metacognição. Não deve ser frio e racional a ponto de dizer: "Esse não é um problema meu!" Mas, ao mesmo tempo, tendo compartilhado a emoção de seus liderados, deve se perguntar: "Como devo agir no sentido de superar, deter ou manejar o estado emocional de meus seguidores."

Em resumo, o líder afetivo ou líder alfa é um gestor de sentimentos. Procura compreender de maneira profunda os estados emocionais de seus seguidores, o que exige identificação com o bando percebida por seus integrantes e sentida por ele mesmo. Essa é a parte límbica da liderança afetiva. Ao mesmo tempo, seu exercício do poder é racional, exigindo o máximo de atenção e percepção cognitiva de si e dos demais membros do grupo. Caso contrário, se vacilar, se ficar desatento, ele não será reconhecido como líder alfa.

Em alguns casos, é saudável que os membros do bando sintam uma ponta de medo do líder. Afinal, sua permanência no grupo depende, em muitos casos, das decisões dele. Esse é o aspecto mais primitivo da liderança. Mas, por fim, não pode faltar ao líder a capacidade de processar tudo isso e tomar decisões racionais, orientadas pelos objetivos estratégicos do grupo, seja ele uma empresa ou não.

Do ponto de vista cerebral, pode-se concluir que o líder alfa é um elemento raro e que o exercício dessa liderança, essencialmente afetiva, mas não só, não é uma tarefa fácil.

Quatro lições históricas de liderança

Nossas aulas de História estão cheias de figuras de generais, imperadores, chefes bárbaros. Em boa medida, isso ocorre porque estudamos a História sob a ótica dos vencedores. E, de fato, temos muito a aprender com esses líderes, tanto com seus acertos quanto com seus erros.

A essa altura, se você teve a paciência de ler com alguma atenção o conteúdo dos capítulos anteriores, certamente terá outra visão sobre algumas lições de liderança que fomos buscar em fatos históricos reais. Por isso, fazemos um convite. Em cada um dos pequenos casos que narraremos a seguir, procure utilizar o conhecimento que já adquiriu sobre a Neurociência aplicada para responder a duas perguntas muito simples:

- Qual era o "segredo" pessoal de cada um desses líderes? De que forma eles utilizaram de maneira intuitiva aquilo que, hoje, sabemos serem técnicas explicáveis por meio da Neurociência?
- Além disso, procure identificar onde foi que eles erraram. Que processos cerebrais foram ignorados ou acabaram se revelando o ponto fraco de cada um deles?

Pronto, leitor? Então, muita atenção.

Aníbal (248 A.C.-183 A.C.), general e estadista cartaginês, é considerado ainda hoje um dos maiores estrategistas da história.

Durante a Segunda Guerra Púnica (218 A.C.-201 A.C.), liderou grandes exércitos formados por cartagineses e seus aliados contra Roma. Realizou façanhas militares incríveis.

Uma das maiores foi desistir de atacar Roma pelo mar, a estratégia aparentemente mais razoável, dada a posição geográfica de Cartago. Em vez disso, decidiu deslocar seus exércitos a partir da Península Ibérica, passar pelo sul da Gália (atual França) e cruzar os Alpes desde o sul da Gália, atual França, invadindo a Península Itálica pelo Norte.

Aníbal venceu os romanos em batalhas estudadas ainda hoje em academias militares. Seu exército se manteve na Itália por dez anos, para desespero dos romanos que viram muitas de suas colônias serem destruídas e alguns dos povos conquistados se aliarem aos cartagineses.

Aníbal, grande líder cartaginês, é considerado um dos maiores estrategistas da história. Manteve um exército na Itália por dez anos. Foi derrotado na batalha de Zana (202 A.C.) por Cipião, o Africano.

Existem muitas lendas sobre as qualidades de Aníbal, além daquela de estrategista. Uma delas afirma que ele era capaz de se comunicar com diferentes grupos de seu exército em seus próprios dialetos. Suas falanges tinham sido recrutadas em diversas províncias cartaginesas da África e da Espanha, mas ele se esmerava para parecer familiar a cada grupo de seu exército imenso.

Quando atravessou a Gália, fez questão de dar a entender que os romanos não cumpriam os acordos que faziam e, por isso, precisava da ajuda das tribos locais para vencer Roma antes que ela se tornasse uma ameaça também para os gauleses.

A estratégia romana de resistir ao avanço de Aníbal foi um fracasso. Mesmo depois que seus exércitos na Itália já estavam enfraquecidos, o medo gerado pelos sucessos anteriores do cartaginês inibia as estratégias de ataque dos romanos.

A reviravolta ocorreu com a decisão de Cipião (136 A.C.- 183 A.C.) de atacar a própria Cartago diretamente. Poderia parecer temerário levar os exércitos para fora da Itália quando Aníbal ainda estava por lá. Mas o ataque à pátria reduziu a disposição dos cartagineses e de seus aliados de continuar lutando longe de casa. Quando Aníbal finalmente retornou a Cartago, os romanos já haviam vencido e os cartagineses tinham assinado um tratado de paz humilhante.

Alexandre, o Grande (356 A.C.-323 A.C.), rei da Macedônia, filho de Felipe II (382 A.C.-336 A.C.) e aluno de Aristóteles (384 A.C.-322 A.C.), estendeu seu império desde os Balcãs até as fronteiras da Índia.

Alexandre derrotou e conquistou grandes nações da Ásia, como o Império Persa, governado por Dario III (380 A.C.-330

A.C.). Muitos atribuem o sucesso dos macedônicos a dois tipos de fatores.

De um lado, o uso intensivo e estratégico da falange, uma forma de organizar a infantaria em blocos retangulares de lanceiros que se movimentavam no campo de batalha de maneira muito disciplinada, ampliando a segurança coletiva graças à coesão da formação.

Alexandre, o Grande, fez amplo uso da formação em falange em seus exércitos, uma formação disciplinada e compacta, na qual cada soldado protegia os companheiros próximos. Conquistou um império que ia dos Balcãs até a Índia. Incentivou a mescla de culturas e o casamento de seus generais com mulheres dos povos conquistados.

Outro fator importante foi a postura de Alexandre para com os povos conquistados. Ele estimulou o casamento de seus generais com mulheres persas e incorporou muitos soldados da Pérsia em seus próprios exércitos, rumo ao Oriente.

Em algum momento da campanha que se estendeu até a Caxemira e o Afeganistão, Alexandre se declarou filho de Zeus e passou a defender a ideia de que era seu direito pessoal conquistar o mundo. Por coincidência ou não, o ímpeto conquistador de seus exércitos diminuiu na medida em que o mito de sua origem divina era estimulado. Em dado momento, suas tropas simplesmente se negaram a seguir adiante, acreditando terem ido já longe demais. Alexandre morreu com apenas 33 anos. Lendas afirmam que sua última frase foi "agora um caixão basta para quem antes o mundo inteiro não bastava".

Caio Júlio César (100 A.C.-44 A.C.), cônsul e ditador romano, venceu a Guerra da Gália (58 A.C.-52 A.C.), atual França, incorporando amplas áreas aos domínios de Roma.

Em 50 A.C., recebeu ordens do Senado, sob a liderança de Catão (95 A.C.-46 A.C.), para desmobilizar suas tropas e regressar a Roma como mero cidadão. César sabia que era considerado uma ameaça à elite conservadora da cidade e, sem privilégios, seria preso e processado.

Em 49 A.C., voltando da Gália, decidiu marchar sobre Roma, atravessando o rio Rubicão que marcava os limites da Itália naquela época. Mas, precisou convencer seus soldados a praticar aquele ato completamente ilegal e contrário à própria religião, pois, segundo as leis da época, nenhum comandante poderia ingressar no território italiano à frente de seus exércitos.

Um fato decisivo ocorreu quando alguns aliados de César, liderados por Marco António (83 A.C.-30 A.C.), foram agredidos pelos adversários e obrigados a fugir de Roma. Eles conseguiram chegar ao acampamento de César antes da travessia do Rubicão com as roupas ensanguentadas.

Marco António era tribuno da plebe, um magistrado encarregado de proteger os interesses das classes mais pobres de Roma, origem da maioria dos legionários. César não permitiu que os magistrados se lavassem e os apresentou a seus soldados com as marcas do ataque e as roupas cobertas pelo próprio sangue. Seu argumento era que seus inimigos não respeitavam ninguém que se opusesse a eles e que, portanto, a vida de todos os aliados de César estava sob ameaça.

Caio Julio César, ditador romano, fez seus exércitos marcharem sobre Roma convencendo seus soldados de que o Senado era uma ameaça para todos.

Em 11 de janeiro de 49 A.C., as legiões de César atravessaram o rio e ingressaram na Itália. Foi nessa ocasião que, segundo os historiadores da época, o general disse a célebre frase "alea jacta est", ou "a sorte está lançada". A entrada em Roma ocorreu sem resistência, pois os líderes conservadores do

Senado abandonaram a cidade e foram se refugiar na Grécia.

César foi brutalmente assassinado em 15 de março de 44 A.C. por um grupo de patrícios, isto é, membros da elite romana. Seus assassinos temiam que César, que tinha sido declarado "ditador perpétuo" quatro anos antes, restaurasse a monarquia, apoiando-se nas classes mais pobres contra a elite e polarizando a sociedade. Isso romperia a relativa igualdade política republicana que vigorava entre os membros da elite desde a expulsão do último rei, Lucius Tarquinius Superbus (falecido em 495 A.C.), ocorrida no ano de 509 A.C.

Napoleão Bonaparte (1769-1821), líder político e militar durante a Revolução Francesa (iniciada em 1789), mudou o destino de seu país e de toda a Europa. Um dos estrategistas militares mais notáveis e vitoriosos da história, estendeu o poderio francês de Portugal até a Rússia, incluindo Itália e Escandinávia. Em 1799, já conhecido por suas façanhas militares, tornou-se Primeiro Cônsul da República Francesa, consolidou o fim do período de desordem e incerteza conhecido como "O Terror" (1792-1794). Em 1804, assumiu o título de Napoleão I, imperador da França.

Suas reformas sociais varreram as tradições do Antigo Regime absolutista, no qual o rei era uma espécie de

Napoleão Bonaparte soube utilizar combinações incríveis de racionalidade e afeto, tanto no campo político quanto militar.

"escolhido de Deus para governar", e estabeleceram uma série de normas legais altamente racionais e igualitárias – pelo menos do ponto de vista da época –, inclusive nos países derrotados. Uma de suas obras primas nesse campo foi o Código Napoleônico, obra que influenciou o Direito Civil até o século XX.

A racionalidade na estratégia militar e o sentimento de igualdade legal entre seus comandados foram fortes marcas de seu estilo de liderança. Os exércitos franceses eram formados por "cidadãos-soldados" e não por "soldados-súditos", como na era do Absolutismo. Mas esse igualitarismo foi traído por Napoleão quando coroou a si mesmo imperador da França na catedral de Notre Dame em 2 de dezembro de 1804, dispensando até mesmo a bênção do papa Pio VII (1742-1823), que deveria ter colocado a coroa sobre sua cabeça.

Napoleão produziu dezenas de comentários sobre outros líderes militares da história e, por conta disso, muitas de suas frases se tornaram famosas. Sobre liderança, ele disse, dentre outras coisas: "O líder é um vendedor de esperança". Frase ousada para quem fez amplo uso da racionalidade.

Outra frase reveladora: "É a imaginação que governa os homens".

Napoleão foi derrotado definitivamente na batalha de Waterloo, Bélgica, em 18 de junho de 1815. Morreu exilado no meio do Oceano Atlântico, na ilha de Santa Helena, em 1821.

8.Neuroeconomia

In vino, veritas

Antigo ditado romano

Por que somos tão contraditórios?

Então, será que é mesmo verdade? Se eu comer cinco pedaços de pizza, mas tomar um café com adoçante, a falta de calorias do café vai anular as calorias da pizza? Algumas pessoas parecem acreditar que sim. E por falar em comida, você já fez dieta nos dias anteriores ao exame de sangue para não levar bronca do médico? E aquele parente que, quando decidiu que iria comprar determinado modelo de carro, começou a ver um monte deles circulando pelas ruas? Isso é muito comum. Por quê?

Para o economista tradicional, nosso cérebro é uno, feito apenas da parte cognitiva, racional, um imenso córtex pré-frontal lá, atrás de nossas testas.

Todas essas são ações para as quais os psicólogos têm pelo menos uma explicação: autoengano, dissonância cognitiva, frustração. Mas, ao mesmo tempo, são situações que envolvem elementos econômicos como a composição de uma cesta de consumo, a escolha entre benefícios imediatos e distantes ou a aquisição de um bem durável. Mas, sabe o que a Economia tradicional tem a dizer sobre esses e muitos outros comportamentos, tão comuns em nosso dia a dia? Absolutamente nada. A Neuroeconomia, muito ao contrário, tem muito a dizer.

Os economistas tradicionais afirmam que, pelo menos no campo material, tomamos decisões racionais, sempre procurando obter o máximo de satisfação ou a melhor combinação entre risco e retorno. A ênfase nos elementos cognitivos da tomada de decisão é tamanha que a Economia tradicional acaba por desprezar aspectos emocionais e instintivos da forma mais absoluta.

Por conta disso, os modelos econômicos supõem que temos uma percepção clara e fria do mundo ao nosso redor, bem como uma compreensão precisa e consistente do que realmente nos dá prazer, satisfação ou utilidade. Mas, será que somos realmente assim? Será que fazemos nossas escolhas econômicas friamente, como um habitante do planeta Vulcano, terra natal do Dr. Spock? Ou será que, como regra, somos guiados por nossas emoções e instintos, racionalizando a escolha num segundo momento? Afinal, sempre é possível dizer que o refrigerante diet vai compensar os quatro pedaços de pizza, ou que gostamos daquele modelo de carro, independentemente de haver ou não um monte deles circulando...

Apesar de estar revolucionando a forma como compreendemos o processo de escolha dos agentes econômicos, em certo sentido a Neuroeconomia não nos traz nada de muito novo. Os neuroeconomistas afirmam, por exemplo, que a decisão de comprar uma roupa de grife envolve uma tensão. De um lado, queremos nos diferenciar, adquirindo uma camisa cara ou um terno da nova coleção. Mas, de outro, nos sentimos reconfortados quando notamos que muitas outras pessoas, supostamente também diferenciadas e bem-sucedidas, estão usando a mesma grife ou um terno comprado no mesmo alfaiate.

Assim como todos os estudiosos da Neurociência, os neuroeconomistas compreendem que o primeiro impulso não é racional. Afinal, a racionalidade é lenta demais e a cognição sobre nossas escolhas é informada décimos de segundo depois de o impulso original ter surgido. São nossos instintos mais primitivos e nossas emoções o elemento inicial de decisão. Procuramos usar roupas de grife e nos

> *Na Neuroeconomia, os elementos racionais são apenas uma das faces do processo de tomada de decisão.*

diferenciar porque a atenção humana é atraída pelo que é diferente. Isso é muito importante na atração de parceiros sexuais, o que se relaciona com um mecanismo básico ligado à atenção. Em um segundo momento, de forma mais consciente e cognitiva, avaliamos o ambiente ao nosso redor em busca das pessoas que tomaram decisões semelhantes. Mas essa é uma etapa mais lenta do processo decisório.

É por conta de elementos assim que a Neuroeconomia se beneficia dos avanços das últimas décadas relativos à melhor compreensão do funcionamento do cérebro humano. Por conta disso, os neuroeconomistas passaram a estudar, analisar e explorar um campo vasto de comportamentos antes desprezados pelos economistas tradicionais. Corridas bancárias, pânicos financeiros, comportamentos de elevada exposição ao risco, dentre outros, deixaram de ser vistos como patologias que só a Psicologia Social poderia explicar.

Ao desvendar as diferentes funções desempenhadas pelas diferentes áreas do encéfalo e suas correlações e ao monitorar seu funcionamento durante a tomada de decisão, a Neurociência permitiu que os economistas desvendassem, depois de cerca de 250 anos, o campo dos "afetos humanos", dos sentimentos e das emoções que deságuam na ação econômica.

O campo da racionalidade não foi abandonado, mas se transformou em uma das muitas províncias da Teoria da Ação Econômica. Por tudo isso, comer quatro pedaços de pizza com refrigerante *diet* continua sendo algo meio ridículo e contraditório, mas não antieconômico nem muito menos irracional.

Razão e sensibilidade

Será que é mesmo verdade que não devemos tomar decisões de cabeça quente? E será que os romanos tinham razão ao dizer que a verdade está no vinho? Lendas gregas tratavam dos homens que pensam antes de agir e dos que agem antes de pensar. Foi Prometeu, que agia por impulso, antes de pensar, quem deu o fogo sagrado aos homens, mas acabou punido, acorrentado eternamente. Será que isso é apenas poesia?

O fato é que a polaridade entre razão e emoção já mereceu a atenção de pensadores e pessoas práticas desde a antiguidade. Na famosa pintura de Rafael, A Escola de Atenas, a ambiguidade do comportamento humano está retratada. Aristóteles é mostrado apontando para o chão, a terra, o racional, enquanto Platão tem o indicador voltado para o alto, o mundo dos afetos humanos, dos sentimentos.

Detalhe da Escola de Atenas, de Rafael (cerca de 1510).
Imagem de domínio público.

No campo da Ciência Econômica, porém, a racionalidade sempre foi a hipótese padrão de trabalho. Se uma pessoa valoriza mais manter o corpo em forma do que comer uma sobremesa hipercalórica, então ela vai resistir à tentação quando alguém lhe oferecer uma bandeja de brigadeiros. Fim da história. Será?

Do mesmo modo, se alguém prefere duas vezes mais comprar um livro a assistir à estreia de um filme no cinema, então acha justo que o livro custe o dobro do ingresso para a sessão. Mas se a escala de valores de uma outra pessoa é diferente, ninguém tem nada a dizer sobre isso. Sua percepção do que é útil, agradável ou prazeroso é sua e estamos conversados. Aceitação, pertencimento a um grupo ou imitação inconsciente estão fora do campo de estudo da Economia tradicional.

Como consequência, durante décadas, os economistas descartaram como "irracionais" ou "antieconômicas" decisões que não estavam de acordo com a hipótese de racionalidade. As diferenças de comportamento entre pessoas – chamadas tecnicamente de "agentes econômicos" – sempre foram explicadas a partir de diferenças em seus "mapas de preferências", conjuntos complexos e consistentes de percepções do que é agradável ou útil. Tudo passível de expressão pela mais pura matemática, a linguagem da cognição, lógica e formal.

Assim, alguém que devora uma bandeja de brigadeiros, mesmo afirmando estar preocupado com o sobrepeso, é simplesmente um agente com uma elevada taxa de desconto intertemporal! Em outras palavras, atribui uma importância maior à satisfação presente (comer hoje) do que à insatisfação futura (engordar... ainda mais... nos próximos dias).

Processos mentais não interessam ao economista tradicional. Mas a "ditadura da razão" fez com que houvesse grandes desentendimentos com outras áreas como a Psicologia.

Nesse sentido, é impressionante que a teoria do comportamento do consumidor e a teoria do funcionamento da empresa são derivadas, na Microeconomia, de forma simétrica, como se as pessoas agissem como um conjunto de máquinas e a busca da máxima satisfação pessoal fosse semelhante à maximização do lucro nas empresas. Tudo racional, tudo, mais uma vez, matematicamente demonstrável.

Mais ainda, segundo um dos maiores metodólogos da Economia do século XX, Milton Friedman (1956), para a Ciência Econômica não interessa o processo mental pelo qual os agentes tomam suas decisões. Basta que a teoria formulada com a hipótese de racionalidade preveja corretamente o comportamento dos agentes. Tudo se passa como se (*as if*) as pessoas se comportassem realmente assim. Afinal, segundo essa abordagem tradicional, não importa como os afetos, isto é, as emoções e os sentimentos humanos são formados. A atenção do economista deve recair tão somente sobre a ação econômica (material) dos agentes e sua manifestação externa, objetiva e quantitativa.

Voltando a um de nossos exemplos anteriores, alguém que aceita pagar o dobro do preço de um livro por uma seção de cinema está revelando que prefere duas vezes mais ir ao cinema em comparação à compra do tal livro. Essa teoria prevê que, caso o livro se torne muito mais barato, essa pessoa acabará deixando de ir ao cinema e comprará o livro. Como ela chegou a essa conclusão, quais foram seus processos mentais, não interessa para a Economia tradicional. E a influência do meio, do bando ou dos instintos, muito menos.

Por conta dessa "ditadura da razão", economistas e psicólogos se desentenderam durante muito tempo. Experimentos comuns, conduzidos por ambas as ciências, geravam explicações bastante diferentes e, em muitos casos, conflitantes e impossíveis de conciliar. Vamos ao exemplo clássico desse tipo de desentendimento, um experimento clássico em Teoria dos Jogos chamado "Ultimato", comum nos laboratórios de Economia Comportamental, precursora da Neuroeconomia.

Suponha que um grupo de 20 pessoas que não se conhecem e foram reunidas ao acaso fosse dividido em dois grupos menores com 10 integrantes cada um. O primeiro grupo vai para a sala A e o segundo para a sala B, ao lado. Em seguida, o experimentador promove um sorteio, de tal forma que cada pessoa na sala A terá um companheiro para interagir com ele na sala B, mas a identidade das pessoas permanece oculta para não personalizar o experimento. Cada pessoa em ambas as salas sabe que tem um par na outra, mas desconhece sua identidade. Mesmo porque, elas não se conhecem.

Então, para cada pessoa na sala A é oferecida a possibilidade de dividir um determinado prêmio em dinheiro com seu parceiro desconhecido na sala B. Vamos supor que esteja em jogo um valor de R$ 5.000. As regras (ou governança do jogo) são as seguintes:

- Primeiro, cada integrante da sala A (propositor) deve escrever em um papel uma proposta de partilha daquele valor com seu parceiro desconhecido. Esse propositor na sala A deve dizer que parcela dos R$ 5.000 quer para si e quanto deixará para seu colega na sala B (decisor). O mínimo que cada propositor na sala A pode deixar para seu respectivo decisor é 10%, ou seja, R$ 500.

- Depois que cada propositor na sala A tiver anotado sua oferta, o organizador do experimento levará as propostas para as pessoas na sala B. Estas pessoas sabem que o valor total em jogo é R$ 5.000, sabem que seus colegas da sala A fizeram a proposta de partilha e que o valor mínimo que os parceiros podem propor para eles é R$ 500. A única coisa que os participantes do jogo desconhecem é a identidade dos parceiros. Todo o resto é de conhecimento comum.

- Cada participante na sala B recebe de forma aberta (explícita) a proposta do colega desconhecido da sala A que é recebida como um ultimato, isto é, é pegar ou largar. Se cada decisor na sala B aceitar a proposta, o experimentador fará a partilha de acordo com o que foi sugerido pelo respectivo propositor da sala A. Mas, se o decisor da sala B rejeitar o ultimato, nem ele nem seu parceiro ganham nada. É exatamente pelo poder de aceitar ou vetar a proposta que cada pessoa na sala B é chamada de decisor.

A estrutura do jogo é resumida na figura a seguir.

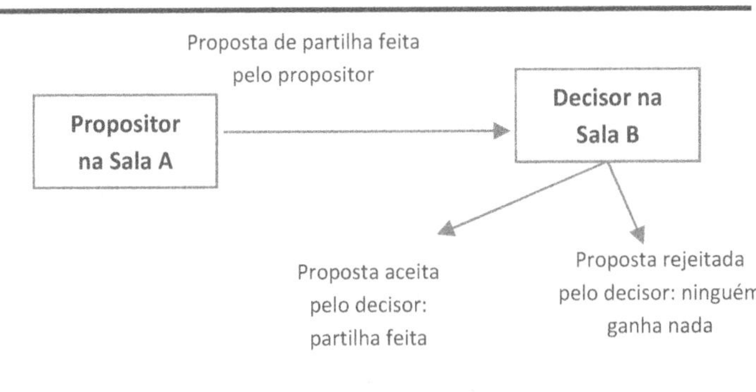

Agora, vamos supor que todos os envolvidos no jogo são "agentes econômicos racionais". Uma das hipóteses da Economia tradicional é que todo agente racional prefere mais a menos, quaisquer que sejam os valores envolvidos. Preferir menos a mais é simplesmente "irracional e "antieconômico". Se isso for mesmo verdade, qual deve ser a proposta de partilha das pessoas que estão na sala A para os pares da sala B?

Se receber R$ 500 é infinitamente melhor do que receber nada, por que um agente racional na sala B deixaria de aceitar o valor mínimo? Não há justificativa racional para recusar a proposta de partilha R$ 4.500/R$ 500!

Se você respondeu meio a meio, errou completamente! Metade para cada um não é uma proposta racional e, portanto, é antieconômica. O correto seria que cada sujeito na sala A propusesse R$ 4.500 para si e R$ 500 (valor mínimo) para o colega desconhecido na sala B. E, se este colega da sala B for realmente racional, aceitará os R$ 500 sem piscar.

Mas, por quê? A resposta é simples, clara e nada convincente.

Se as pessoas na sala B são racionais, sempre preferem mais a menos, certo? Essa é uma das muitas hipóteses da teoria tradicional. Então, não faria sentido recusar os R$ 500, pois 500 é infinitamente maior do que nada.

Sabendo disso, o agente racional na sala A não tem estímulo algum de propor mais do que o mínimo para seu colega na sala B, pois assim também maximiza seu ganho, levando R$ 4.500. Certamente, caso esse jogo fosse aplicado no planeta Vulcano, o resultado seria sempre R$ 4.500 / R$ 500. Mas, na Terra, tudo é bem diferente. Para valores próximos a R$ 5.000, os experimentos feitos por economistas comportamentais e psicólogos experimentais não geram algo assim (ver quadro abaixo). Ao contrário, propostas muito diferentes de meio a meio tendem a ser rejeitadas pelos participantes da sala B, mesmo que isso resulte na perda de valores que eles poderiam ter ganho com um simples "sim" e nada mais.

Proposta da pessoa na sala A para o colega na sala B	Probabilidade de aceitação
30%	35%
45%	75%
50%	100%

Fonte: Adaptado a partir de Oosterbeek, Sloof e van de Kuilen (2004).

Por que as pessoas se comportam de forma tão diferente daquilo que supõe a teoria econômica tradicional?

Os psicólogos têm explicações que se relacionam com o grau de egoísmo ou ansiedade das pessoas envolvidas. Outras explicações são de caráter cultural e enfatizam a influência de valores sociais no resultado do jogo. Por exemplo: em países onde os valores hierárquicos são mais rígidos, os participantes da sala B tendem a aceitar a proposta dos pares da sala A, mesmo mais distantes do meio a meio. Já em países mais ricos, caracterizados pelo consumo de massa, os resultados dependem muito dos valores envolvidos e desvios do meio a meio são mais aceitos quando o valor a ser partilhado é maior. Afinal, imagine se o valor em jogo fosse R$ 50 mil. A tendência dos decisores na sala B de aceitar percentuais pequenos seria maior simplesmente porque, em termos absolutos, ainda assim é muito dinheiro.

Mas os economistas tradicionais veem esses resultados como um paradoxo, algo para o qual não se tem uma explicação imediata. Não é economicamente razoável que 65% das pessoas que são submetidas a esse experimento e recebem a proposta de ganhar do nada R$ 1.500 (30% de R$ 5.000) rejeitem a oferta e prefiram ficar com zero!

A abordagem da Neuroeconomia é bem diferente e nos oferece uma resposta bastante interessante.

Os três ganhadores de prêmios Nobel de economia de maior interesse para a Neuroeconomia

Daniel Kahneman (esquerda) e Vernon Smith (direita) ganhadores do prêmio em 2002. Kahneman é autor do *best seller* Rápido e Devagar: duas formas de pensar.

Richard Thaler (esquerda) ganhou o Nobel em 2017. Um dos destaques dos estudos de Thaler é o nudge, isto é, pequenos "empurrõezinhos" capazes de gerar grandes efeitos em nossos processos de tomada de decisão.

A área do cérebro onde fazemos cálculos matemáticos e analisamos situações novas não é a mesma que responde pela indignação. Mais ainda, como sabemos, a área relacionada à razão, o neocórtex pré-frontal, tem uma velocidade de processamento inferior ao sistema límbico, responsável por sentimentos afetivos, por nossa sensibilidade e nossa capacidade de nos sentirmos ofendidos.

Então, por que a maioria das pessoas recusa a proposta de ganhar R$ 1.500 no Ultimato, tal como descrevemos o experimento? Simplesmente porque se sentem ofendidas. Afinal, essas pessoas devem achar que o colega na sala A está tentando levar vantagem, está sendo egoísta e aproveitador. Então, a única forma de punir o sujeito é recusando a proposta. Assim, ninguém vai ganhar nada. A sensibilidade vence a razão na maioria das vezes.

Mas os psicólogos não estão errados! Em sociedades com valores mais cooperativos, é mais comum o sentimento de grupo, o espírito de bando. Afinal, como veremos no capítulo de neuroplasticidade, o cérebro é sensível ao meio onde está o indivíduo. Por conta disso, a capacidade empática tende a ser maior naquelas sociedades. Isso tende a estimular propostas mais "justas" (*fair*) dos propositores da sala A, facilitando a aceitação pelos decisores da sala B.

Outro aspecto interessante, que foi explorada na discussão anterior sobre Neuroliderança, é o sentimento de autonomia. Os decisores na sala B têm o poder de veto. Mas isso significa que eles também têm o poder de punir os pares da sala A. Uma proposta muito desigual faz com que os decisores se sintam reféns da ganância dos colegas propositores. E esse sentimento de perda de autonomia é interpretado como uma ameaça ou como uma provocação de alguém que não é do mesmo bando. O melhor a fazer para recuperar o sentimento de autonomia é exercer o poder e retalhar, punindo o propositor injusto. Não ganhar nada é visto como menos pior do que perder autonomia, o que deixa claro que o elemento quantitativo e objetivo – preferir mais dinheiro a menos – é apenas parte do processo decisório.

Mas sentimentos (afetos) como esse não fazem parte do mundo cortexiano no qual os economistas tradicionais acreditam que vivemos!

Efeito-manada e neurônio espelho

Essa explicação do que acontece no Ultimato, baseada na Neurociência, é reforçada quando se aplicam variantes do jogo padrão. Considere agora o jogo que vamos chamar de "Ultimato Sequenciado com Direito a Arrependimento" ou simplesmente USDA. Para tornar as coisas mais dramáticas, vamos elevar o valor a ser dividido para R$ 10.000.

Vamos permitir que, depois de expostas as regras do jogo, os participantes na sala A interajam e, se quiserem, formulem uma proposta única para os respectivos colegas na sala B.

Eles, então, discutem e resolvem que a proposta será 90% para cada um deles e 10% para cada um dos parceiros na sala B, isto é, os valores limite. A proposta única é levada pelo organizador para os jogadores na sala B que, antes de responder, também podem interagir. Mais ainda, quando forem dar suas respostas à proposta feita, o aplicador da dinâmica irá perguntar para cada um dos participantes da sala B em sequência – por exemplo, em ordem alfabética – qual sua decisão. Mas, depois que cada um der sua resposta preliminar, haverá nova rodada para que cada um confirme sua resposta ou, quem sabe, se arrependa e mude de ideia.

Em diversas ocasiões nas quais o USDA foi aplicado, os integrantes da sala B ficaram fortemente indignados e, ao que parece, a indignação coletiva é ainda mais forte, mais expressiva, mais raivosa. Com base no que aprendeu até aqui, leitor, você consegue encontrar uma explicação na Neurociência para esse comportamento coletivo ainda mais exacerbado?

Nesses casos, é comum que os integrantes da sala B também resolvam dar uma resposta coletiva, um grande e sonoro não aos colegas da sala A. Afinal, eles querem ficar com R$

Se os participantes da sala A são uma ameaça, o melhor a fazer é formar um grupo, um bando de decisores que vai retalhar em conjunto.

9.000 cada um e deixar cada parceiro da sala B com apenas R$ 1.000. Que cara de pau! Que ganância!

Quando o experimentador pede que os jogadores da sala B respondam se aceitam ou não, é comum que os primeiros se mantenham firmes, recusando a proposta "indecente" do parceiro da sala A. Mas, se um participante da sala B volta atrás, rompe o acordo e decide aceitar, é comum que receba muitas vaias, seja chamado de traidor e coisas do tipo. Mas isso tende a mudar radicalmente a postura dos demais participantes.

A partir dessa primeira "traição", os outros jogadores da sala B ficam altamente propensos a também aceitar os R$ 1.000 oferecidos pelo pessoal da sala A. Mais ainda: quando aqueles participantes da sala B que haviam se mantido firmes e rejeitado a proposta são chamados a confirmar sua decisão, muitos se arrependem e também aceitam a proposta "indigna" dos parceiros da sala A.

Novamente, o economista tradicional ficaria perplexo e veria nisso tudo um monte de irracionalidades e comportamentos inconsistentes, totalmente antieconômicos. Já o neuroeconomista sorriria dizendo: "Eu sabia que isso iria acontecer, colega!" E por quê?

A Economia tradicional afirma que, num jogo como esse, cada um deve preferir mais a menos e, sobretudo se são pessoas desconhecidas que possivelmente não voltarão a se ver depois que o experimento acabar, o quanto meus colegas de sala (os demais decisores) estão ganhando não deveria ter grande influência sobre meu grau de satisfação pessoal ou utilidade durante o experimento. Racionalmente, deveria ser mesmo assim.

Ocorre que, durante esse tipo de situação, como em quase tudo em nossa vida material, há outras áreas do cérebro participando ativamente do processo de tomada de decisão. E o racional sempre chega atrasado. A visão neuroeconômica do USDA seria assim:

Quando a proposta coletiva do pessoal da sala A foi anunciada aos participantes da sala B, rapidamente o sistema límbico de cada um deles tomou aquilo como uma ofensa. Mas isso também acontecia na versão original do Ultimato. Acontece que, agora, estamos vendo outras pessoas indignadas e exatamente na mesma situação a nosso redor. Nosso bando está em perigo! Um grupo de predadores surgiu e nos ameaça. É claro que áreas ainda mais primitivas do encéfalo também estão em jogo, associadas a comportamentos de luta ou fuga diante da ameaça coletiva.

Como sabemos, a Neurociência demonstrou que, quando vemos pessoas agindo de certa forma a nosso redor ou mesmo expressando certo tipo de emoção, as mesmas áreas de nossos cérebros são sensibilizadas, como se também estivéssemos fazendo algo parecido ou sentindo mais ou menos a mesma coisa. São nossos neurônios espelho ou, dito de forma mais apropriada, nossos sistemas neuronais espelho ou SNE. Graças a isso tudo, a indignação coletiva tende a potencializar e exacerbar a indignação individual.

Certamente, lá no neocórtex, a expressão matemática "R$ 1.000 > nada" estava sendo lentamente processada. Mas, diante do perigo e da indignação, os processos cerebrais ligados aos afetos e instintos, muito mais rápidos que os racionais, "falam primeiro", sugerindo que a proposta muito desigual seja vetada.

Envolvidos em tamanho estado afetivo coletivo, os jogadores da sala B resolvem, em princípio, recusar a oferta de maneira unânime. Se os propositores da sala A são a ameaça, a melhor forma de enfrentá-la é a cooperação em grupo, é formar um bando de decisores que irá retalhar.

Mas, diferente do que acontecia no jogo original, no USDA a resposta de cada um vai ser apurada pelo experimentador de forma sucessiva e com direito ao arrependimento. Ou seja, a decisão de cada participante da sala B deve ser expressa na primeira rodada de respostas e confirmada em seguida, sempre obedecendo a ordem alfabética dos participantes.

Então, por que será que, via de regra, sempre que o USDA é aplicado, os primeiros a responder na rodada de confirmação permanecem firmes e negam a oferta, como haviam combinado? A resposta neuroeconômica é: seus níveis de indignação estão elevados e o estresse causado pela ameaça, junto com vários outros afetos, seguem no comando. Diante da ameaça, os níveis de noradrenalina continuam altos, bloqueando a capacidade cognitiva do pré-frontal e favorecendo uma atitude de retaliação ainda que em prejuízo dos próprios decisores.

Mas, em alguns casos, lá pela quarta ou quinta confirmação na sala B, alguém se arrepende e resolve aceitar a proposta e ficar com os seus R$ 1.000. E, por que essa "traição" costuma surgir a essa altura? Porque, se dermos mais tempo ao pré-frontal, ele irá dizer insistentemente que "R$ 1.000 > nada". Ao mesmo tempo, a noradrenalina também já estará baixando. É mais fácil fazer análises cognitivas assim. Portanto, como a decisão do quarto ou quinto jogador foi adiada devido à ordem alfabética, o elemento racional, sempre mais lento, teve tempo de influenciar a decisão.

A queda progressiva dos níveis de adrenalina e o efeito-manada podem alterar nossa indignação, levando a decisões mais "racionais".

Mas, não é só isso! Os processos neuronais em espelho (neurônio espelho) também começam a agir.

Vendo colegas aceitando a proposta e, portanto, decidindo sair do experimento com R$ 1.000 a mais no bolso, os outros decisores na sala B começam a reavaliar sua escolha de rejeitar a proposta e mesmo os que incialmente disseram "não" tendem a voltar atrás. Um típico efeito-manada. Mais uma ação dos SNE.

Vendo colegas sorrindo cinicamente, cada jogador na sala B começa a se colocar no lugar deles e, com menores níveis de noradrenalina girando na corrente sanguínea, reavaliam suas decisões dando uma guinada no sentido do racional. Ao imaginar companheiros com R$ 1.000 a mais no bolso, cada um dos demais participantes passa a partilhar do mesmo sentimento, do mesmo afeto, da mesma satisfação de não deixar passar aquela oportunidade. Por isso imitam os "traidores", reavaliando suas decisões. Tudo se passa como se uma "traição" coletiva fosse um "pecado" menor.

É claro que, como estamos tratando com valores maiores, R$ 10.000 em lugar de R$ 5.000, tudo fica mais fácil para o lado da razão. Matematicamente, tanto R$ 1.000 quanto R$ 500 são infinitamente maiores do que nada. Mas é mais fácil para os sistemas espelho serem sensibilizados quando os valores em jogo são maiores.

Mas, mesmo aqui, ainda existe afeto envolvido. Muitos dos que não se arrependem e recusam os R$ 1.000, começam a se sentir ridículos, isto é, excluídos. "Todo mundo vai sair daqui com R$ 1.000 no bolso e eu sem nada?! Ah! Isso não... 'Tamo junto, pessoal'. Vou aceitar também!"

Na luta entre a indignação com nada no bolso e a traição com algum dinheiro a mais, deixar de ganhar R$ 1.000 nos sensibiliza mais do que deixar de ganhar R$ 500. É estritamente racional e matemático dizer que 1.000 > 500. Mas agora compreendemos que os processos racionais são parte do mecanismo de tomada de decisão e não "o" mecanismo em si. Valores maiores facilitam a decisão racional. Mas fatores afetivos continuam presentes.

No limite, caso o valor em jogo fosse de R$ 50.000, a proposta de 90% para os propositores da sala A e 10% para os decisores na sala B poderia ser imediatamente aceita por todos os decisores. Afinal, ganhar R$ 5.000 para participar de um jogo aparentemente tão simplório não é nada mau. Nesse caso, até mesmo o mais lento dos neocórtex processaria rapidamente a proposta, calando qualquer possibilidade

> *Mesmo quando fazemos escolhas racionais, via de regra, os elementos afetivos também estão presentes. A racionalidade é apenas um dos elementos do processo de tomada de decisão e não "o" elemento.*

de indignação e vencendo o jogo decisório.

Nesse sentido, Thaler (2015) esclarece que nossas decisões levam em consideração valores relativos – quanto o outro está ganhando, por exemplo – e não absolutos – ganhar R$ 1.000 é melhor do que nada, ainda que alguém na mesma situação esteja ganhando o dobro, por exemplo. Nossos níveis de satisfação, segundo o autor, não dependem apenas dos valores finais de uma transação, mas igualmente dos aspectos qualitativos da divisão, o que ele chama de "utilidade da transação". Por fim, sempre segundo Thaler (2015), nossa capacidade de avaliar as perdas decorrentes de uma escolha (custo de oportunidade) é em geral falha, reforçando o foco nos aspectos transacionais e comparativos dos resultados de nossas decisões.

Assim, segundo a abordagem da contabilidade mental, as pessoas tratam o dinheiro de maneira diferente, a depender de fatores como a origem do dinheiro e o uso pretendido, em vez de pensar nele em termos de "resultado final", como na contabilidade formal. Um exemplo inspirado na obra de Thaler é bem ilustrativo: uma pessoa que acaba de perder uma nota de R$ 200 pode estar mais disposta a comprar algo nesse mesmo valor que antes achava caro. Tudo se passa como se compreendêssemos repentinamente que esse valor é menor de alguma forma. Afinal, se perdi esse valor, por que não gastar o mesmo montante com algo prazeroso? Outro exemplo se refere a pessoas que ganham pequenas quantias nas loterias tradicionais, algo como acertar uma quadra na Mega Sena, por exemplo. Muitas dessas pessoas acabam destinando uma parte importante desse ganho ou todo ele para novas apostas, mesmo sabendo que as chances de ganhar de novo são pequenas. É como se um dinheiro que "caiu do céu", sendo ganho de forma inesperada, valesse menos e pudesse ser utilizado de forma arriscada. Mas essa mesma pessoal talvez não gastasse todo aquele montante em apostas se tivesse que retirá-lo de seu orçamento mensal. De certa forma, a origem do dinheiro influencia o destino que damos a ele.

Aos 47 do segundo tempo

Em boa medida, a abordagem tradicional do comportamento do consumidor nos seduz porque, de fato, somos continuamente pressionados a dar explicações racionais para nossas escolhas. Nossa sociedade, herdeira distante do Iluminismo, exige que justifiquemos, para os outros e para nós mesmos, as escolhas que fazemos. Em boa medida, Adam Smith (1723-1790), pai da Economia, era um teórico iluminista. Não é por outra razão que a Teoria da Escolha Racional, um dos pilares da Economia tradicional, centrada na ação egoísta e nas escolhas racionais e voluntárias, é tão influente até hoje.

Em pleno século XXI, porém, começamos a nos defrontar com os limites dessa abordagem. E as descobertas da Neurociência nos oferecem boas respostas para aquilo que a Economia tradicional não conseguia explicar, descartando como "comportamentos irracionais". Afinal, se o objetivo da ação econômica é gerar satisfação, algo subjetivo, pessoal e essencialmente ligado ao afeto, supor que essa busca acontece por meio de uma escolha racional, consciente e quase matemática parece muito estranho.

Com base no conhecimento recente do funcionamento de nosso encéfalo, visto nos capítulos anteriores, os neuroeconomistas passaram a trabalhar com uma matriz de processos mentais. Vamos chamá-la de Matriz de Análise de Processos de Escolha (MAPE). Esta é uma ferramenta muito útil para compreender os limites e a real importância dos elementos racionais e sua interação com os componentes afetivos, emocionais e instintivos de nossas escolhas.

	Cognição	Afeto
Processos controlados	I	II
Processos automáticos	III	IV

Adaptado a partir de Camerer, Loewenstein e Prelec, 2005, p. 16.

Uma típica MAPE é mostrada na figura a acima. Nela, classificamos os processos mentais segundo quatro características que se relacionam de forma cruzada.

A primeira dicotomia se refere aos processos controlados versus os automáticos. Uma pessoa que se levanta da poltrona para procurar o controle remoto da TV, pois não está satisfeita com o filme de ação que estava assistindo, está diante de uma ação controlada, voluntária. Mas, se continua prestando atenção ao que está passando na tela e, sem notar, levanta a almofada do sofá, pois aquele é o esconderijo preferido do tal controle, essa pessoa se depara com um processo automático, feito, até certo ponto, de modo mecânico e com base em comportamentos e aprendizados passados.

Como regra, os processos automáticos estão associados à memória afetiva, isto é, ao sistema límbico. Essa memória se forma a partir de experiências passadas e corresponde àquilo que "está no sangue" ou que se faz de cor, pois foi armazenado no gânglio basal com ajuda dos hipocampos.

Se perguntamos a alguém: "Quanto é 3 X 7?". A resposta, isto é, 21, tende a ser dada sem esforço e, portanto, é um processo automático ligado ao fato de que a pessoa sabe a tabuada de cor há muito tempo. O número vem aos lábios de maneira rápida e com baixíssimo esforço cerebral.

A segunda dicotomia apresentada na MAPE se refere aos conceitos de cognição e afeto. Como sabemos, processos cognitivos são facilmente explicáveis em termos de causa e efeito. Aquela mesma pessoa diante da tv, depois de ter trocado de canal, pode sentir-se levemente enjoada e, então, vai até o banheiro em busca de um antiácido. Se perguntarmos para ela, segundos depois: "O que você está fazendo no banheiro?" Ela irá responder: "Estou procurando o antiácido *porque* alguma coisa que comi me fez mal".

Processos afetivos são bem mais difíceis de explicar. Por exemplo: o enjoo sentido pela pessoa de nosso exemplo pode ter sido causado por uma cena forte de terror vista no filme que ela decidiu não mais assistir. Ela sabia que era apenas um filme e que todo aquele sangue não passava de líquido cenográfico vermelho. Ainda assim, a cena lhe causou certo desconforto, pois evocou outras lembranças desagradáveis mais ou menos semelhantes com intensa participação do lobo insular. E se aquela mesma pessoa, sozinha em casa, mesmo depois de ter mudado de canal, começa a sentir medo de olhar para a janela achando que a noite está estranhamente escura, novamente estamos diante de um estado afetivo, essencialmente emocional e difícil de explicar. E, como o medo está envolvido, certamente o receio de um predador escondido atrás das cortinas estimulou as amígdalas cerebrais e mais umas tantas estruturas do tronco encefálico, colocando todo o organismo em estado de atenção para a eventual necessidade de ação – luta ou fuga.

Agora, vamos colocar a MAPE em operação para ver como ela nos ajuda a compreender os processos mentais associados a escolhas que possuem um caráter econômico.

Suponha um fanático por futebol que decidiu assistir a um clássico com os amigos, alguns torcedores do mesmo time, outros do adversário, mas todos muito amigos.

Quando essa pessoa consulta o saldo da conta corrente para saber se tem o dinheiro necessário para comprar o ingresso pela internet pagando à vista, estamos no quadrante I da MAPE. O processo é controlado, consciente, voluntário e perfeitamente descritível em termos de causa e efeito. "Quero comprar o ingresso e preciso saber se tenho saldo em conta", diria ele se perguntássemos o que está fazendo. Portanto, sua ação é cognitiva, além de voluntária. Processos assim são facilmente compreensíveis devido à clara associação entre causa e efeito, objetivo e ação.

Comprado o ingresso, dias depois os amigos se reúnem para irem juntos ao estádio. Nosso torcedor fanático faz uma piada com um amigo, torcedor do outro time, lembrando a "lavada" que havia sido o último jogo. Esse é um processo controlado, mas de conteúdo afetivo. A provocação foi feita de caso pensado, mas, por quê? Que vantagem objetiva, matemática, nosso amigo torcedor tirou ao lembrar o outro do vexame que aconteceu tempos atrás? Difícil explicar, não é? Nesse caso, estamos no quadrante II da MAPE. Um ato controlado, voluntário, mas afetivo, não cognitivo.

Quando todos chegam ao estádio em grande animação, nosso torcedor fanático procura um bom lugar nas arquibancadas para assistir ao jogo. Suponha que, como o estádio é pequeno, as cadeiras não são numeradas. Mas, distraído, conversando animadamente com o grupo e olhando discretamente para uma torcedora com uma linda camisa do time adversário que passa diante dele, acaba se sentando exatamente no mesmo setor do estádio onde estava nos dias em que seu time venceu. Estamos, agora, no quadrante III da MAPE. Com seu neocórtex pré-frontal ocupado com a conversa animada e com a atenção instintiva presa pela bela camiseta usada pela moça ali do lado, nosso amigo sentou-se automaticamente no lugar de sempre.

Mas, se perguntarmos para ele: "Por que você se sentou aí?" Ele não conseguiria dar uma razão objetiva. Afinal, ele nem notou, não decidiu de forma consciente. Sua resposta seria mais ou menos assim: "Nem notei que estava no meu lugar da sorte...!" Um processo cognitivo, isto é, compreensível para outras pessoas (ele está ali *porque* é seu lugar da sorte), mas também automático. Sentar-se ali é algo que "já estava no sangue" e, quanto mais distraído estivesse ele, maior a probabilidade de que sua memória profunda o levasse a sentar naquele mesmo setor.

> *Processos não controlados e não cognitivos são impulsivos e quase inconscientes, nosso Conan, o Bárbaro, interior. Em uma sociedade que valoriza as escolhas racionais, esse parece um elemento estranho. Mas é o mais importante na grande maioria das vezes.*

Por fim, durante o jogo, tenso, nosso amigo comemora um

pênalti duvidoso que o árbitro marca a favor de seu time do coração. Mas, quando o artilheiro do time chuta... a bola passa por cima do travessão. Não haveria outra coisa digna a fazer senão o que ele fez: dizer um sincero, sonoro e horrível palavrão. Agora, chegamos finalmente ao quadrante IV, o oposto do Dr. Spock, postulado pela Economia tradicional. Aqui vivem nossos impulsos, nosso Conan, o Bárbaro, interior, rude e impulsivo.

A expressão chula saiu sem que ele precisasse tomar uma decisão consciente e, portanto, foi um processo automático. Ao mesmo tempo, qual era seu objetivo ao fazer aquilo? Qual seu benefício ou qual o resultado esperado? Essas perguntas não têm respostas imediatas, pois a ação está relacionada ao afeto, ao sentimento, seja raiva ou frustração. E quando a raiva está em jogo, novamente vemos a sombra de impulsos nada racionais pairando a nosso lado.

Agora, vamos confrontar a análise da Economia tradicional com a da Neuroeconomia usando a MAPE e o exemplo de nosso torcedor fanático.

A teoria convencional diria que o torcedor escolheu gastar a renda que tinha naquilo que lhe daria o maior acréscimo em termos de satisfação e... nada mais. Seu objetivo era maximizar seu nível de utilidade e, consultando sua estrutura de preferências e sua restrição orçamentária, ele alocou sua renda da forma que lhe pareceu ótima sob esse ponto de vista. Em outros termos, a Economia tradicional não vai muito além do quadrante I da MAPE.

Mas, se pensarmos bem, qual foi o ponto alto do processo decisório de nosso torcedor fanático? Imagine que, aos 47 minutos do segundo tempo, um jogador qualquer de seu time tenha marcado o gol que decidiu a partida, muito embora parecesse estar em posição de impedimento. Imagine a explosão de alegria do sujeito e a carga de dopamina despejada em seu sistema nervoso enquanto esperava o apito final! Imagine as gozações que ele vai fazer quando reencontrar o amigo, torcedor do outro time!

Todo o processo decisório visa, afinal, proporcionar níveis de satisfação muito relacionados aos estados afetivos e os estados mais eufóricos também envolvem processos automáticos. O prazer proporcionado por um gol desses aos 47 do segundo tempo gera uma atividade cerebral parecida com a do orgasmo. É como se a sobrevivência da espécie estivesse em jogo e nosso torcedor fosse o último macho diante da única fêmea. Pura busca de prazer animal e preservação da espécie. Mais uma vez, a razão não explica a comemoração de torcedores fanáticos ao final daquele jogo épico.

Mas não imagine que é preciso estar no meio de uma torcida de futebol para presenciar processos assim! Um amante da ópera que começa a cantarolar sua ária preferida durante uma execução de A Flauta Mágica de Mozart não é muito diferente do torcedor de futebol. Ele está emocionado (estado afetivo) e nem mesmo percebe que está acompanhando a letra da ária. E se sua soprano preferida está no palco, do alto de seus 29 anos, cantando com a voz dos anjos, podemos estar certos de que o prazer mais instintivo também está presente. Peça para esse fã de Mozart para descrever o que está acontecendo e ele certamente não dirá: maximizei meus níveis de utilidade quando aloquei minha renda restrita na compra do ingresso para essa ópera depois de analisar todas as alternativas possíveis com minha função utilidade.

Agora, vamos rever brevemente a sequência descrita a partir da MAPE tendo em vista a interação entre as áreas do encéfalo.

Quando estamos no quadrante I, verificando o saldo de nossas contas bancárias antes de realizar um gasto, estamos utilizando de forma prevalente várias zonas do córtex. A visão da tela diante de nós e a decodificação dos números do saldo frente ao valor do gasto que queremos fazer exige esforço cognitivo em um processo controlado. Mas é interessante que, quando passamos o cursor pela tela em busca do *link* correto que irá nos mostrar o saldo, estamos diante de um pequeno elemento automático. Tanto é verdade que encontramos sem esforço o tal link. Mas, se o banco reformulou por completo a tela do *internet banking*, talvez digamos em voz baixa: "Cadê a droga do *link*?" Isso porque estamos diante de uma novidade e temos que nos esforçar até achar, bem diante de nossos olhos, o link "saldo".

No segundo momento, quando nosso torcedor provocou o amigo do outro time, notamos a interação com o sistema límbico, onde estão as memórias afetivas, profundas e de fácil acesso. Ele se lembrou da vitória fantástica do jogo anterior, mas não precisou fechar os olhos e fazer uma leve careta para que o placar e outros detalhes da partida voltassem à sua memória imediata, pois o que está no límbico pode vir à tona facilmente, desde que o pré-frontal não esteja congestionado com outras preocupações imediatas. Ele, então, decidiu fazer a gozação com o colega. Foi uma atitude voluntária que utilizou elementos afetivos, algo típico do quadrante II.

Agora, lembre-se da cena no estádio. A conversa estava animada e aquela moça com a camisa do time adversário realmente chamou a atenção de nosso torcedor fanático, não é? Ambos os fatos ocuparam seu neocórtex, pois eram preocupações imediatas. Mais ainda, atraindo sua atenção, a cena estimulou a amígdala cerebral que o fez olhar para a torcedora com muita atenção e "doçura". Graças a isso tudo, o límbico decidiu onde ele se sentaria. Foi quase como se uma voz muito sutil dissesse: "Senta aqui, vai! Dá sorte! Você viu as últimas vitórias sentado nesse setor, lembra?" E, quando nosso amigo deu por si, lá estava ele no "lugar da sorte".

Essencialmente o mesmo processo acontece durante a chamada "hipnose do caminho", fato comum quando damos carona para alguém e vamos conversando alegremente, mas, quando nos damos conta, estamos fazendo o caminho de nossa própria casa, muito embora o combinado fosse deixar o carona no metrô. Quando nos distraímos de forma leve, nosso límbico aciona o piloto automático. Existe um porquê para aquilo – é nosso caminho do dia a dia –, mas fazemos sem notar.

A atitude fria e tipicamente cortexiana de comprar o ingresso pela internet culmina, depois de alguns eventos límbicos, em uma explosão bárbara de alegria comandada pelas estruturas mais antigas do encéfalo. O inimigo foi vencido e a ameaça, superada. Vitória puramente animal!

Por fim, quando o artilheiro do time se preparou para bater o pênalti, a ativação da amígdala cerebral o colocou em prontidão. Havia uma ameaça – a possibilidade de um vexame – e a expectativa de um prazer quase sexual – o gol.

Ao mesmo tempo, o que é uma torcida senão um grande bando? Aquele estádio imenso cheio de outros da nossa própria tribo, vibrando para vencer os adversários do outro grupo. Na parte mais antiga e primitiva de nosso cérebro, estamos avaliando se realmente vamos conseguir vencer o adversário. Esse é o pano de fundo fisiológico de tudo o que irá ocorrer, comandado pelo tronco encefálico. Estamos analisando a postura do goleiro, nosso inimigo mais imediato. E o medo de que o artilheiro erre ronda nossas emoções.

Quando a bola passa por cima do travessão, nossos instintos mais animais, mais bárbaros, exigem um urro de decepção na forma de um palavrão, sonoro, primitivo e involuntário. Mas quando o time vence com um gol suspeito aos 47 min do segundo tempo, vemos o bando adversário finalmente vencido. Enfrentamos e derrotamos os predadores, afastando a ameaça.

Nossa vida não é tão fria e tão vazia de emoções e instintos como acreditam os economistas tradicionais!

A torcida grita, pula, vibra e berra impropriedades para os torcedores do outro time. Eles se retiram do estádio de cabeça baixa. Vitória! Satisfação! Foi para isso que nosso amigo comprou o ingresso! Valeu a pena...

Mas, e então? Qual o verdadeiro papel e a real dimensão do processo controlado e cognitivo de consultar o saldo na conta e comprar o ingresso pela internet? Sem aquilo, não haveria uma história de vitória para ser contada. Mas aquela foi apenas a ponta do iceberg, racional, voluntária, cognitiva e extremamente pobre em termos de motivação e satisfação, vazia do ponto de vista da compreensão processual da ação econômica.

Aceita sushi?

Vamos a mais um exemplo utilizando a MAPE. Mas o tema agora é altruísmo e empatia no contexto da Neuroeconomia. No primeiro caso, trata-se de fazer algo pelos outros ou que deixe outra pessoa feliz, ainda que isso exija de nós algum sacrifício. No segundo caso, como sabemos, trata-se da capacidade de colocar-se no lugar de outro, compartilhando seus sentimentos de alguma forma.

Para a Economia tradicional, uma pessoa altruísta é um egoísta disfarçado e a motivação para fazer trabalho voluntário em um hospital para crianças especiais não é diferente daquela que nos leva a adquirir uma garrafa de vinho francês de um excelente produtor da região de Bordeaux. A análise econômica convencional vê a cada um de nós como maximizadores individuais de utilidade e nosso comportamento é egoísta e autocentrado.

Adam Smith, o pai da ciência econômica, muito embora tenha se dedicado a estudar os afetos humanos em sua obra pouco conhecida A Teoria dos Sentimentos Morais (1759), foi um dos grandes responsáveis por descrever a ação econômica como egoísta. Em uma passagem famosa de sua obra posterior, A Riqueza das Nações (1776), verdadeira certidão de nascimento da Ciência Econômica, Smith afirma:

> *"Não é da benevolência do açougueiro, do cervejeiro ou do padeiro que esperamos nosso jantar, mas da consideração que eles têm pelo seu próprio interesse. Dirigimo-nos não à sua humanidade, mas ao seu egoísmo e nunca lhes falamos das nossas próprias necessidades, mas das vantagens que advirão para eles"* (Smith, 1776, cap. 2).

Por conta disso, segundo essa visão antiga, quando damos um presente a um amigo é porque ou fizemos um cálculo das probabilidades de receber algo de valor semelhante ou maior em troca, ou é porque simplesmente nos sentimos satisfeitos diante de nossa própria benevolência e grandeza de espírito. O agente econômico tradicional está sempre se olhando no espelho e se admirando em sua racionalidade cortexiana.

Não é preciso dizer que diversas correntes de pensamento, seja na Filosofia ou nas demais ciências humanas, consideram essa visão excessivamente autocentrada e egoísta uma simplificação grosseira das motivações psicológicas e sociais para se dar um presente ou realizar trabalho voluntário. E o mesmo vale para a Neuroeconomia.

Um exemplo muito rico é apresentado por Camerer, Loewenstein e Prelec (2005, p. 19 e segs.) e utiliza, uma vez mais, nossa MAPE. Suponha que, em uma festa na casa de amigos, a anfitriã, toda orgulhosa, venha lhe oferecer sushi, feito por ela mesma e pelo marido. O que esse gesto vai despertar em nós: aversão ou atração? Essas são duas atitudes básicas geradas por nosso cérebro triuno em momento de tomada de decisão.

Num primeiro momento, trata-se de identificar o que está sobre a bandeja. Imediatamente e de forma automática, olhamos para o prato. Nossos olhos disparam impulsos elétricos para a parte posterior do cérebro onde estão os centros de visão, o córtex occipital. Nossa memória profunda é acionada e reconhecemos "aquela coisa" como comida japonesa. Estamos no domínio do quadrante III da MAPE, um processo mental cognitivo, mas automático de reconhecimento. A causa é a visão do prato diante de nós. A consequência é o acesso à nossas experiências anteriores. O objetivo é identificar o que é "a coisa", associando-a ao nosso repertório de memórias gastronômicas visuais.

O interessante é que, até aqui, estamos diante de um processo de mero reconhecimento primário, de recepção e processamento em nível básico de informações visuais. O córtex occipital só faz isso. Não é essencialmente diferente de leitores de biometria que reconhecem nossa retina ou nossas impressões digitais. Não há julgamento, não há afeto, apenas reconhecimento. Um passo adiante, áreas mais cognitivas do córtex dirão: "Isto é sushi". Agora estamos nos aproximando de um julgamento.

No momento seguinte, passamos ao quadrante IV da MAPE e, só então, adentramos o campo dos afetos. Reconhecido o prato, começamos a acessar os registros de nossa história pessoal com ele com ajuda do lobo da ínsula, importante estrutura do sistema límbico. Se passamos mal ao comer comida japonesa ao menos uma vez, é possível que estejamos tentados a recusar o prato que está sendo oferecido. Se já provamos a comida étnica feita por aquele casal outras vezes e não nos sentimos propriamente felizes com a experiência, essa sensação de repulsa emerge imediatamente do límbico, rápida e sem esforço. E se a experiência anterior foi realmente ruim, acaba sendo disparado o chamado circuito cerebral aversivo: nosso lobo insular sugere um sentimento de repulsa ou mesmo repugnância e nosso sistema nervoso autonômico, muito ligado ao tronco cerebral (hipotálamo e mesencéfalo), poderá até fazer com que assumamos uma postura corporal de afastamento. Nesses casos extremos, a amígdala pode desempenhar um papel importante, classificando o prato como uma "ameaça que não se pode superar" (ver Silva e outros, 2018).

Mas, se você está com fome e gosta de sushi, o comportamento será de aproximação, também chamado de controle apetitivo. A ínsula irá coordenar uma série de afetos positivos e, antes mesmo que o neocórtex decida racionalmente aceitar a oferta, os centros motores do córtex farão você estender o braço para se servir, um processo que também é relativamente automático, mas cognitivo, situando a ação ainda no quadrante III da MAPE. No final das contas, lá está você se deliciando com o sushi, um ato essencialmente afetivo e não cognitivo, uma experiência gastronômica e social agradável e pessoal.

Até aqui, se perguntássemos a um economista tradicional o que ele tem a dizer, a resposta talvez fosse uma careta e uma frase do tipo: "De que me valeu saber que áreas do cérebro participam da ação desse 'agente econômico'? No final, ele está maximizando sua função utilidade, exatamente como eu havia previsto! É *como se* (*as if*) ele fizesse todos os cálculos para aceitar ou não a tal comida japonesa, utilizando seu algoritmo de utilidade pessoal."

É muito difícil fazer um economista tradicional abandonar o paradigma da escolha racional. Diante de evidências sucessivas, ele irá sempre emendar suas teorias e insistir que tudo não passa de uma escolha cognitiva, voluntária e controlada.

Mas, suponhamos que, poucos dias antes, você tivesse assistido a um documentário sobre os riscos de comer peixe fresco. Isso poderia gerar ao menos um vacilo diante da bandeja. Nosso economista tradicional sorriria nesse momento dizendo: "Grande novidade! O 'agente' agora está diante de uma situação de risco. Não terá mais certeza do nível de utilidade que irá obter. Tudo explicável pela teoria da utilidade esperada..."

No entanto, suponha que, levantando os olhos e olhando para a anfitriã cara a cara, você, o convidado, comece a imaginar a decepção dela e do marido por ter o sushi que eles mesmos fizeram recusado por um grande amigo da família. Você está exercitando a empatia, a capacidade de tentar sentir (antecipadamente ou não) em si mesmo a emoção de outro. Talvez você aceitasse o sushi apesar dos riscos e comesse, rezando. Ou talvez descartasse o prato discretamente em algum lugar quando os donos da casa não estivessem vendo. Tudo menos magoar aqueles amigos queridos!

A interação entre áreas do cérebro nesse caso é muito rica e interessante, típica dos processos empáticos, como vimos no capítulo 4. Sem dúvida, estamos no campo do afeto, isto é, da memória profunda e das lembranças de caráter sentimental. Talvez você veja num relance diante de si outras situações nas quais você magoou amigos ou cometeu gafes gastronômicas. Aquela estrutura do sistema límbico chamada hipocampo vai estar trabalhando nesse momento, analisando a situação nova e procurando encaixá-la nas memórias afetivas antigas. Estamos no quadrante II, trabalhando com afetos que estão sendo recuperados de forma voluntária para nos orientar naquela situação específica. E aí, e só aí, é que entra em cena o neocórtex pré-frontal atuando no processo de tomada de decisão.

Você está acessando todas aquelas histórias afetivas para analisar uma situação nova e precisa ponderar até que ponto está prestes a cometer outra gafe. Você está traçando enredos possíveis para aquela história e analisando as consequências, relações de causa e efeito logicamente estruturadas, sua eventual recusa e a decepção que irá gerar. É uma ação típica do quadrante I e do córtex pré-frontal, uma sequência analítica cognitiva (logicamente descritível) e voluntária (conscientemente, você deseja saber o que fazer e precisa expressar a decisão tomada).

Desnecessário dizer que, caso você veja outros convidados saboreando o prato, sua avaliação sobre a possível desfeita vai ficar mais dramática (neurônio espelho). E se um amigo, sabidamente avesso a peixe cru, já fez sua cota de sacrifício, aceitando a oferta dos anfitriões, seus SNEs imediatamente farão com que você se veja fazendo o mesmo e até sinta-se meio ridículo com a ideia de recusar o prato. Novamente, um elemento de empatia. A frase quase completamente inconsciente em sua cabeça poderá ser: "Se ele que não suporta peixe cru está comendo..." Se o odor dos hormônios pudesse ser sentido, haveria um forte cheio de oxitocina no ar.

Tudo colocado em seu devido lugar, imagine que você, apesar de não gostar de comida japonesa e de ter visto o documentário sobre os riscos de comer peixe fresco, tenha aceitado a oferta de seus amigos, comido uma, duas, três porções e ainda feito elogios aos sushimen amadores. Será que foi tudo pura e simples maximização fria e calculada de utilidade? Você realmente está sendo um egoísta meticuloso e calculista? Difícil acreditar que sim.

O processo de escolha descrito pela economia tradicional é extremamente limitado ao que se passa no quadrante I da MAPE, associado ao funcionamento do córtex pré-frontal. No entanto, por contraditório que seja, nosso economista ortodoxo achou tudo conforme a velha teoria quando estávamos nos limites dos quadrantes III e IV, com pouca ou nenhuma participação do neocórtex pré-frontal e seus mecanismos de avaliação racional e antecipativa. Essa área do cérebro participou ativamente da decisão de comer o tal sushi quando emergiram lembranças afetivas e que ajudaram a não se cometer uma nova gafe, magoando os amigos.

Situações sociais que envolvem empatia ativam várias áreas do cérebro que interagem num processo complexo de tomada de decisão.

A conclusão clara é que nossas escolhas são muito influenciadas pela memória afetiva, profunda, que surge primeiro e sempre mais rápido do que as análises custo/benefício, típicas do córtex pré-frontal. Os sentimentos que acreditamos que iremos provocar nos outros com nossas escolhas são parte importante do processo e, por definição, são afetivos, não racionais. Ao mesmo tempo, boa parte do processo de ação dos "agentes econômicos" é involuntário e, portanto, não está ligado a atos deliberados visando a maximização de benefícios que foram devidamente processados em antecipação. Isso fica muito claro quando está em jogo o controle aversivo e nosso corpo "fala" por nós, colocando-nos em claras posturas de fuga ou esquiva.

Ao sair daquele jantar, você pode estar até mesmo se sentindo enjoado e prometer para si mesmo que irá perguntar qual será o cardápio na próxima vez que for convidado para comer na casa de amigos. Mas, ao se deitar, depois de algumas orações e um chá digestivo, talvez pegue no sono sorrindo. Afinal, o casal amigo ficou contente. Não é algo assim que se passa conosco quando realizamos um trabalho voluntário de cunho humanitário? São histórias altruístas, empáticas e profundamente antieconômicas.

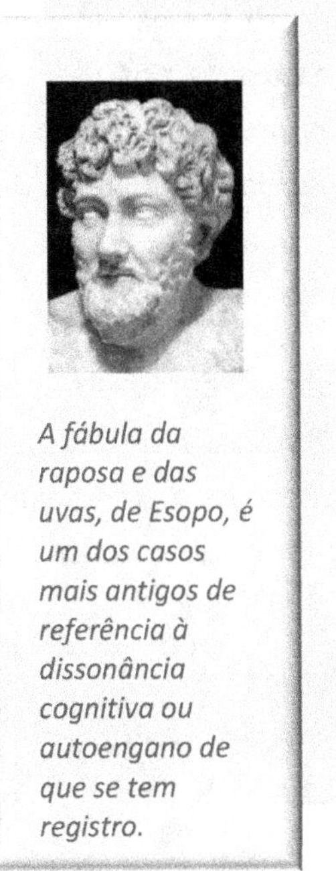

A fábula da raposa e das uvas, de Esopo, é um dos casos mais antigos de referência à dissonância cognitiva ou autoengano de que se tem registro.

Mas, justiça seja feita a Adam Smith! Em sua obra menos lembrada, A Teoria dos Sentimentos Morais, o pai da economia já dizia que a empatia não é um processo cognitivo (Rustichini, 2005, p. 205).

Colocar-se no lugar de outra pessoa para ponderar os resultados de nossas ações envolve imaginação, como se nos colocássemos na pele de outra pessoa, vendo o mundo através de seus olhos e vivenciando seus afetos, bons ou maus. Até aqui, tudo muito ligado ao sistema límbico, muito embora Smith não tivesse a mínima ideia do que isso pudesse ser naquele tempo. Mas o autor também afirma que exercitamos a empatia analisando eventos específicos e suas prováveis consequências sobre os outros. Mas essa capacidade analítica de causa e efeito, esse padrão de antecipação de desdobramentos possíveis, é típico do pré-frontal.

Tudo isso demonstra pelo menos duas coisas: a genialidade de Smith e sua profunda compreensão do ser humano, de um lado, e a complexa interação entre as áreas de nosso cérebro nos processos de julgamento e escolha, de outro.

Não, não vai chover!

Uma das situações mais embaraçosas para a Economia tradicional diz respeito ao comportamento dos "agentes econômicos" frente a situações de risco ou incerteza. Todos os modelos microeconômicos supõem que os agentes tomam decisões com base em probabilidades, reais ou imaginárias, mas de forma extremamente consistente e objetiva.

No entanto, um experimento simples coloca essa abordagem em xeque (Camerer, Loewestein e Prelec, 2005, p. 43). Coloque pessoas de nível universitário diante das seguintes opções:

- Meter a mão em uma urna contendo 1 esfera vermelha e 9 esferas brancas; ou
- Meter a mão em uma segunda urna contendo 10 esferas vermelhas e 90 esferas brancas.

Caso a pessoa retire uma esfera vermelha, vai receber um prêmio de R$ 500.

Qual das urnas a maioria das pessoas irá escolher? Se você respondeu a segunda, acertou!

O estranho nesse caso é que a chance de ganhar é de 10% nos dois casos e muitos dos participantes afirmam que compreendem isso, mas, ainda assim, preferem a segunda urna. Segundo os padrões da Economia tradicional, esse é um comportamento irracional e, no entanto, é extremamente comum, mesmo entre pessoas com bom nível de estudo.

Nosso cérebro está o tempo todo buscando na realidade objetiva a seu redor algum elemento para justificar seu otimismo. Queremos acreditar no cenário que nos é mais favorável sempre. Mas, por quê? Como a Neurociência nos ajuda a compreender esse tipo de "viés otimista a priori"? A resposta nos leva de volta a nossos comportamentos mais primitivos e menos conscientes, associados à busca pela sobrevivência, a sobrevivência de nossa espécie, nós que somos mamíferos primatas – ainda que nos vejamos muito superiores a outros animais semelhantes a nós.

Como sabemos, as áreas e os processos mais primitivos de nosso encéfalo, sobretudo os ligados ao tronco cerebral, oferecem um pano de fundo para nossos julgamentos, atitudes e escolhas. Por isso, essas áreas e processos mais simples tendem a classificar tudo o que temos a nosso redor de forma binária: antes de tudo, estamos sempre diante de uma ameaça ou de uma possibilidade de recompensa. Mas existe uma gradação aí.

Se, por exemplo, estamos diante de uma ameaça grande demais, o comando instintivo dado pelo encéfalo e mesmo pela medula espinhal e seus mecanismos reflexos é "corra, desista, fuja agora!" Não é por outra razão que os centros cerebrais ligados ao medo se encontram nessas mesmas áreas, agindo conjuntamente com estruturas do sistema límbico como a amígdala cerebral.

Esses processos encefálicos são impulsivos e bem pouco racionais, mas influenciam de forma decisiva a tomada de decisão diante de situações de grande ameaça ou grande expectativa de recompensa.

Imagine se tivéssemos que analisar racionalmente, como toda a lentidão e o esforço típicos do córtex pré-frontal, quando sentimos que nosso braço encostou na porta do forno superquente e, portanto, temos que puxá-lo rapidamente antes que acabemos com uma queimadura feia! Não iríamos sobreviver nem deixar descendentes se agíssemos assim. Por isso, espécies ou indivíduos que não desenvolveram a capacidade de sentir medo se tornaram temerárias e, muito provavelmente, acabaram sendo extintas ao longo da evolução. Uma das estruturas cerebrais mais importantes nesse processo de reação instintiva é o cerúleo ou *locus cœruleus*, um núcleo na ponte do tronco cerebral envolvido com respostas fisiológicas ao estresse e ao pânico e capaz de produzir a noradrenalina, hormônio fundamental nas situações de medo.

Mas se, por outro lado, a ameaça é entendida como superável, também precisamos de uma dose forte de noradrenalina, pupilas dilatadas e sangue nos músculos para partir para cima do agressor – e isso também é uma reação fisiológica da qual participa o cerúleo. O elemento de ameaça pode até ser representado por alguém de nossa própria espécie e, portanto, o sistema límbico tem por ele certo sentimento de bando ou mandada, uma certa simpatia. Mas, se ele quer nosso território ou nosso parceiro sexual, então devemos partir para o ataque; caso contrário, nossa capacidade de colaborar com a perpetuação da espécie vai por água abaixo. Por isso a amígdala (não aquela que temos na garganta!), órgão regulador das emoções que faz parte do sistema límbico, recebe as descargas de noradrenalina quando são produzidas no tronco encefálico.

Dá para notar que, por mais que as áreas primitivas do tronco encefálico influenciem nossos processos decisório agindo sobre nossas reações corporais e fisiológicas, a verdade é que não somos lagartos. Os seres humanos precisam dar uma chance para que cenários sejam analisados de forma mais analítica e menos impulsiva. Se formos muito arredios, não seremos animais sociais – como os suricatos – nem conseguiremos blefar, isto é, vencer um inimigo claramente superior com astúcia – como até alguns macacos e cachorros conseguem fazer às vezes.

Por conta disso, o ser humano desenvolveu aquele viés otimista. Foi uma forma que surgiu durante a evolução para acalmar um pouco os processos e estruturas ligados ao estresse e, assim, dar um tempo para que o lento córtex frontal pudesse mostrar seu valor. Mais ainda: como aquelas mesmas áreas mais primitivas do encéfalo estão sempre classificando tudo o que vemos em suas categorias binárias, recompensa ou ameaça, nosso viés otimista acaba se concentrando nas possibilidades de recompensa. Por conta disso, muitas vezes o córtex pré-frontal é alimentado com maior conteúdo de informações boas, isto é, possibilidades de recompensa. Como consequência, é comum racionalizarmos os cenários mais otimistas na busca de nos convencer de que são mesmo mais prováveis. Há quem chame isso de fé. Mas essa é uma outra discussão.[30]

É por essa razão que muitas pessoas saem de casa em um dia nublado sem guarda-chuva, intimamente confiantes de que não vai chover. E por mais que acabem molhados ou tenham que comprar mais um guarda-chuva para sua coleção de algum vendedor de rua inescrupuloso, parecem não aprender.

Algo parecido acontece quando uma pessoa compra um automóvel modelo 2.0 quando, na verdade, queria comprar o 2.7. Ela vai construir um cenário mental no qual não só fica satisfeita com o modelo mais barato como ainda vai economizar no combustível. Mais ainda, tenderá a ver a "quantidade imensa" de carros 2.0 que circulam na cidade, reafirmando a crença de que fez a escolha certa. No campo da antiga Economia Comportamental, que precedeu a Neuroeconomia, nossa tendência de ver o que queremos a nosso redor em casos assim é chamada de viés de confirmação. Como o carro 2.0 está girando em nossa mente consciente, nossa atenção acaba recaindo sobre esse tipo de automóvel. E o sentimento de reconforto que sentimos nos "demonstra" que fizemos a escolha certa.

---

[30] Ver Gaw (2019).

No caso da chuva, a análise típica da Economia tradicional diria que, se você atribui uma probabilidade baixa ao "estado chuvoso" e detesta andar inutilmente com o guarda-chuva debaixo do braço, então você sairá sem guarda-chuva. Essa é a decisão lógica que maximiza sua utilidade esperada. Já a Neuroeconomia afirma que, como você detesta sair de casa levando o guarda-chuva inutilmente, então você atribui uma probabilidade baixa ao "estado chuvoso". E, caso o pior aconteça, irá improvisar: pedirá carona, entrará numa livraria para tomar um café até que a chuva passe, pegará um táxi ou qualquer outra coisa. Nesse caso, vai ser preciso tomar uma decisão diante daquela "situação inesperada" e, só então, seu neocórtex pré-frontal entrará ativamente em ação para resolver o problema.

O viés de confirmação é a tendência de focarmos nossa atenção para as situações a nosso redor que reforçam a ideia de que fizemos a escolha certa.

O caso do carro 2.0 é ainda pior. O economista tradicional diria que você até se sentiria mais satisfeito com o modelo 2.7. Mas, como está além de sua restrição orçamentária, maximizou sua utilidade esperada condicionado pela renda que poderia gastar. Afinal, diria o economista tradicional, o objetivo do "agente econômico" é a máxima satisfação no consumo, isto é, em tudo o que começa a acontecer depois da compra!

Alguma análise da frustração ou dos processos mentais de convencimento pós-compra? Nem sinal... Nosso amigo economista ortodoxo não tem uma palavra sequer a nos dizer a respeito. Isso é altamente constrangedor, pois a tendência que temos de dizer que algo que compramos era exatamente o que queríamos, sufocando a sensação de frustração, é conhecida desde os antigos gregos. Esopo (620 A.C.-564 A.C.) já conhecia esse fenômeno, atualmente chamado de dissonância cognitiva, e o ilustrou na fábula da raposa e as uvas.

Esse comportamento também pode ser chamado de autoengano [31], muito comum quando fazemos nossos *checkups* de saúde. Quando o médico pergunta algo sobre nossa alimentação ou se estamos caminhando, costumamos mentir muito. Mas, por quê?

Nosso viés otimista foi a forma evolucionária de conciliar a lentidão do córtex pré-frontal com a rapidez de nossas reações afetivas e instintivas. Caso contrário, viveríamos em um estado de alerta excessivo, vendo inimigos atrás de cada cortina, ariscos como um lagarto. Pensar positivamente, nesse sentido, é dar tempo a nosso cérebro racional para que ele possa trabalhar em paz. Mas, uma vez mais, há quem acredite no sentido religioso do pensamento positivo. Também pode ser...

[31] Ver Gianetti (1998).

Contabilidade cerebral

Você deve ter notado que deixamos alguns exemplos provocativos para trás. Por exemplo: o caso da pizza com refrigerante *diet*. Essa é uma situação tão comum que a maioria de nós sorri só de ouvir falar. Mas será mesmo que se trata de pura comédia? Será que tudo não passa de autoengano de gente gulosa?

Na verdade, nosso cérebro tem uma forma estranha de contabilizar os resultados de nossas ações, de estimar as probabilidades de ocorrência de fatos bons e maus e de interpretar os dados do mundo externo. E, como regra, o que deciframos, o que processamos, isto é, nossa contabilidade cerebral é bem pouco racional.

Dizendo de forma direta: o sujeito que está comendo quatro pedaços de pizza com refrigerante *diet* está maximizando sua felicidade simplesmente distorcendo a realidade a seu redor. Está fraudando a contabilidade de calorias para maximizar seu bem-estar, seu prazer.

A maioria de nós revela aversão à perda.
Por isso muitos hotéis oferecem upgrades de hospedagem sem custos adicionais.
Depois de provar o "doce sabor" de um quarto de categoria mais alta, será mais difícil para o cliente aceitar se ver em uma suíte padrão.

Ainda assim, o caso da pizza é relativamente ingênuo. Há outras situações que podem até mesmos gerar algumas regras de grande utilidade para influenciar a percepção de ganho quando, por exemplo, queremos vender algo ou manter uma equipe de trabalho satisfeita e motivada.

Thaler (2015) sintetiza os resultados de diversos estudos que comprovam, na prática, que somos mais sensíveis à perda do que aos ganhos. É a chamada aversão à perda, um dos elementos que explicam o *nudge*. Trata-se de uma avaliação ou contabilização mental a posteriori, de certa forma a contraface do viés otimista a priori. Neste último, fazemos uma avaliação mental que favorece a situação ou estado que mais desejamos. Algo do tipo, "como não estudei determinado tema, ele não vai cair na prova" ou "como estão com a habilitação vencida, não vou ser parado pela fiscalização de trânsito".

No caso da aversão à perda, estamos diante de uma situação posterior a determinado evento crítico, escolha ou decisão envolvendo a posse de algo, tipicamente uma compra, mas não só. Nossa valoração quando já temos ou já não temos algo varia muito. Mais ainda, como ensinava Maquiavel (1467-1527), gostamos de receber boas notícias aos poucos e más notícias todas de uma vez. Essa é uma conclusão muito importante para uma das práticas econômicas mais comuns e mais impactantes em qualquer ramo de negócios:

a formação de preços. Alguns exemplos ajudam a esclarecer esses pontos.

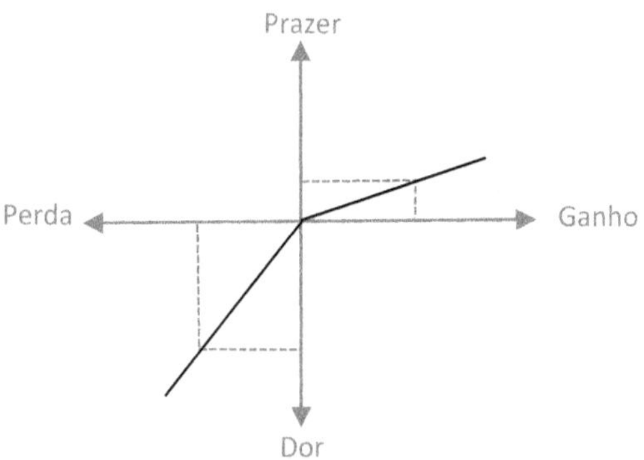

Representação gráfica da aversão à perda: o nível de desconforto causado pela perda de determinado valor é superior ao prazer de ganhar o mesmo valor.

Imagine alguém que ganhasse de uma só vez um prêmio de R$ 50 mil numa loteria. Agora imagine essa mesma pessoa ganhando R$ 40 mil em uma semana e outros R$ 10 mil na semana seguinte. Em que situação você diria que a pessoa em questão se sente, no todo, mais satisfeita, mais feliz? Acho que estamos de acordo que alguém que ganhasse duas vezes na loteria se sentiria o escolhido dos deuses e os amigos morreriam de inveja duplamente. Então, há algo além dos valores em si que afeta nossa atribuição de valor, certo?

Outro fato marcante é a escolha entre ter um carro próprio ou optar por uma combinação de corridas de Uber e aluguel ou *leasing*. Muitos financistas dizem que a segunda opção é muito melhor. O gasto de muitas pessoas com corridas por aplicativo + aluguel seria inferior aos gastos com a compra e manutenção de um automóvel, somado aos juros que se deixa de ganhar com as aplicações financeiras. Acontece que o Uber é pago corrida a corrida e o aluguel ou *leasing*, tipicamente, uma vez por mês. Está comprovado que isso reduz o nível de satisfação, pois torna excessivamente explícitos os custos de locomoção. Na maioria das vezes, nos sentimos melhor e usufruímos mais do prazer proporcionado por bens e serviços quando conseguimos dissociar o custo do benefício. Estamos simplesmente enganando nosso cérebro racional, o pré-frontal, como no caso das bolas vermelhas e brancas.

Nudge: contabilidade mental e aversão à perda

O *nudge* é um dos fenômenos estudados pelo ganhador do Nobel de economia de 2017, Richard Thaler. Em uma tradução livre, *nudge* significa "empurrãozinho". Mas também poderia ser traduzido como "pequena barreira comportamental". Como a análise cognitiva típica do pré-frontal é grande consumidora de energia, nosso cérebro acaba desenvolvendo padrões de comportamento semiautomáticos, hábitos e heurísticas que nos fazem agir segundo padrões que não foram impostos por ninguém, mas que nos parecem a via de menor resistência.

Assim, em alguns países, a condição de doador de órgãos é o padrão que consta nos documentos de identidade. Se você não quiser ser doador de órgãos, terá que pedir que isso esteja explicitamente escrito em seu documento. Esse é o caso do Brasil e da Áustria, dentre outros países. Já na Alemanha, o padrão normativo é o contrário: se nada estiver escrito, presume-se que você não seja doador. Se quer doar seus órgãos após a morte, isso deve estar escrito claramente em sua identidade. Graças a isso, o número de doações efetivas é muito maior nos países onde a condição de doador é o padrão. Uma pequena barreira comportamental com grandes efeitos práticos.

Outro caso de "empurrãozinho" é o aviso típico em sites de compras, aqueles que dizem "há mais dez pessoas pesquisando esse item no momento" ou "só restam mais três quartos como esse no hotel". O site não está tomando decisões por nós, mas esses avisos nos colocam diante de uma condição de alerta mais típica do "velho cérebro" e do límbico do que do pré-frontal. Estamos sendo induzidos a entrar em uma disputa com outros consumidores desconhecidos. E, como também acontece na discussão sobre o Neuromarketing, somos "empurrados" na direção da decisão de compra sem sermos coagidos a nada. As compras por impulso muitas vezes surgem como efeito do *nudge*. Mas, fique tranquilo! Seu neocórtex irá montar uma narrativa posterior justificando "racionalmente" a compra feita por impulso. Essa contabilidade mental é muitas vezes fraudulenta e tudo o que tivemos foi uma sensação de que perderíamos uma oportunidade de compra. Mas nossa aversão à perda acabou multiplicando esse sentimento e nos fazendo optar pela compra.

Não é por outra razão que as concessionárias de automóveis oferecem *testdrives* para potenciais compradores, outro tipo comum de *nudge*. É preciso, de alguma forma, fazer o consumidor sentir-se "apegado" ao carro, ainda que não tenha feito nenhuma reserva ou pagamento. O mesmo vale para hotéis que oferecem *upgrades* aos hóspedes. Depois de terem experimentado o "doce sabor" de um quarto de padrão mais alto, esses clientes terão aversão a se desfazer desse nível mais alto em termos de hospedagem. É sempre bom lembrar, antecipando parte da discussão que será feita no capítulo sobre ética no *Neurobusiness*, que não se trata de coagir ninguém a tomar uma decisão de compra. Práticas de *nudge* que trabalham com o sentimento de aversão à perda estão apenas introduzindo um elemento nada racional no processo de tomada de decisão. Mas, o consumidor continua livre para dizer não fazer o que quer que seja. Influenciar sem coagir é o grande desafio ético dessas práticas.

Outras lições também surgem dessa preferência que temos pela dissociação custo-benefício. Muitas pessoas que utilizam cartões de crédito para realizar pagamentos esquecem o quanto gastaram em questão de minutos. Isso é menos comum quando o pagamento é feito em dinheiro. Mais ainda: quando alguém faz um gasto de, digamos, R$ 500 no cartão, ele aparecerá na fatura junto com diversos outros gastos, provavelmente de valores maiores e menores. Isso faz com que a percepção do quanto aquela compra custou fique diluída. Isso não ocorre nos pagamentos à vista, os quais tornam o "sofrimento" do pagamento mais rude e mais desagradável.

Por fim, pacotes em resorts do tipo *all inclusive* tendem a gerar uma percepção de valor maior para o lazer dos hóspedes. Esse tipo de estratégia de cobrança permite que os clientes usufruam dos benefícios do *resort* sem serem atormentados pelo custo adicional de cada refeição, por exemplo. Em termos estritamente econômicos, planos desse tipo fazem com que o custo marginal da hospedagem se torne zero ou próximo disso.

Mas, como a Neurociência nos ajuda a compreender esses comportamentos?

No caso da pizza, a explicação é, em parte, sociológica. Precisamos de justificativas racionais para nossas ações inconscientes ou impulsivas. É como se o neocórtex, jovem e autoritária região do cérebro humano do ponto de vista evolucionário, exigisse uma satisfação. E, para que possamos nos sentir o mais felizes possível, simplesmente enganamos essa parte de nosso cérebro.

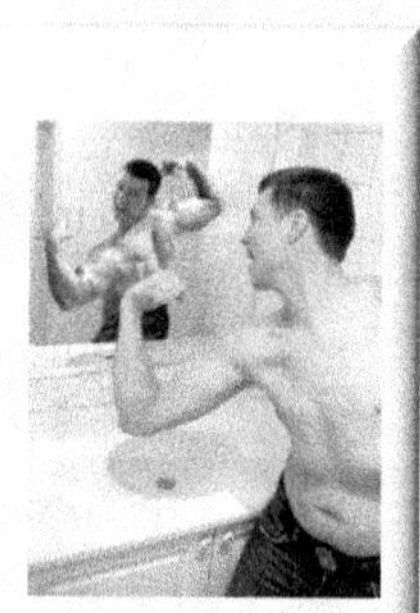

A frequência com que praticamos o autoengano sugere que não somos bons juízes em causa própria.
A maioria de nós tende a ter uma visão muito positiva de si mesmo.
E o espelho não ajuda nesse caso!

O exemplo mais dramático desse processo de autoengano, é o caso clássico do homem adulto que se barbeia todos os dias de segunda a sexta-feira. Portanto, trata-se de alguém que passa pelos menos uns bons dez minutos de cada dia de semana diante do espelho com sua atenção focada nas diversas partes do próprio rosto.

Mas, quando esse sujeito se depara com sua própria foto postada por um amigo nas redes sociais fica assustado por parecer tão gordo. A resposta que ele dá a si mesmo, ou melhor, a satisfação que dá a seu neocórtex é: "Fotos assim 'achatam' a imagem da gente...". Ele só não consegue explicar por que os demais amigos presentes na mesma imagem não parecem mais gordos como ele próprio.

Esse é um caso muito semelhante ao das pessoas que fazem um regime alimentar rigoroso nos três dias que antecedem seu exame de sangue. O que essas pessoas estão fazendo? Simplesmente fraudando a contabilidade mental e, com certeza, também enganando seus médicos. Mas o fato é que ouvir um elogio do médico é algo que nos dá extremo prazer. Um prazer nada racional e fraudulento, é verdade, mas um prazer de qualquer forma.

No que se refere à aversão à perda, estamos diante do instinto de posse ou territorialidade, algo muito associado às estruturas mais primitivas de nosso cérebro. Se o *test drive* nos fez sentir donos do carro, o caminho para a compra já está meio andado. E se nos sentimos mais poderosos do que os conhecidos que não têm um carro novo, então o processo primitivo de posse já está a todo vapor.

A dissociação entre custo e benefício eleva o prazer de várias práticas de consumo. Mas isso não é nem um pouco racional. Ao fazer isso, estamos literalmente enganando nosso córtex pré-frontal, o locus cerebral da razão e da cognição.

Infelizmente, durante séculos, o mesmo sentimento primitivo justificou a forte sensação de prazer que as pilhagens de guerra causavam nos exércitos vencedores. Melhor do que ter algo é tomar do outro. E ruim mesmo é ver alguém de posse de algo que era meu – ou, pelo menos, eu já estava sentindo que era meu, como no caso das reservas de hotel pela internet e os malditos avisos "há mais tantas pessoas pesquisando esse quarto no momento".

O uso do cartão de crédito ou a preferências por tarifas *all inclusive* nos resorts são uma forma de elevar a satisfação puramente afetiva, típica do sistema límbico, retirando da experiência de consumo os elementos lógicos e cansativos a cargo do neocórtex pré-frontal. Se o valor da compra ficar muito tempo girando em sua mente, a parte racional de seu encéfalo vai ficar analisando e reanalisando a relação custo/benefício e enumerando mil razões para você ter comprado e outras mil para você não ter comprado aquele bem ou serviço numa tentativa de contabilização potencialmente sem fim. Isso é exaustivo! Consome muitas quilocalorias, muita glicose.

Mas, se você consegue dissociar, inclusive do ponto de vista temporal, custo e benefício, empurrando o primeiro para o dia do vencimento da fatura, seu pré-frontal vai ter menos elementos para processar, deixando o límbico mais senhor da situação.

Acho que todos concordamos que é no mínimo cansativo, senão extremamente aborrecido, analisar a cada final de tarde se vale a pena ou não tomar mais uma batida de maracujá diante de uma pôr do Sol no litoral baiano antes de uma sessão de massagem com pedras mornas...

Outro exemplo que deixamos para trás se refere à pessoa que decidiu comprar um determinado modelo de automóvel e, como que por mágica, começa a ver diversos carros idênticos circulando. A velha Economia não tem absolutamente nada a dizer sobre isso e entrega situações assim ao que os economistas ortodoxos consideram "ciências menores" como a Psicologia ou a Sociologia. Quanta arrogância!

Se alguém compra um modelo de automóvel, diz o economista tradicional, deve ter avaliado se prefere *design* a potência ou vice-versa, confrontando seu mapa de preferências com o orçamento que estava disposto a gastar com a compra de modo a maximizar a satisfação que terá com o automóvel. Já a Neuroeconomia tem duas explicações para isso.

De um lado, sabemos que os sistemas em espelho de nosso cérebro (SNE) são sensíveis a situações assim. Nossa atenção torna-se focada nos demais automóveis do mesmo modelo que estão circulando simplesmente porque, ao ver pessoas dirigindo esses carros, já começamos a nos sentir donos daquele modelo que queremos. Simulamos a compra ao olhar com atenção os automóveis semelhantes rodando pelas ruas. As mesmas áreas do cérebro que atuam quando dirigimos entram em funcionamento quando vemos alguém dirigindo. E, por isso, tudo se passa como se pudéssemos antecipar a futura satisfação que teremos depois da compra.

HO, HO, NH_2

A dopamina (estrutura química mostrada acima) é uma substância associada à sensação de prazer. Umas das áreas do cérebro que produz essa substância é a chamada substância negra, no tronco encefálico.

Mas a Neuroeconomia também afirma que existem dois tipos distintos de satisfação em jogo quando compramos algo (Thaler, 2015): a satisfação clássica, associada à utilidade esperada com a posse do bem, e a satisfação com o processo de escolha e compra ou satisfação transacional.

Vasculhar a internet, comparar modelos, entrar em fóruns de discussão, dizer para os amigos que pretendemos trocar de carro nos dá uma satisfação imensa, mas de caráter transacional e não vinculada à fruição do bem em si. Se alguém está em Paris, em plenos Champs-Élysées, e consegue um almoço fantástico pagando "apenas" o triplo do que pagaria em São Paulo pode se achar uma pessoa de sorte. Ou se consegue fechar um pacote turístico em um resort concorrido com um desconto inédito de 10% talvez se sinta mais feliz do que se gastasse o mesmo para ficar em um hotel tão bom quanto, mas não tão badalado. A satisfação do consumo começa antes do consumo em si em todos esses casos e, graças às redes sociais, vai muito além também.

Ter feito um bom negócio, assim como o próprio processo de transação, pode ser fonte de satisfação tão ou mais relevante do que a fruição em si. Será que é por isso que muitas pessoas sofrem de depressão pós-consumo? Muito provável! O automóvel parece brilhar mais no *showroom* do concessionário do que quando chega em casa. E, se for possível deixar de emplacar o carro por algumas semanas, estaremos dizendo a nosso neocórtex que ainda não encerramos o processo de compra, que o carro ainda não é nosso, mas será em breve. Que delícia! Carro novo deve ter cheiro de dopamina, a substância produzida por vezes no tronco encefálico e associada à sensação de prazer... Mas não diga isso a seu córtex pré-frontal! Aliás, pode-se cogitar que, como o excesso de racionalidade atrapalha a fruição de momentos assim, um dos circuitos da dopamina no encéfalo inibe exatamente a cognição quando atinge o pré-frontal.

Puro prazer afetivo ou instintivo exige a redução ou inibição parcial de nossos processos lógicos de avaliação. Todo prazer, portanto, tem um pouco de "loucura".

Influenciando as preferências

Depois de todo o percurso feito ao longo deste capítulo, chegamos, enfim, às fronteiras da Neuroeconomia. Daqui, já podemos avistar o campo do Neuromarketing e precisamos tomar cuidado para não ir longe demais.

O fato é que, sempre que alguém houve falar das múltiplas aplicações da Neurociência à gestão de empresas e negócios acaba se perguntando: "Então, será que é possível influenciar a tomada de decisão de meus clientes ou até mesmo de meus fornecedores?" O exemplo do *nudge* e da aversão à perda já nos sugeriu que sim.

Pode-se dizer que a compreensão do funcionamento do sistema nervoso humano, tal como existe hoje, e sua aplicação a serviço das organizações e seus profissionais, sempre dentro dos devidos limites éticos, é a razão de ser do *Neurobusiness*. Portanto, sim, é possível utilizar todo esse conhecimento a favor do sucesso dos negócios.

Estranhamente, nossos economistas tradicionais estariam, novamente, fazendo careta. "O consumidor é soberano", dizia o Nobel de economia de 1970, Paul Samuelson (1915-

2009), legítimo representante da velha guarda dos economistas.

Segundo esse paradigma antigo e desgastado, cabe às empresas e aos profissionais identificar as preferências de seus clientes e buscar atendê-las. Nesse mundo maravilhoso e irreal, consumidores maximizam sua utilidade esperada e empresas maximizam seus lucros. Todos sabem exatamente o que querem e são capazes de agir de forma coerente, consistente e cognitiva na busca de seus objetivos. Dito de maneira bastante simplista, essa é base da chamada "Teoria Racional da Escolha" ou "*Rational Choice Theory*". Um de seus defensores é nada menos do que outro teórico da velha guarda, Milton Friedman (1912-2006), ganhador no Nobel de economia de 1976.

Com a ajuda da Neurociência e a comprovação de inúmeros experimentos econômicos, descobrimos que as preferências dos clientes não são "reveladas" para as empresas, como dizia o professor Samuelson. Elas são construídas a partir de toda uma série de referenciais e, como já sabemos bem, mas os elementos afetivos e instintivos têm papel decisivo. Com este último elemento, nem Samuelson nem Friedman concordariam tão prontamente.

Alguns experimentos clássicos que comprovam a tese de que as preferências são construídas a partir de referenciais nada racionais são dados por Camerer, Loewenstein e Rabin

(2004, cap.1). É o chamado "efeito forma" (*frame effect*). A conclusão geral é que as escolhas dependem crucialmente da forma como as opções são apresentadas. E isso desafia a "*Rational Choice Theory*" frontalmente.

Economistas da velha guarda, defensores da teoria da escolha racional

Milton Friedman (1912-2006), um dos mais influentes economistas da chamada Escola Monetarista de Chicago. Ganhou o prêmio Nobel em 1976 por conta de sua contribuição para o entendimento da relação entre moeda e inflação.

Paul Samuelson (1915-2009), autor de um dos manuais de economia mais utilizados durante boa parte do século XX chamado *Foundations of Economic Analysis* (1947). Ganhou o prêmio Nobel em 1970. Deu grandes contribuições para a síntese das correntes econômicas em disputa no período posterior à Segunda Guerra Mundial.

O primeiro exemplo é o seguinte (Tversky e Kanehman, 1981). Suponha que uma doença contaminou 600 pessoas em um país remoto da Ásia e você deve escolher entre duas alternativas, ambas bastante desagradáveis. Vale dizer, desde já, que as alternativas serão apresentadas de duas formas distintas, mas com efeitos estatisticamente idênticos:

Forma positiva:

- Alternativa A: salvar 200 pessoas com certeza; ou
- Alternativa B: probabilidade de 1/3 de salvar todos e de 2/3 de não salvar ninguém.

Forma negativa:

- Alternativa A': 400 pessoas morrerão com certeza; ou
- Alternativa B': probabilidade de 2/3 de que todos morram e de 1/3 de que ninguém morra.

Se analisarmos com a devida frieza estatística, veremos que A e A' são equivalentes. Em ambos os casos, 200 pessoas são salvas e 400 morrem. Da mesma forma, B e B' também são equivalentes, uma vez que a probabilidade de todos morrerem é de 2/3 e de que ninguém morra é de 1/3. No entanto, na maioria das vezes em que esse experimento é aplicado, A é preferido a B, mas B' é preferido a A'. Essa é uma das formas mais simples de exemplificar o que nossos autores, Tversky e Kanehman, chamaram de Teoria dos Prospectos.

Note que, aqui, a Neuroeconomia encontra a Neurolinguística. A forma positiva enfatiza quantas pessoas serão salvas, enquanto a forma negativa dramatiza a morte certa de 400 pessoas na alternativa A'. Em outros termos: é possível ser completamente transparente e ético ao apresentar aspectos positivos e negativos de um bem ou serviço a um cliente, adotando a forma que coloca em destaque os aspectos positivos. Ainda que haja riscos envolvidos e eles sejam apresentados explicitamente, a venda se torna mais fácil. Mas é tudo uma questão de perspectiva de ênfase, não de manipulação.

E como a Neurociência explica isso? A resposta está no mecanismo do medo, do temor de um evento ameaçador demais do qual é preciso fugir ou o qual é preciso evitar. Responda você mesmo: a morte certa de 400 é algo que se deve impedir a qualquer custo ou não? Então, A' é uma ameaça das grandes, certo? Qual a ordem que o bárbaro dentro de você, impulsivo e cognitivamente limitado, está lhe dando? "Fuja da alternativa A' imediatamente", é o que ele diz, sem dar muita chance para que seu córtex pré-frontal compare as formas positiva e negativa, concluindo, depois de algum tempo, que A é igualmente indesejável nesses termos.

Nenhuma novidade, certo? Qualquer vendedor de rua experiente sabe que é preciso mostrar o lado bom de uma oferta, saciando nosso viés otimista a priori, nossa busca de uma justificativa nada racional para disparar um gatilho comportamental. Mas os economistas tradicionais afirmavam que nada disso era realmente importante e que temos capacidade cognitiva suficiente e suficientemente rápida para perceber que as duas alternativas são equivalentes do ponto de vista objetivo, formal e matemático. Mas a experiência mostra que a Economia tradicional está errada.

Ainda assim, é possível ir além, explorando com mais detalhe a aversão à perda.

Dito de forma simples, é mais difícil tirar algo de alguém do que convencer essa pessoa a adquirir a mesma coisa. Como vimos, nosso instinto de posse é antigo e guiado justamente pelas estruturas e pelos processos mais impulsivos de nosso sistema nervoso. Portanto, de fato, é algo forte. Mas, forte quanto? Outro experimento econômico clássico pode responder a essa pergunta (Kahneman e outros, 1990).

Um grupo relativamente homogêneo de pessoas foi separado em dois. Para os integrantes do primeiro subgrupo, foi oferecida uma caneca de louça para café, um item simpático, mas relativamente barato. Para essas pessoas foi feita a seguinte pergunta depois de deixá-las alguns minutos de posse de seu brinde:

- "Qual o menor valor pelo qual você me venderia essa caneca?"

O segundo subgrupo não recebeu brinde algum, mas chegou a ver as mesmas canecas expostas bem diante dos olhos. Para estes a pergunta foi outra:

- "Qual o preço máximo que você pagaria por uma dessas canecas?"

Experimentos desse tipo foram repetidos muitas vezes e acabaram gerando sempre algo do tipo: o mínimo preço que os integrantes do primeiro grupo aceitam para abrir mão da caneca que ganharam é pouco mais do que o dobro do preço máximo que os integrantes do segundo grupo se dispõem a pagar para adquirir o mesmo item.

Os dois sistemas de Daniel Kahneman

Em seu livro Rápido e Devagar: duas formas de pensar, o ganhador do Nobel de economia de 2002, Daniel Kahneman, analisa nossos processos de tomada de decisão recorrendo a uma imagem que lembra as fábulas envolvendo a lebre e a tartaruga. Assim, ele chama de Sistema 1 os processos típicos do sistema límbico e "velho cérebro" (tronco encefálico), nossa lebre cerebral. Já o Sistema 2, nossa tartaruga decisória, se refere ao pré-frontal, com suas análises lentas e gastadoras de energia. O quadro a segui resume algumas das características desses sistemas, o rápido (Sistema 1) e o devagar (Sistema 2).

Sistema 1

- Límbico e Tronco Cerebral
- Baixo consumo de energia
- Rápido e (relativamente) involuntário e impulsivo
- Baseia-se em memórias permanentes e experiências anteriores
- É difícil explicar por meio de narrativas as decisões tomadas

Sistema 2

- Neocórtex pré-frontal
- Alto consumo de energia
- Lento e (aparentemente) voluntário e reflexivo
- Baseia-se em análise lógica e avaliação de risco
- Em geral, constroi narrativas racionais para explicar ou justificar uma decisão já tomada

Devido a seu caráter relativamente mais consciente e voluntário, nós tendemos a nos identificar com o Sistema 2. Mais ainda, quando alguém nos pergunta por que fizemos uma determinada escolha, é comum construirmos narrativas cheias de elementos racionais construídas tardiamente no Sistema 2 quando, na verdade, muitas de nossas escolhas foram feitas por impulso.

Um exemplo simples se refere às compras pela internet, repletas de *nudges*. Quando compramos algo por impulso e nos defrontamos com a fatura do cartão de crédito semanas depois, é comum um sentimento de arrependimento pós-consumo. Mas, se adiarmos a decisão de realmente completar a compra para a manhã do dia seguinte, é possível que surja em nossa mente um questionamento do tipo "mas eu não preciso daquilo; por que eu quase comprei, então?" É nossa tartaruga racional chegando atrasada para dizer que comprar aquilo era logicamente desnecessário.

A mensagem aqui é clara e já foi enunciada acima: é mais difícil tirar algo de alguém do que convencer alguém a comprar a mesma coisa. Este é o princípio básico do *test drive* e das versões demo de *softwares* ou dos períodos durante os quais os canais dos pacotes mais caros das TVs por assinatura são abertos aos assinantes dos pacotes mais baratos.

Tudo isso não parece novo. Mas, impressiona o fato de que as velhas estratégias de venda continuem funcionando. Sabemos que vendedores carregam nos aspectos positivos de seus produtos e que o *testdrive* serve para nos dar o "gostinho" de ter um carro novo, a sensação de que ele já é nosso. Então, por que continuamos "caindo nessa"? A resposta dada pela Neurociência é que se trata de comportamentos instintivos, vinculados ao funcionamento mais primitivo e inconsciente do cérebro humano. Depois que assumimos um território, deixá-lo para trás se torna instintivamente complicado.

Por fim, imagine uma "venda interna", ou seja, alguém que deseja vendar uma ideia dentro de sua própria empresa. Uma postura muito agressiva e excessivamente inovadora pode não ser bem-sucedida. Muitas teorias já foram desenvolvidas, tratando da "aversão à mudança". Mas, por que isso acontece?

Uma pessoa radicalmente inovadora pode ser inconscientemente vista como não fazendo parte do bando. "Como podemos confiar num estranho?", perguntaria seu sistema límbico. "Mas, ele não é um estranho!", responde seu córtex pré-frontal. Tarde demais! Os níveis de ocitocina baixaram e a ideia passa a ser rejeitada. O pré-frontal irá encontrar mil razões absolutamente frias e lógicas para rejeitar o projeto, racionalizando a posteriori uma decisão que já está tomada.

Aqui, chegamos a outra fronteira da Neuroeconomia, seu limite com a Neuroliderança. Convencer uma equipe de algo, vender uma ideia dentro de uma organização, exige, antes de tudo, que o vendedor seja visto como "um de nós".

Hoje sabemos que o hipocampo, estrutura que faz parte do límbico, é a área do encéfalo responsável tanto pela identificação dos membros de um grupo quanto da transformação de informações novas em memórias permanentes, afetivas. Assim, compreendemos melhor a importância da identificação com o sucesso dos esforços de venda e com a **construção de preferências**. Nossos clientes não estão bem certos do que realmente querem e suas decisões estão cheias de afeto e instinto, com diversos gatilhos que podem ou não ser disparados, sejam de aversão ou de aproximação e compra.

Algumas conclusões

É fato: os romanos tinham razão. A verdade está no vinho. Mas, por quê? O que o conhecimento das grandes estruturas de nosso encéfalo e de alguns processos importantes como os circuitos de dopamina nos revela sobre a sabedoria dos antigos, desprezada sistematicamente pelos economistas tradicionais?

Bebidas alcóolicas reduzem nossa capacidade cognitiva, algo que também ocorre nos circuitos dopaminérgicos típicos de situações que envolvem expectativas de recompensa. Em outros termos, o efeito de taças de vinho ou outra bebida alcoólica qualquer se dá intensamente sobre o pré-frontal. Nossas habilidades motoras, de visão, audição e tantas outras ficam comprometidas também. Como consequência, perdemos parte dos atributos que nos tornam membros da espécie *Homo sapiens*. Por isso, durante uma bebedeira leve, emergem nossas emoções mais profundas. É o límbico vindo à tona sem o policiamento dos centros inibidores do córtex ventrolateral. Ao mesmo tempo, nossa capacidade de manipulação interessada, de blefe, também típica do pré-frontal, também fica prejudica. Por isso o bêbado parece mais autêntico e tem dificuldades de mentir.

Por outro lado, nosso bárbaro interior – aqueles processos dos quais participam com prevalência as estruturas do tronco encefálico –, instintivo e brutal, também estará mais à vontade. Daí a cometermos pequenas ou grandes violências é apenas um passo, ainda que a vítima seja apenas a dieta.

O resumo de toda essa reflexão é que a racionalidade se tornou uma das maiores armadilhas nas quais nos metemos. Como diria Max Weber (1864-1920), ela é uma "prisão de ferro" que submete nosso talento e nossos sentimentos à busca insaciável daquilo que nos favorece. Pior ainda, mesmo quando tomamos decisões emocionais ou instintivas, nos sentimos na obrigação de justificar nossas escolhas racionalmente.

Conhecendo como nosso encéfalo opera com mais profundidade, concluímos que o ser humano é guiado pela busca da minimização das ameaças e da maximização das oportunidades de recompensa. Mas o que realmente é uma ameaça? O que é uma recompensa? A razão tem pouco a esclarecer nesse campo. E, portanto, a Economia tradicional precisa se reinventar, admitindo que os fenômenos cerebrais racionais e cognitivos são apenas parte do processo escolha. Explicar o emocional e o instintivo por meio de uma abordagem centrada na razão é a causa principal da extrema limitação da análise econômica tradicional.

9.Neuromarketing

Marketing é uma guerra mental. São as ideias que estão na cabeça das pessoas que determinam se um produto terá sucesso ou não.

Alfred Paul Ries (1926-2022), consultor de marketing norte-americano.

Um animal chamado consumidor

O comportamento do consumidor é um tema essencialmente multidisciplinar. Economistas, psicólogos, sociólogos, antropólogos e profissionais de marketing buscam compreender a tomada de decisão no mundo do consumo há anos, seus processos, seus objetivos, suas motivações. Chegar a um consenso entre tribos de pesquisadores tão diversas é um desafio quase impossível. Mas, com o desenvolvimento do *Neurobusiness*, ao menos em um ponto todos esses profissionais começam a concordar: há muito de irracional no comportamento desse animal chamado consumidor. E por uma razão simples: as decisões humanas em geral estão longe de se limitarem aos processos racionais. Portanto, não poderia ser diferente no campo do consumo.

Outro elemento que tem gerado consenso crescente nesse campo de estudo se refere à dimensão social do consumo. Em oposição à velha teoria econômica do consumidor, que mais se aproximava de uma das histórias de Robinson Crusoé isolado em sua ilha, diversas linhas de pesquisa têm destacado a importância de elementos como a prova social e o comportamento de manada na base das decisões de consumo.

Frente a tudo isso, as dimensões típicas de nossa análise relativa a Neurociência e comportamento – racionalidade, afetividade e instinto – são bastante úteis para compreender e situar a contribuição do Neuromarketing no campo do *Neurobusiness* como um todo.

Como sempre, a aplicação de elementos de Neurociência não é feita no marketing com o poder de destruir por completo as velhas estruturas. Bem ao contrário, o Neuromarketing se mostra como uma evolução interdisciplinar desse campo de estudo que lança luz sobre velhas questões ao mesmo tempo em que aponta novos campos de exploração.

Um bom exemplo se refere à velha "hierarquia das necessidades de Maslow", também conhecida como "pirâmide de Maslow". A despeito das críticas, essa continua sendo uma referência importante no estudo do comportamento humano em geral e do consumidor especificamente. Necessidades fisiológicas e de segurança estão na base da hierarquia proposta por Maslow. Esse foco nos elementos essenciais, ligados à sobrevivência do indivíduo e de sua espécie, remetem ao "velho cérebro", cuja principal estrutura é o tronco encefálico, seus processos de caráter mais automático e menos consciente e, portanto, ao campo dos instintos.

Representação da tradicional pirâmide de Maslow.

Nesse sentido, em uma interpretação ingênua, o marketing teria muito pouco a fazer para estimular o consumo de alimentos em uma comunidade de pessoas famintas. Afinal, nesse caso, não se trata de gerar o "desejo" de consumo, dado que o alimento se caracteriza como uma necessidade básica de caráter fisiológico. Do mesmo modo, não seria preciso estimular ninguém a buscar as saídas de emergência ao ouvirem um alarme de incêndio. Com nossas vidas em risco, já estaríamos suficientemente "estimulados" a correr o mais rápido possível.

Ao subirmos pelos patamares da velha pirâmide, chegamos progressivamente aos elementos mais tipicamente humanos das tais necessidades: sociabilidade, pertencimento, memórias afetivas. A associação desses elementos com a parcela mais sociável de nosso cérebro, o sistema límbico, é imediata. Ao mesmo tempo, notamos que a interface com a neuroevolução também se insinua aqui. Nossos ancestrais répteis nos deixaram de herança comportamentos de luta ou fuga que são vitais para satisfazer nossas necessidades primárias, fisiológicas e de segurança. Territorialidade, busca pelo parceiro sexual, identificação do inimigo. Tudo isso é bastante instintivo. Já nossos ancestrais relativamente mais "jovens", os mamíferos das primeiras ondas evolutivas, deixaram como herança a busca do conforto do bando.

Por fim, o topo da pirâmide está ocupado por elementos que vão além da autoestima, chegando a sentimentos como autonomia decisória e realização pessoal. Isso requer relações sociais mais complexas e, como diria António Damásio (2010), algum sentido de consciência autobiográfica.

"As autobiografias são compostas por recordações pessoais, (...) incluindo as experiências dos planos que fizemos para o futuro (...) precisos ou vagos. O eu autobiográfico é uma autobiografia feita consciente. Faz uso de toda a história que memorizamos, tanto recente como remota. Estão incluídas nessa história as experiências sociais das quais fizemos parte, ou das quais gostaríamos de ter feito parte (...)".

António Damásio (2010).

Em outros termos, o sentimento de autorrealização requer um exercício consciente e cognitivo de reflexão sobre nossas experiências passadas, de nossos desejos, realizados ou não, tanto no campo individual quanto interpessoal. Recordar, avaliar, confrontar expectativas que formamos com a história efetivamente vivida são atividades do que Damásio chama de "o eu autobiográfico". É esse eu quem satisfaz ou não suas necessidades relacionadas à autorrealização e à autoestima. Esse nível de consciência e de avaliação consciente de nossa própria história está muito ligado ao neocórtex pré-frontal e é predominantemente humano, estando presente em outros animais de forma limitada e apenas fragmentária.

Todas essas associações são válidas como uma primeira aproximação entre dois fundamentos do estudo do Neuromarketing: a hierarquia das necessidades de Maslow e a teoria do cérebro triuno. Mas, felizmente ou infelizmente, o animal chamado consumidor é mais complexo do que essas associações sugerem. As críticas, tanto a uma quanto a outra teoria podem servir de base para avançarmos para uma compreensão mais profunda do significado, dos mecanismos e das técnicas de Neuromarketing.

Por exemplo: até que ponto os mecanismos associados ao medo e, portanto, muito ligados às áreas mais antigas de nosso cérebro triuno, podem afetar as sensações de pertencimento ou de autorrealização, aparentemente associadas a outras áreas do encéfalo? Ao mesmo tempo, o CEO de uma empresa deveria estar no topo da pirâmide de Maslow e, quase todas as noites, deveria estar mentalmente dando os parabéns para si mesmo por sua carreira de sucesso e seus troféus mentais de autorrealização. Ou será que o que mais o faz sentir-se um grande executivo é o medo que ele desperta em seus liderados no território da empresa que ele dirige? Ao mesmo tempo, o receio que esse CEO sente de perder sua posição seria muito diferente do que sente um colaborador pouco qualificado da mesma empresa?

A primeira das lições a aprender quando se trata de estudar Neuromarketing é relativizar a hierarquia proposta por Maslow. Assim, na forma mais crua de interpretar a tal pirâmide, conclui-se que é preciso satisfazer as necessidades mais básicas primeiro para, só então, passar para outros patamares de necessidade, certo? Não haveria necessidade de manter a elegância durante a fuga de um prédio em chamas, por exemplo. Afinal, a segurança está colocada hierarquicamente antes da preocupação social com a opinião dos outros, ainda que estes sejam membros do nosso bando.

O primeiro dos elementos que caracterizam o Neuromarketing se refere à relativização da hierarquia das necessidades de Maslow.

Do mesmo modo, uma pessoa faminta aceitaria correr certos riscos para se alimentar uma vez que a necessidade biológica da alimentação é hierarquicamente superior à busca de segurança. Tudo estritamente maslowiano...

Do ponto de vista do cérebro triuno, isso sugeriria que o "velho cérebro" tem uma voz tão forte e feroz que é capaz de simplesmente calar as outras áreas do cérebro se nossas necessidades básicas de alimentação e segurança estiverem em jogo.

Tanto do ponto de vista comportamental quanto neuronal, essas são visões equivocadas.

Nosso grande executivo está sujeito, a um só tempo, a diversos sentimentos autobiográficos que, por sua vez, remetem a diferentes patamares da pirâmide e a diferentes interações neuronais. Seu sentimento de autorrealização, aparentemente tão racional e neocortexiano, não está isento de uma sensação primitiva de poder para a qual seus níveis de testosterona colaboram muito. No campo psicológico, ele pode estar sempre pensando no quanto sua mãe se sente orgulhosa dele e esse pensamento eleva sutilmente seus níveis de ocitocina no sangue.

Por fim, o velho marketing sempre foi voltado para a geração de desejos, não de necessidades, e para a escolha de uma marca ou produto em detrimento de outros, não é mesmo? Assim, ainda que tenhamos todas as condições de satisfazer nossas necessidades básicas de alimentação e atividade sexual, por exemplo, quais serão nossos objetos de desejo? De todas as opções ao nosso alcance, quais serão os ingredientes do jantar de hoje? Do mesmo modo, qual a relação entre o desejo de consumo e a necessidade de autoestima ou de autorrealização?

Seria difícil negar que as necessidades do topo da pirâmide podem ser satisfeitas de modos muito distintos, influenciadas por diversos fatores, tanto pessoais quanto sociais. Existem lugares do mundo nos quais é impossível imaginar um homem adulto de elevada autoestima que não use um grosso bigode ou uma longa barba. Em outras culturas, essa sensação pode estar ligada à compra da versão mais recente do iPhone ou a uma ida à Disney, ano sim, ano não.

Do mesmo modo, algumas pessoas têm uma grande sensação de pertencimento quando se tornam sócias de um clube de futebol ou participam de uma caravana de motos Harley Davidson. Com o vento batendo no rosto e o ronco das motos desfilando na estrada em um feriadão, esses "harleyros" ficam com o cérebro encharcado de serotonina, endonforinas e ocitocina. Difícil dizer que não se sentem realizados e que o eu autobiográfico não fica repetindo todo o tempo: "Viu? Você conseguiu! Realizou seu sonho!!"

> *O binômio necessidades versus desejos é essencial no marketing e ainda mais relevante no Neuromarkerting. Necessidades não precisam ser satisfeitas de modo sequencial e hierárquico, como algumas leituras de Maslow sugerem. Do mesmo modo, o consumo de um produto ou marca pode estar simultaneamente associado a necessidades básicas e a outras mais sofisticadas.*

Esses elementos permitem um amplo diálogo construtivo entre a Neurociência e o velho marketing, dando origem ao Neuromarketing. As necessidades não precisam ser satisfeitas de modo sequencial e hierarquicamente. As formas de satisfação são muito variadas e socialmente condicionadas. Os patamares da pirâmide se misturam em certos casos. E, se necessidades podem ser saciadas, o mesmo talvez não aconteça com os desejos.

Por tudo isso, o Neuromarketing deve ser entendido como um campo de estudo que explora os processos cerebrais na base dos comportamentos de consumo e, sobretudo, que se dedica a compreender como esses processos são afetados pelas ferramentas tradicionais do marketing, sempre com vistas a influenciar nossas escolhas.

É evidente que, tanto quanto a disciplina tradicional, o Neuromarketing deve ter sérias preocupações éticas que, de resto, compartilha com todas as demais disciplinas do *Neurobusiness*.

Mas as questões éticas do *Neurobusiness* em geral e do Neuromarketing em particular serão tratadas no capítulo de neuroética, adiante.

De volta ao funil de vendas

Compreendido dessa forma, o Neuromarketing se mostra como um campo fértil onde se pode encontrar um novo conjunto de técnicas e abordagens com vistas a tornar mais efetivas as ações e estratégias de markerting. E estas, por sua vez, visam impulsionar as vendas, tanto em termos de volume quanto de valor médio, tudo em decorrência dos processos de influência sobre a percepção e o comportamento dos consumidores.

Para compreender melhor esse potencial de incremento do Neuromarketing frente ao velho marketing, isto é, ao marketing antes dos aportes da Neurociência, podemos recorrer ao velho funil de vendas. Essa é uma ferramenta analítica simples e útil para compreender o Neuromarketing em sua dimensão de caixa de ferramentas estratégicas.

Tudo começa no universo amplo dos "não clientes", esse contingente humano gigante dos que ainda não conhecem ou, pelo menos, não compram nosso produto. Seu primeiro contato se dá na condição de passantes ou visitantes: caminham pela calçada na frente da porta da loja, veem anúncios na internet, visitam os stands de vendas. Passantes/visitantes precisam ser atraídos, precisam se aproximar, física ou virtualmente do produto. Mas, como fazer? Ir até eles com um e-mail marketing? Fazer propaganda no intervalo da novela? Colocar *banners* no Youtube?

Em um segundo nível, caso seja devidamente atraído, o visitante de passagem pode se interessar por nosso produto. Ainda não realizou a compra, mas será que já foi fisgado? Será que, inconscientemente, já tomou a decisão de comprar? Nem ele mesmo sabe. Agora estamos diante de um lead que entrou no stand, respondeu ao e-mail marketing ou clicou sobre o *banner* no Youtube. Já não é mais um passante, um estranho.

O funil de vendas e os objetivos do marketing/vendas

A fase crítica está na conversão do lead em comprador. A decisão de compra precisa ser efetivada. O que mais esse bicho chamado consumidor precisa para completar o processo? Crédito, acessórios, serviços complementares, entrega grátis? É vital que as ações de marketing levadas a efeito nas etapas anteriores não caiam na armadilha de gerar expectativas e desejos complementares que não possam ser satisfeitos. Rigorosamente, não é o marketing quem satisfaz desejos, mas sim a experiência da compra e da fruição do produto – bem ou serviço. Ainda assim, existe muito de marketing e ainda mais de Neuromarketing no processo de venda.

Por fim, compradores eventuais podem ou não se tornar clientes, fregueses, aquele comprador que volta, que se torna lead novamente logo depois de cada compra. Evidentemente que o termo chave aqui é a fidelização.

A decisão de compra e o ato de compra são coisas muito diferentes no âmbito do Neuromarketing. Há muito mais elementos inconscientes e processos automáticos envolvidos do que as análises tradicionais sugerem, sobretudo as originadas na teoria econômica tradicional, com sua ênfase nos processos racionais e voluntários.

Nesse ponto, voltamos àquela visão crítica da pirâmide de Maslow. Afinal, um cliente fidelizado teve ou não uma necessidade satisfeita? Talvez sim. Mas, certamente, ficou um "gosto de quero mais", um desejo de, cedo ou tarde, renovar a experiência de compra e de consumo.

O funil de vendas sugere uma questão central para o Neuromarketing: Afinal, quando a decisão de compra foi tomada?

A afirmação que aparece óbvia sugeriria que isso aconteceu quando o lead se tornou comprador. Mas, nesse caso, estaríamos confundindo a decisão de comprar com a efetivação da compra, a escolha com sua execução. Esse seria um pecado grande demais a essa altura, depois de toda a discussão feita nos capítulos anteriores. Alguém não iniciado em *Neurobusiness* talvez até pudesse confundir as atividades executoras, conscientes e voluntárias do neocórtex pré-frontal com o processo de escolha, no qual as áreas menos voluntárias e menos conscientes do cérebro desempenham um papel relevante.

É evidente que, se perguntássemos para consumidores típicos "Quando você decidiu comprar algo?", a resposta faria menção, na maioria das vezes, a momentos mais próximos das ações conscientes ligadas à execução da ação de comprar. No mundo do e-commerce, isso se torna ainda mais complicado, dada a facilidade de clicar sobre uma área de um site qualquer e fazer uma compra do tipo *one click* ou passar para o nível pago de algum aplicativo de smartphone.

> *O teste envolvendo consumidores de Pepsi e de Coca-Cola, publicado em 2004, tornou-se uma referência para o Neuromarketing. A exposição à marca da Coca-Cola ativou intensamente áreas do cérebro ligadas ao autocontrole e à formação e recuperação de memórias.*

Isso é esperado, uma vez que nossas narrativas tendem a se limitar aos processos mais conscientes e controlados. Mas, o que o Neuromarketing propõe é outra reflexão. A pergunta retórica mais correta talvez fosse: "Quando você foi picado pelo mosquito da compra desse produto ou marca?" Infelizmente, a maioria de nós só sente a coceira tempos depois da picada. Não percebemos como uma peça de publicidade nos afetou de forma inconsciente e injetou em nós o desejo de compra.

Assim, o passante pode se declarar desinteressado e, portanto, não seria nem mesmo um lead, não teria entrado nas fases iniciais do funil de compras. Mas, será mesmo? Até que ponto as respostas declaratórias que ele dá, conscientes e voluntárias, refletem de fato os processos mentais que já tiveram início, mesmo com um contato tão superficial com os elementos de marketing do funil? Ou, por outro lado, será que, quando um desses passantes diz que não tem interesse em determinada marca e prefere outra, ele sabe mesmo o que está dizendo?

Nesse ponto, um economista e um profissional de marketing que não tivessem conhecimento algum da Neurociência aplicada concordariam: se o consumidor, fiel a uma marca, diz que prefere A em lugar de B, isso deve ser tomado como um dado da realidade. É essa a estrutura de preferências que deve ser tomada como um fato e trabalhada. Será?

Narrativas e declarações são expressões de nosso consciente e, muitas vezes, expressam aquilo que acreditamos que deveríamos dizer ou que os outros gostariam que disséssemos. Tudo menos relevante do que pode parecer; tudo menos importante do que muitos acreditam para definir a decisão de compra e sua execução efetiva. Trazer para o centro da discussão e das estratégias de venda os elementos menos conscientes é algo fundamental proposto pelo Neuromarketing.

Um estudo clássico: Pepsi versus Coca-Cola

O termo Neuromarketing surgiu pela primeira vez em 2002. Foi cunhado pelo holandês Ale Smidts (nascido em 1958), professor de marketing da Universidade Erasmus de Roterdã. Apesar dessa origem tardia do termo, desde a década de 1990 se tornou cada vez mais comum o uso de aparelhos de neuroimagem para testar reações associadas a ferramentas e situações típicas do marketing (Rawnaque e outros, 2020).

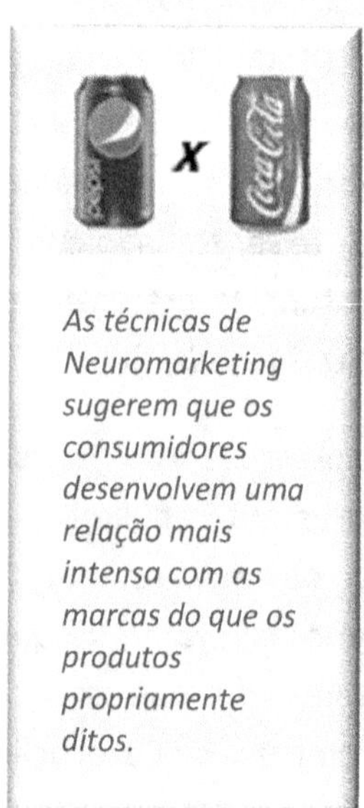

As técnicas de Neuromarketing sugerem que os consumidores desenvolvem uma relação mais intensa com as marcas do que os produtos propriamente ditos.

As imagens obtidas por Ressonância Magnética Funcional (fMRI) são uma das ferramentas mais populares nos estudos de Neuromarketing. Apesar de estáticas, essas imagens mostram o fluxo sanguíneo no cérebro com resolução espacial mais alta do que qualquer outro método de neuroimagem. A reação de voluntários em testes envolvendo beber Pepsi e

Coca-Cola fizeram uso desse método e seus resultados, obtidos em 2004, são comentados ainda hoje (McClure e outros, 2004).

Samuel McClure, Read Montague e seus colegas do Baylor College of Medicine de Houston no Texas recrutaram 67 voluntários com diferentes preferências com relação a refrigerantes. Havia os que diziam preferir Coca-Cola, os que diziam preferir Pepsi e outros não declaravam preferência alguma. A grande questão era: por que existem preferências tão fortes de algumas pessoas em relação a um dos refrigerantes se seu sabor é – ao menos de um ponto de vista lógico e frio – tão semelhante? Que fatores além do mero paladar estariam em jogo na definição dessas preferências?

Num primeiro momento, foi feito um teste cego. Os participantes provavam os refrigerantes sem saber ao certo qual era a marca. Logo depois, as marcas eram reveladas e as reações eram observadas tanto em termos apenas comportamentais e declaratórios quanto por meio de neuroimagens.

O que essas imagens revelaram é que o padrão cerebral era fortemente afetado quando a marca da bebida era revelada. Essa atividade ocorria sobretudo em uma área chamada córtex pré-frontal ventromedial e era muito mais intensa do que a registrada no momento em que o refrigerante estava sendo "apenas bebido". O que é interessante é que essa área do cérebro está relacionada ao controle das emoções, dentre outros processos. Então, é como se revelar a marca despertasse nos voluntários um tipo de excitação que precisasse ser contida. Seja como for, a atividade no córtex pré-frontal ventromedial demonstra que a marca "mexe" com aqueles que demonstram preferência por ela e a atividade cerebral deixa isso explícito.

A conclusão imediata é que esses consumidores desenvolveram uma relação com a marca, muito mais do que com o produto. Ou, em outros termos, muito embora ninguém tenha uma real necessidade de consumir refrigerantes escuros e gasosos, esse desejo é satisfeito pelo contato tanto com o produto quanto com a marca e, possivelmente, a marca é o fator fundamental para gerar um sentimento de satisfação.

As causas dessa reação tão mais intensa à exposição da marca pode ser cultural ou genética ou uma mistura de tudo isso. Mas o fato é que, do ponto de vista da atividade neuronal, a marca importa. E muito.

Em outra etapa do teste, foram oferecidos aos voluntários dois copos contendo Pepsi. Mas, para um deles, a informação de que continha aquela marca foi revelada, enquanto o conteúdo do outro copo permaneceu desconhecido, muito embora fosse Pepsi. A ideia era testar se tomar Pepsi sabendo ou não sabendo que a marca era aquela era relevante. Os exames de neuroimagem não revelaram diferenças significativas. Quando o mesmo teste foi feito com a Coca-Cola, os resultados mudaram.

Quando os voluntários beberam Coca sabendo que a marca era aquela, observou-se uma forte atividade em diversas áreas cerebrais como o córtex pré-frontal dorsolateral, ligado ao autocontrole, e o hipocampo, estrutura que contribui na transformação de informações novas em memórias duradouras. Quando os voluntários tomavam a Coca-Cola do copo sem identificação da marca, nada disso acontecia.

Esse resultado sugere que a marca participa ativamente de nossa avaliação sobre a experiência de consumo. A relação com a Coca-Cola – bebida + marca – é mais intensa do ponto de vista cerebral e, portanto, a experiência do consumidor não se limita a questões sensoriais como odor e paladar.

Mais ainda, a ativação do pré-frontal dorsolateral sugere que a marca afeta nosso processo decisório, podendo influenciar em nossa capacidade de autocontrole, isto é, de resistir a um impulso de consumo e nos contrariar, como vimos no capítulo 3. Já a ativação do hipocampo sugere que a experiência de beber Coca-Cola é capaz de gerar ou despertar lembranças mais intensamente do que a de beber Pepsi. Algo fundamental no processo de fidelização, o último nível do funil de vendas.

Segundo Martin Lindstrom, criador do termo "buy-ology", das cem marcas mais importantes do mundo, 23 já usavam técnicas de Neuromarketing em 2010. Dentre elas, o autor cita Microsoft, Google, Mercedes-Benz e McDonalds.

Outro resultado interessante foi registrado quando os participantes provaram os dois refrigerantes em um teste totalmente cego, ou seja, sem saber qual marca estavam bebendo de cada vez. Nesse teste, 50% dos participantes disseram preferir Pepsi. Mas, quando as marcas foram reveladas, esse percentual caiu para 25%. No primeiro caso (teste cego), as áreas do cérebro mais ativas foram as relacionadas à expectativa de recompensa, sugerindo que, talvez, cada consumidor esperasse ou torcesse para que o líquido no copo fosse sua marca preferida. Já na fase do teste em que as marcas foram reveladas, novamente entraram em ação as áreas associadas ao autocontrole e à memória.

Pesquisa em Neuromarketing

O estudo de 2004 sobre as duas rivais no mercado de refrigerantes deu grande impulso às pesquisas em neuromarkering.

Dentre os vários estudos que se seguiram, merece destaque o trabalho de Martin Lindstrom e, sobretudo, seu livro Buy-ology (Lindstrom, 2008). Essa publicação apresenta os resultados de uma extensa pesquisa em Neuromarketing realizada ao custo de US$ 7 milhões ao longo de três anos. Mais de 200 pesquisadores e 2 mil voluntários estiveram envolvidos. A equipe de Lindstrom usou como ferramentas de pesquisa a ressonância magnética funcional (fMRI) e análises de eletroencefalograma (EEG).

As experiências foram conduzidas submetendo os voluntários a imagens de comerciais e marcas e a atividade cerebral pôde ser monitorada em tempo real. Alguns dos resultados dessa pesquisa foram surpreendentes. Um deles se refere às advertências que são colocadas nos maços de cigarro, tanto frases sutis do tipo "o Ministério da Saúde adverte..." quanto as imagens chocantes de pessoas muito doentes, supostamente por conta do abuso do cigarro. Aparentemente, os fumantes simplesmente ignoram esse tipo de campanha antitabagista.

Mais curioso ainda é que a exposição dos fumantes a essas mensagens e imagens despertou uma maior atividade no núcleo accumbens, região do cérebro ligada aos processos que envolvem expectativa de recompensa. Seja isso um desejo mórbido ou não, fica uma sugestão importante para reflexão: se o objetivo da exposição dessas mensagens é desestimular o consumo de cigarros, é possível que o efeito esteja sendo exatamente o contrário.

Outra conclusão importante para campanhas na TV é que os consumidores já estavam prestando pouca atenção à publicidade no momento em que a pesquisa foi realizada, tendência que só se agravou nos anos recentes. Hoje, ainda mais do que há dez anos, a atenção do típico expectador dos programas de televisão é disputada por múltiplas telas alternativas: *smartphones* e *tablets*, além do próprio controle remoto, claro.

A via de recompensa ou via mesolímbica é um circuito cerebral envolvendo diversas estruturas e que é ativada quando se tem a expectativa de ganho. A liberação de dopamina no núcleo accumbens regula a dimensão da percepção do incentivo associado à recompensa esperada na forma de uma sensação subjetiva de prazer.

A pesquisa de Lindstrom mostrou que a melhor forma de expor um produto é inseri-lo, de forma contextualizada, na própria cena. Não basta que um artista muito popular apareça usando um computador da Apple. É preciso que esse uso do produto/marca seja convincente, o mais realista possível. Não há como não pensar em filmes como O Náufrago (2000, antes da publicação do estudo), com a imensa exposição da Fedex, ou O Diabo Veste Prada (2006), com a referência explícita à grande grife italiana. Mas também há bons exemplos nas séries Toy Story e Exterminador do Futuro, em outros filmes como Forest Gump (1994) ou séries de streaming como Demolidor (*Daredevil*) ou Dr. House.

Uma aplicação certeira da pesquisa ocorreu com a indicação de potenciais fracassos em programas de televisão. A reação dos voluntários a três novos programas da tv britânica anteciparam corretamente os níveis de audiência quando eles foram de fato colocados no ar.

Em entrevista concedida à revista HSM *Management* em 2010, Lindstrom esclareceu que o foco das pesquisas de Neuromarketing se refere à parte inconsciente do comportamento do consumidor. Nesse sentido, o método do Neuromarketing se contrapõe ao das pesquisas de mercado tradicionais, baseadas em perguntas feitas aos consumidores em grupos específicos.

Nesse sentido, a grande crítica do Neuromarketing, fundamentada na Neurociência, é que as respostas a essas perguntas são conscientes e voluntárias, mas o processo decisório é fortemente dependente de mecanismos impulsivos e inconscientes.

Um desses mecanismos é o medo. Sim... O medo vende! Pesquisas de Neuromarketing realizadas durante e após os estudos de Lindstrom mostram que muitos voluntários

O sentimento dos consumidores diante de certos produtos e marcas é difícil de explicar racionalmente. Eles dizem "gostar", mas os exames de neuroimagem revelam que eles ficam, na verdade, emocionalmente perturbados.

afirmam que gostam de certo produto ou marca após serem expostos a imagens dos mesmos. Mas os exames de neuroimagem, sobretudo a fMRI revelam aumento na atividade da amídala cerebral, que é associada ao processamento do medo.

Uma explicação possível é que o marketing pode gerar no consumidor o "receio de não ter", um sentimento primitivo e territorialista, possivelmente ligado primariamente ao "velho cérebro" (tronco encefálico). Mas também pode despertar um "receio de não fazer parte do time", no caso, de consumidores de um produto ou marca, um sentimento de caráter mais afetivo, típico do sistema límbico. A tudo isso, os pesquisadores como Lindstrom (2004) têm chamado de "um sentimento de que algo precisa ser preenchido" uma espécie de "vazio" difícil de traduzir em palavras.

A conclusão é que aquelas imagens na verdade geram um sentimento de perturbação emocional nos voluntários. Mas, seja como for, eles tiveram sua atenção voltada para aquelas marcas ou produtos na forma como foram expostos, mas não conseguem expressar exatamente o estado emocional gerado ou, pior ainda, se sentem constrangidos em dizer que uma peça de publicidade possa ter gerado neles algum tipo de medo ou receio.

Outro resultado valioso das pesquisas de Neuromarketing, tanto de Lindstrom como de outros pesquisadores, se refere à importância do som. Pois é... Somos seres bastante visuais, mas o som é uma forma sutil de promover e fixar uma marca. O som do motor da Harley Davidson, os efeitos sonoros que os celulares da Motorola usaram durante anos e que a Microsoft usa ainda hoje, tudo isso não é muito diferente das trilhas sonoras da Disney.

A pesquisa de Neuromarketing está mostrando que o som é uma ferramenta muito importante para criar e fixar memórias, e isso se aplica também aos bordões dos humoristas e aos slogans das propagandas.

Não é à toa que uma trilha sonora nos faça lembrar com tanta facilidade de momentos da nossa infância ou de uma aventura romântica da adolescência.

Nosso bárbaro interior vai às compras

Diversos profissionais e pesquisadores do Neuromarketing têm enfatizado que suas técnicas costumam ser mais efetivas quando o impacto se dá sobre as áreas mais primitivas do encéfalo, o que se chamava há algumas décadas de "cérebro reptiliano". Dois autores que se destacam nessa linha são Patrick Renvoise e Christophe Marin. Em seu livro O Código da Persuasão (Renvoise e Marin, 2023) eles destacam cinco mecanismos ou gatilhos que o marketing pode disparar envolvendo típicas reações e impulsos mais primitivos. Esses mecanismos podem ser chamados de:

- Autocentrado;
- Contrastante;
- Resultado tangível;
- O início e o fim;
- Estímulo visual; e
- Apelo à emoção.

O **gatilho autocentrado** tende a disparar em função de nossos processos mais instintivos focados na sobrevivência e, portanto, em comportamentos de certa forma egoístas. Por isso, a recomendação é que as mensagens transmitidas pelo marketing sejam dirigidas diretamente para o público. Mas, se observarmos o conteúdo de muitas apresentações, sites na internet ou mesmo peças de publicidade impressas, vamos notar que existe um foco excessivo e ineficiente na empresa, em seu negócio, em sua missão, nas pessoas que trabalham lá. Por isso a recomendação é destacar os benefícios que um lead teria em se tornar cliente. Oferecer benefícios em lugar de produtos e serviços é a síntese da sugestão dos autores. Segundo essa análise, esse foco faz disparar o gatilho do autointeresse. Se isso de fato acontece, transformamos o passante em lead e o lead em cliente.

O **gatilho contrastante** está fundamentado na percepção meio tosca que as áreas mais primitivas do cérebro têm e que nos oferecem um pano de fundo emocional e fisiológico para a tomada de decisão. Sabemos que essa área do cérebro, o tronco encefálico, é especializada em comportamentos de luta ou fuga, sim ou não, vai ou fica. Situações complexas e cenários variados tendem a ser traduzidos nessas escolhas binárias. Assim, o contraste coloca esses mecanismos em estado de alerta e facilita a tomada de decisão. Para o design de páginas na internet, por exemplo, esse é um fato muito relevante. O botão de "comprar" ou "realizar o pagamento" deve ter cores que se destaquem em comparação com a matriz de cor predominante do site. Outra forma de utilizar o contraste se refere a sugestões de compras adicionais. Assim, quem comprou um item mais caro como um sapato ou um terno tende a achar que complementos como alguns pares de meia ou algumas gravatas são (relativamente) baratos. Por fim, existe o típico apelo ao "antes e depois". Utilizado há anos, sobretudo em setores ligados à estética corporal, o mecanismo desse recurso foi desvendado pela Neurociência. Ele tende a disparar o gatilho decisório mais instintivo, rápido e relativamente menos cognitivo ao oferecer a esse sistema uma visão simples dos efeitos de uma compra.

O **gatilho dos resultados tangíveis** sugere que o "velho cérebro" não é muito sensível a argumentos complexos nem à linguagem falada. Argumentos racionais, sobretudo em forma de mensagens lógicas e complexas, são a especialidade do neocórtex e tendem a ser processados lentamente. Decisões mais rápidas e relativamente impulsivas são consequência de um apelo direto à visão instintiva centrada em resultados. Muitas peças publicitárias transmitem mensagens assim, diretas. Nas capas de revista dedicadas à saúde e ao bem-estar, é comum ver mensagens do tipo "perca 10 kg em tantos dias". Também é possível encontrar o apelo a esse tipo de gatilho decisório no segmento *business-to-business*. Plataformas e ferramentas de gestão que dizem ser capazes de elevar o faturamento das empresas clientes estão fazendo uso da linguagem direta e binária do "velho cérebro".

O lobo occipital é a área mais posterior do córtex. Como o córtex evoluiu de trás para frente, essa é uma região antiga, primitiva do córtex. E como é essa área que recebe o estímulo visual primário, pode-se concluir que a visão foi um dos primeiros sentidos a surgir.

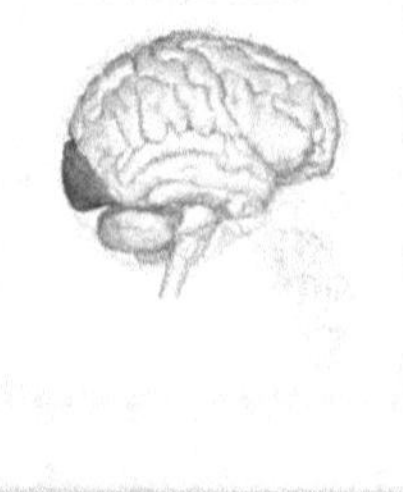

Por sua vez, o **gatilho do início e o fim** tem fundamento em algo que a psicologia já sabia há muitos anos: temos grande dificuldade de manter nossa atenção focada em algo por muito tempo (ver gráfico a seguir). Isso acontece porque as estruturas encefálicas mais antigas, centradas no tronco cerebral, são muito sensíveis às mudanças ao nosso redor. Começos e finais são exatamente as fases em que as coisas mudam e, por isso, despertam mais nossa atenção.

A mensagem de Neuromarketing aqui é algo que está muito presente na indústria cinematográfica típica de Hollywood: um início eletrizante e um final comovente ou surpreendente. Essa é uma receita que favorece o sucesso em termos de marcar o cliente, transmitindo a ele mensagens mais contundentes durantes os períodos ou zonas de atenção em um evento qualquer. Isso inclui, é claro, eventos voltados para a promoção de vendas.

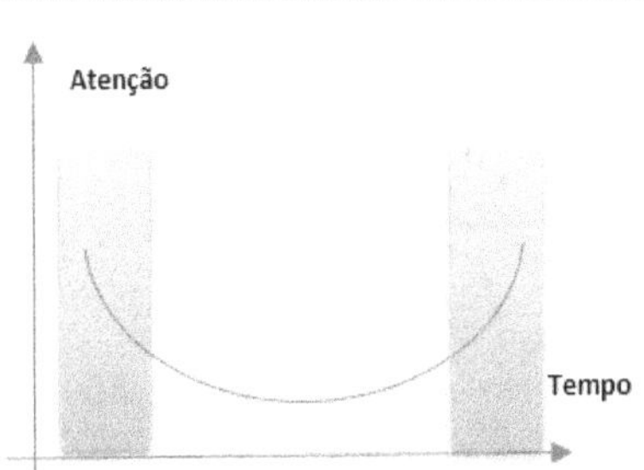

Níveis de atenção durante um evento e "zonas de atenção" (em cinza) associadas ao início e ao fim, ou seja, aos momentos de mudança de situação.

O **gatilho do estímulo visual** é uma qualificação de elementos vinculando alguns dos anteriores. Afinal, essa é a linguagem que tem maior apelo instintivo. E por uma razão simples: a fotossensibilidade, que está na base do sentido da visão, foi um dos primeiros sentidos a surgir durante a evolução.

Think small.

Peça publicitária desenvolvida por Bill Bernbach da agência, a Doyle Dane Bernabach (DDB) em 1959

Não é por outra razão que o estímulo visual chega ao cérebro pela parte de trás do córtex, a área *occiptal*, bem lá perto de nossa nuca. Como o córtex se desenvolveu da nuca para a testa, é possível afirmar que a visão também é um órgão primitivo. E o apelo visual não precisa recorrer a imagens sensuais, que também sensibilizam nosso cérebro mais primitivo. Boas marcas possuem bons logotipos. Ao mesmo tempo, peças de publicidade ou mesmo sites muito carregados de imagens confundem nosso pobre réptil interior. Ele prefere mensagens diretas também do ponto de vista visual (veja o exemplo da propaganda da Volkswagen na página anterior).

Por fim, o **gatilho da emoção** se refere ao que Daniel Kahneman (2013) chamou de Sistema 1, que inclui tanto o os processos típicos do tronco encefálico quanto do sistema límbico. Essas são as áreas do cérebro capazes de processar e reagir mais rapidamente em contraste com nosso cérebro mais cognitivo e racional, o córtex ou Sistema 2. O que nos emociona sempre é capaz de nos fazer recuperar memórias antigas, armazenadas em nosso inconsciente. Pessoas que não conseguem deixar de chorar durante um casamento, ainda que os noivos não sejam assim tão próximos, são bons exemplos. Histórias que nos recordam a infância ou simplesmente aquele cheiro de bolo de cenoura que nos traz à memória cenas da casa da avó.

> *"Não somos máquinas pensantes capazes de sentir. Somos máquinas sentimentais capazes de pensar."*
> *António Damásio (2005)*

Não é à toa que elementos *vintage* são tão comuns no marketing ou que algumas marcas durem tantos anos, ainda que os produtos em si já não sejam os mesmos. E a importância das emoções como parte essencial do processo de tomada de decisão é algo destacado, dentre outros, pelo cientista António Damásio (2005). Esse autor faz referência a estudos com pessoas com danos cerebrais que diminuem sua capacidade de sentir emoções.

Em alguns casos, os comportamentos dessas pessoas parecem bem perto do normal, exceto por uma coisa: elas podem se tornar incapazes de tomar decisões. Isso sugere algo simples: emocionar o cliente é fundamental para influenciar seu comportamento em favor de um produto, serviço ou marca, ainda que, no nível consciente, ele não reconheça isso.

Técnicas e estratégias

Já deve estar claro a essa altura que um dos pilares de toda a estratégia do Neuromarketing se refere aos mecanismos menos conscientes, menos racionais e mais difíceis de explicar de forma interpessoal por trás das decisões de compra.

Por tudo isso, pode-se dizer que um dos objetivos do Neuromarketing é despertar um envolvimento afetivo com produtos e marcas, despertando nos potenciais compradores desejos e ampliando suas experiências subjetivas e prazerosas de consumo. Tudo isso, é claro, com base nos mecanismos e processos cerebrais revelados pela Neurociência.

No estágio atual da pesquisa em Neuromarketing, já é possível indicar pelo menos seis linhas de ação cuja efetividade tem sido demonstrada, apesar das críticas inevitáveis que as várias áreas do *Neurobusiness* sempre sofrem:

- ***Branding* e memória**: uma boa marca nada mais é do que uma memória que fixamos em nosso cérebro, associada a uma sensação muito peculiar de prazer, algo que desperta nossa atenção e nosso desejo. Somos cada vez mais consumidores de marcas e nossos sentidos tradicionais são apenas parte do processo de percepção cerebral. Por isso, o maior objetivo do Neuromarketing deve ser criar memórias. Para isso, valem todas as ações voltadas para tal objetivo, incluindo o uso de cores, bordões, jingles etc. Aqui merece destaque o *storytelling*, a arte de contar boas histórias. Há milênios o ser humano forma memórias por meio de narrativas (ver o capítulo Neurociência da Comunicação). Não é diferente hoje. Mais do que isso, quanto mais sentidos estiverem envolvidos na relação consumidor-marca, mas intenso tendo a ser esse processo de formação de memórias.

- **Emoção e repetição**: os processos de formação de memórias, por sua vez, dependem essencialmente de repetição e de conteúdo emocional. Assim, uma boa campanha de marketing pode optar pela via extensiva – com muitas inserções na mídia e altos graus de exposição, feitas as ressalvas que já analisamos nesse capítulo referentes à atenção do cliente – ou a via intensiva, carregada de conteúdo emocional. No Brasil, por exemplo, a expressão "a primeira vez a gente nunca esquece" teve origem em uma famosa campanha publicitária de Washington Olivetto com a atriz Patricia Luchesi, de 1987, que conquistou o coração do país com seu primeiro sutiã. Aliás, que bela história aquela campanha conseguia narrar em questão de segundos!

- **Medo e gatilhos mentais**: o papel do medo ou, como diriam os neuroeconomistas, da aversão à perda também não pode ser esquecido. Antes mesmo de iniciar a experiência de consumo, passantes e leads podem ser envolvidos com um certo sentimento de urgência e de competição. Essa sensação, muito associada ao "velho cérebro" e ao pano de fundo fisiológico que ele confere à tomada de decisão e à amídala cerebral, é capaz de disparar gatilhos que nos colocam em verdadeiros impulsos de luta ou fuga. É claro que o objetivo do Neuromarketing é nos colocar no módulo luta, isto é, de conquista de uma condição de consumidor que está sendo ameaçada. Não é por outra razão que vemos tantos avisos do tipo "só restam mais três quartos como esse no hotel" ou "últimos dias da promoção" ou ainda "oferta por tempo limitado". A mistura de expectativa de recompensa com aversão à perda talvez seja a mais efetiva de todas as ações e estratégias de Neuromarketing.

- **Valor e urgência**: a conclusão que se segue é que comunicar o valor de uma marca ou produto é essencial. Afinal, o consumidor tende a construir uma narrativa racional que justifique sua escolha para si mesmo e para os outros depois de ter comprado. Gerar desejos de forma mais emocional e inconsciente também é essencial. Esses são os ingredientes principais do processo que culmina na venda. Mas o tempero é o sentido de urgência. O grande desafio de uma estratégia de Neuromarketing se refere à combinação desses elementos sem perda de identidade do produto ou marca.

- **Prova social e efeito manada**: há milhões de anos, nossos ancestrais mamíferos primitivos andavam em bandos. Seguir a manada era uma forma simples de tomar decisões. Alguém talvez tivesse visto um predador e, por isso, começou a correr em desespero naquela direção. Por que deveríamos nos arriscar, pagar para ver, até ter certeza de que era mesmo uma ameaça terrível e não apenas uma percepção errada, uma ilusão, um simples susto? Pois esse comportamento de seguir a multidão ainda está muito presente em nós. Se nos deparamos com um grupo de pessoas no meio de uma avenida olhando e apontando fixamente para o alto dos prédios, acabamos olhando também, sucumbindo à prova social. Nosso neurônio-espelho também é importante nesses casos, pois nos faz imitar corporalmente os gestos e posturas das pessoas ao redor. Por isso, uma loja cheia de gente ou um restaurante lotado atraem tanto a atenção dos passantes e pode fazê-los cair no funil de vendas.

- **Ancoragem e percepção de valor**: nossa percepção de valor nunca é absoluta. Como regra, temos uma referência, uma âncora para estabelecer comparações entre as opções de consumo. É importante identificar o que é mais relevante para um grupo de consumidores antes de definir uma ação de marketing visando comunicar valor. Por exemplo: o café da manhã nos hotéis é algo importante para consumidores brasileiros. Anunciar essa característica em destaque no anúncio de um hotel pode fazer desse elemento uma âncora. Ou seja, nossa busca por opções para hospedagem vai tomar essa característica como referência. Planos de saúde que focam nas mulheres com desejo de se tornarem mães colocam em destaque a especialidade de ginecologia e obstetrícia e as maternidades incluídas na rede de atendimento. Essa é uma referência fundamental para esse público. Já homens solteiros com mais de 40 anos podem focar na cardiologia, por exemplo. Talvez essas não sejam as melhores características de cada um desses produtos e serviços, mas os critérios de "melhor" ou o "pior" estão na cabeça do consumidor, literalmente.

As pesquisas em Neuromarketing continuam avançando. Novos instrumentos de aferição do comportamento e da atenção de *leads* e consumidores têm sido empregados, desde telas que rastreiam nosso olhar para medir a atenção até medições de nossos níveis de cortisol, sudorese e dilatação de pupila. Em paralelo, nossos desejos continuam sendo influenciados por fatores sociais, econômicos e até antropológicos.

Seja como for, não resta dúvida de que o marketing e o Neuromarketing são parte fundamental de nossa cultura e, por isso mais do que por qualquer outra razão, são capazes de influenciar nosso comportamento, nossas escolhas e nossas percepções de prazer e satisfação de alto a baixo na velha pirâmide de Maslow.

10.Neuroarquitetura

> A arquitetura é a arte que dispõe e adorna de tal forma as construções erguidas pelo homem (...) que vê-las pode contribuir para sua saúde mental, poder e prazer.
>
> John Ruskin (1819-1900), crítico de arte inglês

Mente e espaço: uma relação de mão dupla

Como você se sente ao entrar em uma grande catedral? Ainda que não seja religioso, é difícil negar que aquele espaço causa forte impressão. Mas você consegue descrever com clareza essa sensação?

E o medo de altura que é tão comum? Aquela reação instintiva de ficar a uma distância segura da beirada da varanda no apartamento de seu amigo, lá no vigésimo andar. Esse é um medo muito diferente do que sentiríamos se um assaltante nos ameaçasse com uma arma. O medo de altura é muito menos cognitivo, muito mais difícil de descrever. De certa forma, sentimos medo de cair mesmo sabendo que tem um guarda-corpo nos protegendo. Uma coisa difícil de explicar racionalmente.

Essas são situações de nosso dia a dia que revelam algo da relação de nosso cérebro com o espaço e com elementos arquitetônicos comuns, como a verticalidade das catedrais, as belas varandas dos apartamentos situados nos andares mais altos, a decoração de nossas casas e assim por diante. Mas isso ainda é pouco perto da variedade de maneiras com as quais os ambientes podem nos afetar.

Homem Vitruviano

O famoso desenho de Da Vinci, feito por volta de 1490, expressa a ideia de harmonia e proporcionalidade da anatomia humana inspirada nos trabalhos de Vitrúvio.

O espaço nos oferece uma grande riqueza de estímulos para todos os sentidos. Interagimos ele não só por meio da visão. Nossa experiência da arquitetura é multissensorial e *crosmodal*. Ou seja, todos os nossos sentidos atuam conjuntamente na nossa percepção do espaço (multissensorial) e informações trazidas através de um sentido podem afetar o processamento de informações trazidas por outro (*crossmodal*). E, claro, percepções diferentes afetam diretamente nossas experiências e comportamentos, como veremos adiante.

Percepção crossmodal e *sonic seasoning*

A percepção *cross-modal* ocorre quando dois ou mais sentidos interagem entre si. Um exemplo dessa percepção é a sinestesia, uma condição na qual o estímulo de um sistema sensorial leva à resposta involuntária de outro sentido. Pessoas com sinestesia podem "ouvir" cores ou "sentir" ruídos.

Estudos no campo da percepção crossmodal investigam quando e como um sentido influencia no processamento de informações trazidas por outro sentido. Por exemplo, o pesquisador Charles Spence, da Universidade de Oxford, notou que o som do ambiente pode afetar a nossa percepção de paladar (Spence e outros, 2006).

Você já parou para pensar que ouvir uma música de ritmo mais acelerado pode tornar seu almoço mais apimentado ? Ou que os sons mais graves poderiam realçar o amargor do vinho que você está bebendo num jantar romântico? Isso é o que é chamado de *sonic seasoni*ng e é um exemplo de percepção crossmodal (ver Knöferle e outros, 2015).

Os avanços recentes da Neurociência revelaram que a interação entre cérebro, corpo e meio ambiente é muito mais complexa do que se imaginava. Ou seja, a arquitetura tem profunda relação com nosso cérebro e o organismo como um todo.

Não é à toa que certas construções não apenas conseguem nos emocionar e transformar (ou moldar) nossas percepções e comportamento, mas também afetar diretamente o bem-estar e a saúde física e mental.

Essa complexidade da relação cérebro-espaço está na raiz da busca do significado maior da arquitetura que acontece desde a antiguidade. Vitrúvio (c.70 A.C.-15 A.C.), arquiteto do império romano, buscava beleza, firmeza e utilidade em seus projetos. Alberti (1404-1472), arquiteto do renascimento, buscava proporção e harmonia, uma recriação do corpo humano nas formas arquitetônicas que projetava. Arquitetos chineses buscavam, através do Feng Shui, o equilíbrio entre opostos que gerasse a sensação de harmonia. Le Corbusier (1887-1965), arquiteto modernista, acreditava na criação de uma "máquina para viver", isto é, um tipo de arquitetura a serviço de seus ocupantes. Gropius (1883-1969), arquiteto modernista da Bauhaus, buscava uma forma que seguisse a função.

Essas buscas mostram intenções não somente físicas e concretas, mas também subjetivas para a arquitetura. Estética, harmonia, proporcionalidade. Todos são elementos que, hoje, sabemos estarem associados à percepção, isto é, à maneira como nossos sentidos informam nosso cérebro e como este reage às formas e composição dos volumes, como veremos adiante.

Afeto arquitetônico

Vimos que, no âmbito da Neurociência, afetos não são, necessariamente, sentimentos bons. No campo filosófico, afeto é um sentimento, uma sensação causada pela relação entre pessoas, mas também entre cada pessoa e o ambiente externo, o que inclui as estruturas arquitetônicas.

Sendo ou não uma peça artística, o ambiente construído, os espaços e formas arquitetônicas nos causam essas sensações, esses afetos. E, como todo sentimento desse tipo, podem gerar boas ou más impressões, muitas delas não cognitivas como bem-estar, opressão, contrição ou a simples sensação de liberdade.

Vamos aplicar essas questões em exemplos mais próximos da nossa realidade. Observe as duas imagens a seguir.

Agora imagine como seria sua rotina do dia a dia se você tivesse que executá-la em cada um desses lugares. Seu trabalho, por exemplo. Se a sua sala fosse semelhante à primeira imagem. Como seria passar 8 horas do dia dentro de um lugar assim? Seu desempenho seria o mesmo? O que você pensaria do seu chefe por ele ter designado esta como sua sala? Ao receber um cliente ali, como este cliente se sentiria em relação a você? E você em relação a ele?

Imagens de domínio público.

Pensemos essas mesmas situações agora considerando a segunda imagem. Como você se sentiria trabalhando em um lugar com essas características? Talvez, poderoso? Sentiria orgulho? E o seu desempenho? E como seria a reunião com um cliente?

Podemos tirar diversas conclusões apenas olhando para essas fotos, sem nem saber exatamente onde foram tiradas. A primeira é da prisão de Alcatraz, nos Estados Unidos e a segunda do castelo Neuschwanstein, na Alemanha. Independentemente do local, função ou época da construção, todos os espaços conseguem, de alguma forma, se comunicar conosco, passar uma mensagem, provocar sensações.

Mesmo ambientes construídos com um objetivo semelhante, para um mesmo uso, podem nos afetar de formas completamente diversas.

As imagens abaixo mostram duas igrejas, ambas católicas romanas, porém construídas em épocas diferentes. Ambas possuem uma arquitetura vertical, que aponta para cima e, por isso, favorece a postura reflexiva ao nos convidar a permanecer em contemplação. Apesar de algumas semelhanças, é possível notar que cada uma delas consegue provocar sensações completamente diferentes.

Santuário Dom Bosco, em Brasília (esquerda) e Catedral de Notre Dame, em Paris (direita). Imagens de domínio público.

Na segunda imagem, uma catedral gótica, construída na Idade Média, podemos observar o verticalismo ainda mais exagerado, deixando o teto abobadado muito alto e os arcos ogivais sempre apontando para cima. Ela transmite a ideia de um poder maior acima de nós, nos envolvendo, mas também nos dominando. A luz não é projetada de forma difusa, mas como raios que caem do alto. Sua arquitetura está mais associada a uma relação de poder e, portanto, ao temor e à territorialidade. A mensagem transmitida é de um poder divino muito maior e muito mais forte que nos intimida.

Já a primeira imagem, uma igreja modernista, mais colorida, menos vertical, apesar de também apontar para cima, provoca maior sensação de acolhimento, esperança. Ela parece aproximar o sagrado do humano, nos convida a olhar para o alto, mas nos carrega para cima, dando uma impressão de flutuar no espaço do santuário, de elevação. A luz difusa que entra por igual nos faz sentir envolvidos, como se estivéssemos sendo abraçados por uma energia divina.

Outro caso interessante para exemplificar esses efeitos da arquitetura na nossa percepção pode-se observar nos restaurantes. A arquitetura desses espaços tem profundo efeito sobre as experiências que vivenciamos neles e sobre as expectativas que eles geram nos frequentadores.

Por exemplo, ao chegar a um restaurante com boa ventilação, uma temperatura agradável, uma iluminação aconchegante e um design de interiores mais simpático, nossa expectativa em relação à comida pode se manter estável ou até se elevar. Por outro lado, ao entrarmos num restaurante com ventilação ruim e aquele cheiro de gordura, uma temperatura abafada, excesso de barulho, uma luz fria forte e um design de interiores sem graça e descuidado, nossa expectativa em relação à qualidade da comida e até mesmo em relação à higiene da cozinha pode mudar antes mesmo de experimentarmos pedir algo.

Em casos mais extremos, nem sequer chegamos a fazer o pedido; simplesmente desistimos de experimentar como resultado da expectativa negativa que o ambiente gerou. Apesar de nesse exemplo, para fins ilustrativos, selecionarmos uma combinação de características mais drásticas, esse tipo de efeito do ambiente sobre nossa experiência também está muito presente mesmo nas experiências mais amenas e nos mais diversos tipos de ambientes.

Como vimos, muitos arquitetos buscaram e buscam entender quais as características necessárias para que um ambiente construído provoque determinada sensação em seus usuários. Mas a pergunta que antes ficava sem resposta é: por quê? Por que certos elementos presentes no espaço nos afetam de forma tão subjetiva?

Ainda em desenvolvimento, é a Neuroarquitetura que pode fornecer respostas. Como é que o cérebro interpreta as diferentes formas, cores, texturas, ângulos, iluminações, pés-direitos? Como esse conjunto de características combinadas podem nos afetar? Como podemos usar esse conhecimento a nosso favor?

Avanços na velha busca

Ao explorar as relações entre mente e espaço, entre a percepção das formas e a reação que elas provocam no cérebro, a Neuroarquitetura tem procurado avançar na busca de uma compreensão mais profunda de temas antigos e caros para todo arquiteto, tais como harmonia, equilíbrio e bem-estar, por meio das formas e da composição de diferentes habitats.

O que antes eram apenas impressões subjetivas, respostas aparentemente sem razão para os sentimentos causados pelo mundo material, agora podem ser compreendidas como processos cerebrais capazes de gerar conforto, medo, contrição, dentre outras sensações.

Neuroarquitetura é a ciência interdisciplinar que aplica conhecimentos da Neurociência (e de outras áreas que investigam o organismo e comportamento humano individual e social) à relação entre o ambiente construído e as pessoas que dele fazem uso.

Nesse sentido, vale a pena expressar uma definição clara do que seja Neuroarquitetura. Ela é a ciência interdisciplinar que aplica conhecimentos da Neurociência e de outras áreas que investigam o organismo e o comportamento humanos – em contextos individual ou social – à relação entre o ambiente construído e as pessoas que dele fazem uso. Sob certo aspecto, não há muito de novo. Os efeitos do ambiente no comportamento das pessoas sempre foram um tema importante para arquitetos desde a Antiguidade e também para psicólogos ao longo do século XX. Porém até agora os estudos realizados nessa área dependiam apenas da observação dos comportamentos e reações dos indivíduos em determinado edifício ou da realização de pesquisas de opinião. No entanto, como veremos no tópico sobre Gestalt, nem sempre o entrevistado consegue definir de forma precisa como o ambiente construído o afeta. Já por meio da Neurociência e das técnicas de neuroimagem é possível ver sem obstáculos a reação do cérebro para cada estímulo recebido.

> *Mesmo antes dos avanços recentes da Neurociência, pesquisadores como Lewin concluíram que o ambiente físico é capaz de influenciar o comportamento humano, exatamente como afirma a Neuroarquitetura.*

Pode-se dizer que, neste sentido, o projeto de arquitetura era, de certa forma, intuitivo e empírico. As catedrais, por exemplo, tinham colunas altas e tetos abobadados. Alguns dizem que elas imitavam as florestas europeias, berço das antigas religiões celtas. Sabia-se que ambientes com tetos elevados favoreciam a religiosidade, a contrição e a introspecção. Mas, por quê? Antes dos avanços recentes da Neurociência, não havia resposta objetiva.

Mas, por que é tão importante entender como o ambiente construído nos afeta? O psicólogo Kurt Lewin (1892-1947) criou a teoria do campo psicológico, que nos ajuda a responder tal questão. Ela pode ser sintetizada na expressão[32]:

$$C = f\,(P+M)$$

C=comportamento; f=função; P=pessoa (genética, memórias, vivências) e M=meio (social e físico).

Essa fórmula foi criada muito antes do surgimento da Neuroarquitetura. Ainda assim, seu conteúdo é extremamente atual e alinhado com os princípios básicos da Neuroarquitetura que sugerem que o comportamento de cada um de nós depende de nossa interação com o ambiente – tanto o ambiente físico como o social –, e não apenas de nossas características pessoais. Nossa discussão sobre neuroplasticidade, feita no capítulo anterior, já deixou isso bem claro.

Os estudos de Lewin são anteriores aos grandes avanços na Neurociência, ocorridos no final do século passado. Mas a relação entre ambiente físico e comportamento humano é um dos pilares da Neuroarquitetura. E esta, por sua vez, tem tornado possível o estudo do diálogo entre a experiência humana e o ambiente projetado.

---

[32] Ver Lewin (1936).

O cérebro e o mundo

Como é que se dá essa relação do cérebro com o espaço? Essa ponte do ambiente externo com o nosso cérebro acontece através dos sentidos. Ao falarmos de arquitetura, provavelmente o primeiro sentido que veio a sua cabeça foi a visão, certo? Você talvez tenha imaginado ou lembrado de formas arquitetônicas como as igrejas barrocas de minas ou os edifícios modernistas de Niemeyer. Mas nossa percepção do espaço vai muito além dos estímulos visuais. Todos os sentidos levam ao nosso cérebro informações importantes sobre o ambiente em que estamos.

A audição nos revela o espaço por meio da acústica. Uma sala de aula, por exemplo, não pode permitir que o barulho dos ambientes próximos atrapalhe a concentração dos alunos ao ouvir o professor ou ao resolver um exercício. Se o arquiteto que projetou a sala não pensou nisso e o barulho externo atrapalhar a aula, a interação das pessoas com aquele ambiente com certeza será diferente. A performance dos alunos e dos professores será prejudicada. A percepção da aula e a memorização serão afetadas, bem como os níveis de estresse, que se elevam com o excesso de poluição sonora.

Isso também vale para um teatro, que deve ter sua acústica pensada de modo que aquele que esteja sentado lá no canto da última fileira da plateia também consiga ouvir o que os atores falam no palco. Se não for assim, os atores vão ter que forçar sua voz falando ainda mais alto e a plateia vai ter que realmente estar interessada na história para conseguir prestar alguma atenção e se envolver com o enredo.

Outro sentido que não deve ser esquecido é o olfato. Nem sempre tão discutido, o olfato é um sentido muito forte devido à ligação direta dos neurônios vindos do bulbo olfatório com áreas do cérebro como o hipotálamo, o hipocampo e a amígdala. Diferente dos outros sentidos, cujas informações passam pelo tálamo antes de atingirem outras áreas do cérebro, o olfato não passa por esse processo. Os neurônios carregando informações sobre cheiros vão direto para a área a que se destinam no cérebro.

Ambientes como cozinhas podem emitir odores que vão se espalhando pelo edifício. Imagine como não sofrem para se concentrar os alunos de uma escola quando a hora do almoço se aproxima e aquele cheiro de comida vai entrando na sala de aula! O hipotálamo, área bastante primitiva do cérebro e que se relaciona, dentre outras coisas, com o apetite, será estimulado pelo odor do ambiente. A atenção, que deveria estar focada na aula, vai se concentrar no que comer no intervalo e na desagradável sensação de estômago roncando.

O olfato também tem impacto direto sobre nossas memórias de longo-prazo. Quem nunca passou por um lugar que tivesse um "cheiro de infância"? No momento em que esse cheiro nos atinge, aquela memória remota é ativada e instantânea e involuntariamente nos voltam sensações e lembranças de um tempo que já passou. Esse é o chamado Efeito Proust (ver Medina, 2014).

Isso é o resultado dessa forte conexão que o processamento olfativo tem com a amígdala, estrutura cerebral envolvida com o processamento de emoções, e o hipocampo, envolvido no processamento de memórias de longo prazo. Mas, além disso, essas informações olfativas também são levadas até o córtex orbitofrontal e o córtex periforme, áreas fortemente envolvidas nos processos de decisão. A influência das sensações olfativas na tomada de decisão rápida e emocional pode ser notada desde o uso de perfumes em lojas de shopping centers ou em produtos como um carro novo ou um MacBook até o estratégico – e delicioso! – cheiro de pão fresquinho nas padarias.

O tato é mais um sentido que nos ajuda a perceber o ambiente ao redor. É possível diferenciar texturas não só por meio da visão, mas também pelo toque com as mãos ou mesmo com os pés. Pisar na areia é totalmente diferente de pisar na grama ou no carpete. Também é por meio do tato que percebemos as diferentes temperaturas. Mais ainda: o tato é fundamental nas relações afetivas, como a da mãe com seu bebê ou a de um casal. Além disso, o tato influencia o nosso julgamento em diferentes situações e influencia nossa percepção de valor. Por isso alguns produtos como controles remotos e *smartphones* são, algumas vezes, mais pesados do que precisariam ser. Os produtores optam por deixar esses produtos um pouco mais pesados porque existe uma tendência a percebermos menos valor se esses produtos forem muito leves. Portanto, texturas, temperaturas e formas, percebidas pelo tato, influenciam comportamentos e percepções de uma maneira que, muitas vezes, foge à nossa percepção consciente.

O paladar é um sentido que tem uma ligação menor na nossa interação com o espaço. Ainda assim, o ambiente construído tem forte relação com nossa percepção de sabor. Já falamos um pouco sobre isso no início do capítulo com o exemplo do *sonic seasoning* e veremos mais sobre isso adiante, na discussão sobre visão, iluminação e cor.

Acabamos de tratar dos cinco sentidos que todos conhecem. Mas, além deles, existem mais três sentidos um pouco menos discutidos, que também interferem na nossa percepção e interação com o meio ambiente.

O primeiro deles é o equilíbrio, sentido totalmente instintivo. Imagine como seria a experiência de fazer as compras de Natal no shopping caso o piso estivesse solto do chão. A cada passo, as peças desse piso balançariam e você teria que se equilibrar. Além de ser muito mais cansativo do que já é, com certeza você acabaria esquecendo de comprar o presente de alguém ou então perdendo o controle de quanto já gastou. Isso porque os recursos limitados (glicose e oxigênio) do seu cérebro foram gastos cuidando da sua segurança física. Sendo assim, quanto mais gastamos esses recursos, pior será o funcionamento de nossa cognição.

Neste caso das compras de Natal, o resultado é que você terá mais dificuldade de lembrar de todos os membros da família a serem presenteados e de calcular os gastos com as compras.

Os outros dois sentidos ainda menos conhecidos são a interocepção e a propriocepção, que nos permitem perceber sensações relacionadas ao nosso corpo.

A interocepção é um sentido que permite a sensação do que está acontecendo dentro do corpo, nas vísceras. Pessoas que têm dificuldades com o sentido interoceptivo podem ter problemas em saber quando estão com fome, satisfeitas, com calor, frio ou sede. Ter dificuldades com esse sentido também pode tornar o autocontrole um desafio. Quando andamos longas distâncias e nos sentimos cansados ou quando subimos uma escada e sentimos o coração mais acelerado, isso é o resultado do funcionamento da sua interocepção.

A propriocepção, por sua vez, é o sentido que nos permite perceber a posição, o movimento e a ação das diferentes partes do nosso corpo. Ela abrange uma variedade complexa de sensações, incluindo a percepção da posição e movimento das articulações, a força muscular e o esforço envolvido. Nossa experiência física nos ambientes, seja ao usar o mobiliário, ao subir uma escada ou ao esticar a mão para abrir uma porta, acontece de maneira eficiente por causa da propriocepção. Não precisamos olhar nossos pés para saber se vamos conseguir subir um degrau que foi projetado seguindo princípios de ergonomia, simplesmente fazemos o movimento sem pensar por que a nossa propriocepção está funcionando adequadamente.

Wayfinding

Outro assunto que é bastante discutido na Neuroarquitetura é o *wayfinding*, que é a nossa capacidade de orientação no espaço. Ao passear em uma grande construção, tal como um shopping, uma faculdade ou mesmo um hospital, é muito importante que o *layout* e os caminhos sejam claros para que a gente não se perca.

Os arquitetos devem pensar nisso ao projetarem uma escola, por exemplo, levando em conta que as crianças têm que conseguir ir sozinhas ao banheiro e voltar para a sala de aula sem se perderem. Ou então, voltando ao exemplo das compras, imagine-se indo a um shopping que você não conhece direito na sua hora de almoço apenas para comprar um livro. A princípio essa tarefa parece simples, certo? Porém se o arquiteto, ao projetar o layout do shopping, não pensou no *wayfinding*

> *O wayfinding se refere à nossa capacidade de localização espacial e está associado ao trabalho em conjunto de diferentes áreas no cérebro, como o hipocampo e o córtex entorrinal.*

você vai começar a andar e se perder no meio daqueles corredores confusos. Uma coisa simples que você resolveria em vinte minutos vai demorar bem mais, além de gerar estresse.

O *wayfinding* acontece como resultado de uma complexa interação de diferentes sistemas no cérebro. No hipocampo estão localizadas as *place-cells* que nos ajudam a identificar os espaços. Vizinho a ele, no córtex entorrinal, temos as *grid-cells* que nos ajudam a entender a relação entre os espaços. Além disso, em diferentes áreas do cérebro temos a presença das *head-direction cells* que funcionam como uma bússola nos ajudando a perceber nossas mudanças de direção.

Pistas sensoriais no ambiente que nos ajudem a identificar onde estamos e para onde vamos facilitam – e muito! – a nossa navegação, principalmente em espaços complexos como uma cidade ou um hospital. Tais pistas podem ser visuais, como cores e símbolos para setorizar as áreas do projeto; sonoras, como a acústica dos diferentes ambientes da rota; olfativas e táteis. A ideia é combinar mais de uma pista, sempre com foco em facilitar a orientação dos mais diferentes tipos de usuários.

Isso tudo é importante para evitar a desagradável sensação de desorientação. Se nos sentimos perdidos é porque não estamos no nosso território. Logo de cara, um espaço em que não nos encontramos gera uma sensação de desconexão que não sentimos quando estamos num ambiente que reconhecemos, que nos é familiar. E um território desconhecido é um potencial território inimigo. É aí que começa o famoso "entrar em pânico", situação muito comum em motoristas que se perdem quando estão dirigindo em um local desconhecido e com malha viária complexa. Os níveis de estresse tendem a subir nesse momento, prejudicando a cognição e as emoções sociais. Ou seja, temos dificuldade de lembrar de informações relevantes, de socializar e de raciocinar e nos sentimos cada vez mais perdidos. Quem de nós nunca passou por situação semelhante? Veremos mais sobre isso adiante no tópico "Achando Caminhos".

Não é apenas por meio do *wayfinding* que nosso cérebro integra informações sensoriais para compreender o ambiente e conseguir agir de maneira eficiente. Ele faz isso o tempo todo. A natureza, ambiente em que fomos programados para viver ao longo da maior parte de nossa evolução, é extremamente complexa, cheia de estímulos sensoriais de todos os tipos. E nosso cérebro foi programado para analisar todas essas informações em conjunto, não separadamente.

Mais do que isso, quando esses estímulos multissensoriais são congruentes, isso facilita a nossa compreensão do ambiente, tornando o processamento de informações menos cansativo. Por exemplo: quando estamos na praia, utilizando a visão observamos a areia na parte inferior do campo visual, a água no horizonte com o movimento das ondas e o céu na parte superior. Mas, além disso, outros sentidos trazem informações que confirmam aquilo que estamos vendo. Nós sentimos a areia quente sob os pés, ouvimos o som das ondas, sentimos o cheiro de mar. Todas essas mensagens são congruentes, facilitando o trabalho cerebral de compreensão.

Por outro lado, quando as informações sensoriais são incongruentes, conflitos são gerados e a compreensão fica prejudicada. O melhor exemplo disso é o Efeito McGurk[33]. Ele mostra como nossa visão altera nossa audição – mais um exemplo de percepção *crossmodal* como vimos no início do capítulo). Ao vermos uma pessoa dizendo "bar, bar, bar" nossa percepção do som alterna entre "bar, bar, bar" e "far, far, far" de acordo com o movimento de boca feito pela pessoa que fala. Em outras palavras, até certo ponto, ouvimos com os olhos! Ou seja, nosso cérebro cria sua própria opinião sobre o mundo de acordo com o que ele interpreta sobre as informações trazidas pelos sentidos. E quanto mais multissensorial e congruente for o ambiente em que estamos e as informações que recebemos, melhor nossa identificação dos estímulos, nosso aprendizado, cognição e reação muscular.

---

[33] McGurk e MacDonald (1976).

Como a arquitetura é lida: memórias e padrões

Até aqui, vimos como é feita a ponte sensorial entre o mundo exterior e nosso cérebro. Mas como é que ele entende todos esses estímulos trazidos pelos sentidos? A Neurociência mostra que, para entender o mundo exterior, nosso cérebro usa as memórias armazenadas. Além disso, todas as informações trazidas pelos nossos sentidos são, de certa forma, encaixadas em padrões. Se for o paladar, por exemplo, dividimos sabores em doce, salgado, amargo, azedo. E esses padrões básicos se dividem em mais subpadrões. Dentro de doces, por exemplo, temos bolos, brigadeiro, sorvetes etc. Se ouvirmos os sons da natureza, dividimos os sons em padrões como de animais, sons do vento, sons da água. Na visão ocorre o mesmo. Conhecemos o padrão árvore, casa, carro, pessoa, bebê, cachorro, pássaro e assim por diante. De modo semelhante, os elementos da arquitetura são divididos em padrões tais como linhas, quinas, janelas, portas, telhados, cores, texturas, escadas, ornamentos. Vendo em outra escala, também temos os padrões de obras: igrejas, casas, restaurantes, hotéis, castelos, escolas, hospitais.

Esses tais "padrões" variam de acordo com a experiência de cada indivíduo. Nós só reconhecemos o padrão carro, por exemplo, porque estamos inseridos numa cultura em que o carro está presente. Alguém que nunca tenha comido brigadeiro não terá esse padrão formado e tenderá a buscar uma referência, algo semelhante, uma categoria na qual possa encaixar o novo doce que esteja experimentando. Como esses padrões estão gravados em nossa memória, além de reconhecemos seus elementos, nós somos capazes de fazer comparações entre eles. Podemos também extrair significados emocionais deles, como alguém que se emocione sempre ao entrar numa igreja. Mais uma vez, essa memória e essas associações emocionais são baseadas nas nossas experiências pessoais e por isso variam de pessoa para pessoa. Por isso é tão importante buscarmos entender a fundo quem são os usuários dos espaços que projetamos. Só assim conseguiremos compreender melhor a experiência que eles terão em tais espaços.

A capacidade de identificar padrões e sua relação com a memória foi muito importante ao longo da evolução. Os animais, em sua busca pela sobrevivência, têm que ser capazes de identificar predadores e possíveis parceiros para reprodução. Sem isso, sua capacidade de sobreviver e deixar descendentes ficará comprometida e sua espécie poderá não se perpetuar. Por isso, estamos sempre, de forma consciente ou não, procurando identificar padrões. Associamos o que nossos sentidos nos fazem perceber a elementos que já conhecemos. E esse processo é de grande importância na Neuroarquitetura e em sua abordagem da experiência dos ambientes.

Gestalt

Quem nunca brincou, ao menos na infância, de olhar para o céu e interpretar as formas das nuvens? Essa interpretação que fazemos dos estímulos visuais é algo inato do nosso cérebro. Ele foi programado para interpretar tudo o tempo todo e buscar encaixar tudo em padrões conhecidos, como acabamos de ver.

Isso funciona de forma automática, fugindo ao nosso controle consciente. Já que uma das principais preocupações para nossa sobrevivência é detectar ameaças em potencial, faz sentido que seja esta a primeira interpretação dos estímulos trazidos por qualquer um dos nossos sentidos e que a mesma aconteça de forma rápida, automática, sem interferência dos lentos processos conscientes. Dessa forma, o tempo de reação a tais ameaças é reduzido e as nossas chances de sobrevivência tendem a aumentar.

Para ilustrar isso, mais uma história serve de exemplo. Imagine uma pessoa sozinha em casa no sábado à noite. Essa pessoa está no quarto e acabou de assistir um filme de terror e percebe que está com sede. Como não levou um copo d'água para o quarto, essa pessoa agora vai ter que andar sozinha até a cozinha. Ao chegar na sala, ela resolve acender um abajur para não tropeçar em alguma coisa. No instante que ela acende aquela luz, olha para o lado e.... "ai, meu Deus, tem uma pessoa aqui na sala!!!". Pânico! Em uma fração de segundos seu coração dispara, sua respiração fica ofegante, seus músculos contraem. Tudo isso estimulado pelo instinto de sobrevivência que, atiçado pelo filme de terror, detectou uma ameaça ao perceber mais alguém na sala. Porém, passada essa fração de segundo, finalmente o córtex racional e inteligente, por natureza mais lento, tem tempo para fazer uma interpretação sensata daquele estímulo visual. E a pessoa percebe que aquilo não era alguém de verdade, mas apenas a sombra de um casaco pendurado.

Então, podemos concluir que, apesar da rápida interpretação dos estímulos, nem sempre nosso instinto automático percebe a realidade de forma correta. Já um processamento mais lento, sistemático e analítico, apesar de não ser tão instantâneo, pode nos ajudar a ter uma interpretação mais correta da situação.

Os psicólogos da Gestalt (Psicologia da Forma) estudaram essas diferentes interpretações feitas pelos nossos cérebros. Muito embora essas pesquisas sejam muito anteriores aos avanços da Neurociência, sobretudo aqueles que ocorreram durante a década de cérebro (anos de 1990), os resultados da Gestalt são de grande interesse para a Neuroarquitetura, sobretudo no que se refere à percepção das formas e do ambiente construído.

Vamos a alguns exemplos clássicos. A figura a seguir, à esquerda, é conhecida como triângulo Kanizsa. A figura é composta apenas por linhas em ângulo agudo e círculos incompletos. No entanto, temos a clara sensação de vermos um triângulo branco ao centro.

Triângulo de Kanizsa (esquerda) e figuras ilustrando a ilusão de Jastrow (direita).

Já a figura à direita ilustra a chamada ilusão de Jastrow. Ambas as formas têm o mesmo tamanho (use uma régua, se não acredita!). Mas a de cima parece menor. Esse tipo de ilusão ocorre quando observamos, por exemplo, a Lua nascendo à noite e ela nos parece muito maior apenas por conta do referencial do horizonte.

Utilizando os padrões gravados na memória, nosso processamento encefálico de certa forma tira suas próprias conclusões antes mesmo de termos consciência do que está acontecendo. E, por isso, muitas vezes ele percebe as coisas de uma forma diferente do que perceberíamos se as tivéssemos processado mais lentamente, fazendo uso de nossa consciência, como no caso das imagens acima. Temos que nos esforçar para impor uma percepção mais objetiva.

Isso mostra que o reconhecimento de padrões não é apenas mais rápido e instintivo, mas também é impreciso e, por vezes, irracional.

Ainda assim, esse processamento mais rápido e automático de informações é extremamente útil, não apenas para respondermos rapidamente a ameaças, como vimos antes. Em nosso dia a dia, recebemos um número enorme de estímulos. Para não enlouquecermos com o excesso de informação, apenas o que consideramos "útil" é conscientemente percebido e processado. Essa primeira avaliação de "útil" ou "inútil", relevante ou irrelevante, é feita automaticamente pelo cérebro, sem nos darmos conta de forma consciente. É graças a ela que conseguimos viver de modo funcional e ordenado nesse mundo tão cheio de estímulos.

Pensando nisso, imagine quantos estímulos recebemos que nosso cérebro interpreta sem que a gente perceba? Muitas vezes esses estímulos, que são detectados inconscientemente, podem nos afetar sem que tenhamos consciência disso. Esse mecanismo de percepção não racional, instintivo e afetivo, é muito importante na interação entre cérebro e espaço.

É por essa razão que pesquisas de opinião, sobretudo as relacionadas à percepção do ambiente ao nosso redor, nem sempre mostram o resultado mais próximo da realidade. Ao responder a uma pesquisa nós acessamos apenas aquilo que

> *A teoria da Einfühlung propõe que os neurônios espelho contribuam para o processo de conexão empática com as experiências de outras pessoas, permitindo que os indivíduos se projetem mentalmente nas situações que observam ou vivenciam.*

percebemos de maneira consciente. Portanto, muitas das sensações causadas pela interação entre o habitat e o cérebro simplesmente não são captadas por essas pesquisas.

É aí que a Neuroarquitetura, por meio de exames de neuroimagem e outras técnicas de registro psicofisiológico, pode ajudar a encontrar respostas mais precisas.

Indo ainda mais longe nessa linha de que nosso cérebro busca o tempo todo interpretar as imagens que nos cercam, podemos nos questionar sobre a relação do neurônio espelho com a arquitetura. Será possível que ele tenha influência em nossa percepção das construções? Ao ver uma pessoa sorrindo, antes mesmo que a informação alcance cérebro racional, nosso sistema de neurônios espelho pode mandar sinais para que os músculos da boca formem um sorriso. Será que a arquitetura pode provocar reações do mesmo gênero?

Se um simples sorriso pode, inconscientemente, produzir uma mudança de estado do nosso humor, como avaliar o potencial de um ambiente inteiro? Seria possível reconhecermos na arquitetura, inconscientemente, formas que podemos associar às expressões faciais ou corporais? Será que a arquitetura pode provocar empatia nas pessoas? Estudos como os do neurocientista italiano Vittorio Gallese (nascido em 1959) indicam que sim. A principal evidência nesse sentido vem da teoria da *Einfühlung*, também conhecida como teoria da "empatia" ou "empatia estética". *Einfühlung* é uma palavra alemã que pode ser traduzida aproximadamente como "sentir-se dentro" ou "empatia". A teoria teve origem no campo da estética e foi desenvolvida por Robert Vischer (1847-1933) e Theodor Lipps (1851-1914) no final do século XIX.

De acordo com a teoria da *Einfühlung*, ao observar uma obra de arte ou um ambiente, as pessoas se projetam mentalmente nas experiências do objeto ou espaço observados. Estudos recentes no campo da Neurociência defendem que esse processo envolve a ativação de neurônios espelho, que, como já vimos, são neurônios que disparam tanto quando um indivíduo realiza uma ação quanto quando ele observa outra pessoa realizando a mesma ação.

No contexto da teoria da *Einfühlung*, acredita-se que os neurônios espelho desempenhem um papel ao permitir que as pessoas se identifiquem emocionalmente com as experiências e emoções retratadas na arte e na Arquitetura.

Priming

Priming é o processo inconsciente de detectar objetos ou identificar palavras que conhecemos. O conceito de *priming*, já usado no marketing, é simples: certas "pistas" apresentadas a um indivíduo podem afetar seu comportamento sem que ele tenha nenhuma consciência nem da "pista" apresentada nem da alteração do seu comportamento. Por exemplo, estudos realizados [34] por diversos psicólogos mostraram que logo que as pessoas têm algum contato com alguma coisa que lembre dinheiro, seja ao ver uma imagem, um vídeo ou qualquer coisa associada a isso, elas tendem a ter reações mais egoístas e solitárias.

Um exemplo de *priming* na arquitetura é o elevador. Você já reparou que a maioria dos elevadores têm um espelho? Isso porque a presença do espelho diminui a sensação de claustrofobia e o vandalismo. Enquanto nossa consciência entende que se trata apenas de um espelho, nosso instinto percebe o ambiente como sendo maior do que realmente é. Sendo assim, os gatilhos da fobia não são ativados e a sensação de claustrofobia diminui. Ele também inibe qualquer impulso de vandalismo ao nos dar a sensação de que estamos acompanhados, muito embora essa "companhia" seja apenas nosso próprio reflexo no espelho.

---

[34] Ver Vohs e outros (2006).

Na arquitetura de varejo, já há algum tempo arquitetos e designers junto com a equipe de marketing buscam utilizar as técnicas de *priming* nos projetos de arquitetura.

> *Certas "pistas" apresentadas a um indivíduo podem afetar seu comportamento sem que ele tenha nenhuma consciência nem da "pista" apresentada e nem da alteração do seu comportamento.*

Algumas dessas técnicas são bastante óbvias e intuitivas, como utilizar características que denotem estabilidade para instituições financeiras.

Por isso é tão comum que os edifícios sede dos bancos tenham colunas grossas e pés-direitos altos, com halls espaçosos. Ainda assim, esse é um campo para o qual a Neuroarquitetura ainda pode trazer novas ideias e conceitos em diversos tipos de projeto.

Simetria, a proporção áurea e os fractais

O cérebro humano pode detectar a simetria em 0,05 segundo sobre qualquer região da retina.[35] Além disso, o

[35] Ver Eberhard (2009).

reconhecimento da simetria é global, acontece para todas as pessoas, independente da cultura ou idade, nosso cérebro é programado para isso, faz parte do nosso instinto. Sendo assim, quais seriam os benefícios trazidos pelo uso da simetria na arquitetura? Será só uma sensação de harmonia ou será que, associada a técnicas de *priming*, os arquitetos podem obter resultados ainda mais interessantes?

Tempietto, de Bramante, Roma

Um bom exemplo pode ser encontrado na obra do arquiteto Bramante (1444-1514), o *Tempietto di San Pietro in* Montorio (cerca de 1510), um dos projetos mais significativos do Renascimento. A estrita harmonia das formas e das proporções, muito influenciada pelo trabalho de Vitrúvio, impressionou de tal maneira o papa Júlio II (1443-1513) que este convidou Bramante para projetar a nova basílica de São Pedro, no Vaticano, a igreja mais importante do catolicismo.

Afinal, por que ele encantou de tal forma o papa Julio II, a ponto de valer para o arquiteto o comissionamento para projetar a nova Basílica de São Pedro?[36].

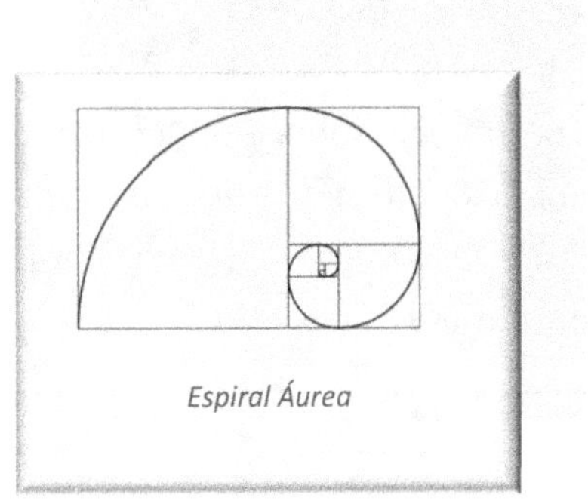

Espiral Áurea

Observando o projeto com mais cuidado, podemos verificar que o templo é um pequeno exemplo do uso da harmonia das formas, das proporções e, acima de tudo, da simetria.

Como já dissemos antes, os seres humanos se conectam fisiologicamente e psicologicamente com formas mais complexas do que com formas muito planas ou com uma complexidade desorganizada, incongruente. A partir desse princípio, vários estudos têm sido realizados para ajudar a compreender as qualidades que os fractais podem trazer à arquitetura e suas influências no bem-estar do ser humano.

Fracta é um termo criado por Benoít Mandelbrot (1924-2010) em 1975 e descreve formas da geometria não-Euclidiana. São sequências de formas repetidas em diversos tamanhos aplicáveis em todo o universo. Para entendê-los

---

[36] Ver Scotti (2006).

melhor, basta olharmos os retângulos formados pela espiral em proporção áurea.

A proporção Áurea é uma constante real algébrica, no valor de 1,618, presente em várias formas da natureza e utilizada desde a Antiguidade em obras de arte, na música e arquitetura.

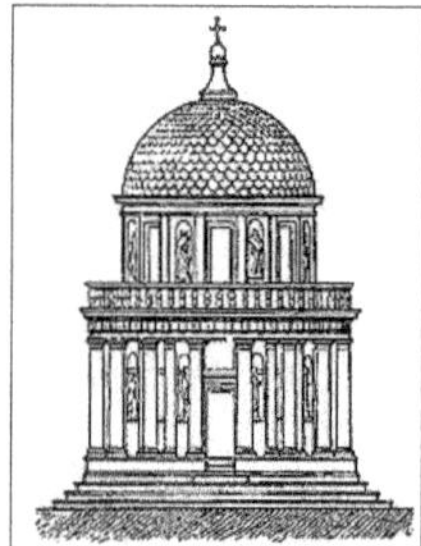

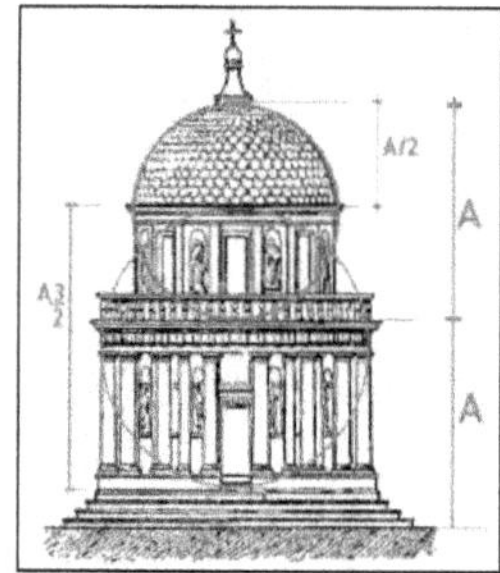

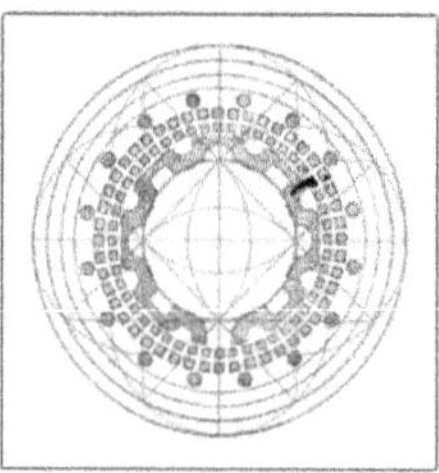

Tempietto de Bramante: detalhes das proporções arquitetônicas
Imagens de domínio público.

Se pegarmos o retângulo de ouro (a base dividida pela altura = 1,618) e criarmos dentro dele outro retângulo de ouro e dentro deste outro e assim por diante, teremos o desenho da espiral e, também, estaremos criando um fractal.

A proporção áurea está presente em vários elementos da natureza. No corpo humano, se dividirmos nossa altura pela altura do umbigo ao chão, acharemos o 1,618. O mesmo acontece dividindo a medida do ombro até a ponta do dedo pela do cotovelo até a ponta do dedo, ou com a posição dos olhos na face, com os dentes e assim por diante.

O Homem Vitruviano, de Leonardo Da Vinci, foi feito com base em todas essas relações de tamanho. Também na Mona Lisa ele faz uso da proporção áurea na relação entre o tronco e a cabeça, bem como nos elementos da face.
Na arquitetura essa proporção foi muito explorada. Na Grécia Antiga o famoso Parthenon tem na fachada diversos elementos em proporção áurea. O edifício sede das Nações Unidas, em Nova York, projetado por uma grande equipe de arquitetos, entre eles, Oscar Niemeyer (1907-2012) e Le Corbusier (1887-1965), possui em sua fachada três retângulos de ouro.Voltando aos fractais, é possível encontrar padrões fractais em obras de arte e arquitetura de diversos períodos.

Como, por exemplo, o Stadhuis, na Bélgica, do fim do período gótico. Porém, como o conceito de Fractal somente foi propriamente definido em 1975, é a partir daí que esse padrão começa a ser mais estudado. Atualmente muitos edifícios e fachadas são projetados em padrões fractais. O "Cubo d'água" e o "Ninho do Pássaro" da PTW Architects utilizados nas Olimpíadas de Pequim, em 2008, são exemplos disso.

Parthenon

À esquerda: Sede da Organização das Nações Unidas, Estados Unidos – arquitetura modernista.
À direita: Stadhuis, Bélgica – presença de fractais na arquitetura gótica
Imagens de domínio público.

A Neuroarquitetura afirma, em linha com a Gestalt, que nossos sentidos percebem de forma instintiva essa harmonia arquitetônica derivada do uso da simetria, da proporção áurea e do fractal. Com os avanços da Neurociência, um número cada vez maior de pesquisadores tem se interessado pelos efeitos que essas imagens causam em nosso cérebro.

Estádio Nacional de Pequim, o "Ninho de Pássaro", China
Imagens de domínio público

Essa atração que temos pelos fractais e pela proporção áurea não é um resultado consciente. É como se fossemos programados para responder positivamente a tais características, algo mais ligado às partes mais primitivas do cérebro.

Na arquitetura contemporânea, outro bom exemplo de arquitetura harmônica e fractal é a *Opera House* de Sydney. Uma placa de bronze no local nos revela os segredos geométricos que inspiraram os contornos do edifício. Mas a grande maioria das pessoas que admira a obra não percebe racionalmente que os diversos arcos da cobertura estão em padrão fractal (formas iguais repetidas em tamanhos diferentes).

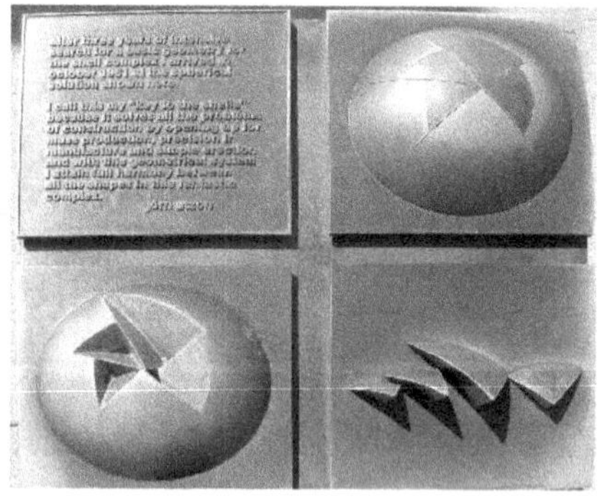

Placa metálica no *Opera House* de Sydney com detalhes geométricos da estrutura do edifício.
Imagens de domínio público.

Outros exemplos impressionantes são o museu Guggenheim de Bilbao, na Espanha e o *Disney Concert Hall* em Las Vegas, EUA. Ambos foram criados com auxílio de computador utilizando geometria fractal. Mesmo que não haja lógica nem razão naquelas sobreposições, elas atraem nossa atenção de forma automática e nos emocionam sem sabermos entender ao certo como nem o porquê.

Museu Guggenheim, Bilbao, Espanha (esquerda) e
Disney Concert Hall, Las Vegas, EUA (direita).
Fonte: http://www.the-art-minute.com

Se você ficou olhando várias vezes para o triângulo de Kanisza ou para as formas que ilustram a ilusão de Jastrow, então também foi pego por esse tipo de encantamento que as formas podem proporcionar. No caso do Tempieto, do museu Guggenheim ou do *Disney Concert Hall*, quando isso acontece, nos tornamos presas da arquitetura afetiva ou, quem sabe, de nossos próprios instintos mais primitivos relacionados ao domínio do espaço ao nosso redor.

A hipótese da biofilia

"I wish more life to creative rhythms of great Nature, Nature with a capital N as we spell God with a capital G. Why? Because Nature is all the body of God we mortals will ever see." Frank Lloyd Wright

A hipótese da biofilia é relativamente recente e sugere que existe uma ligação emocional inata entre os seres humanos e a natureza. Esse termo ficou conhecido graças ao biólogo americano Edward Osborne Wilsom (nascido em 1929), que publicou o livro Biophilia em 1984. *Bios*, em grego significa vida e *philia*, amor, afeição, ou seja, Biofilia significa literalmente "amor pela vida" ou "amor pelos seres vivos".

Ao longo da evolução, nossos cérebros foram programados para o convívio com a natureza. Privá-los disso pode causar resultados negativos em seu desempenho. De acordo com vários estudos [37], enquanto o mundo moderno provoca um cansaço mental, só olhar para uma imagem da natureza leva nossa mente

> *Nossos cérebros são programados para o convívio com a natureza. Privá-los disso pode causar resultados negativos em seu desempenho.*

[37] Kaplan e Kaplan (1989).

a um maior relaxamento, tendo um efeito de restauração.

Depois de ver imagens da natureza, sejam elas reais ou artificiais, a capacidade de focar aumenta e o nível de estresse diminui, a pressão sanguínea baixa e as tensões musculares relaxam consideravelmente.

Falling Water, de Frank Lloyd Wright
Imagem de domínio público.

Pacientes de hospitais que ocupam quartos com vista para a natureza precisam de menos medicação, sentem menos dor e se recuperam mais rápido do que aqueles com vista para a cidade ou muros. [38]

O *Circle Hospital* em Bath, na Inglaterra, projeto do escritório Normal Foster + Partners, é um exemplo de arquitetura que busca uma conexão com a natureza para estimular a recuperação. Suas janelas oferecem uma linda visão da paisagem do campo. Os quartos, que são individuais, possuem piso em carvalho. Todos os ambientes estão dispostos de uma forma que recebam iluminação natural. Os médicos de lá afirmam que a quantidade de anestesia necessária é consideravelmente menor na maioria dos pacientes. E, devido a uma recuperação mais rápida, os pacientes são liberados mais cedo do que seriam em hospitais comuns.

De acordo com a hipótese da biofilia, quando as pessoas atribuem um significado artificial a um edifício, isso pode resultar na criação de cidades e edifícios que são desfavoráveis ao bem-estar humano. Para promover uma maior harmonia entre as pessoas e o ambiente construído, a abordagem da biofilia busca incorporar elementos da vida orgânica nos edifícios.

---

[38] Biederman, I. e Vessel, E.A. (2006).

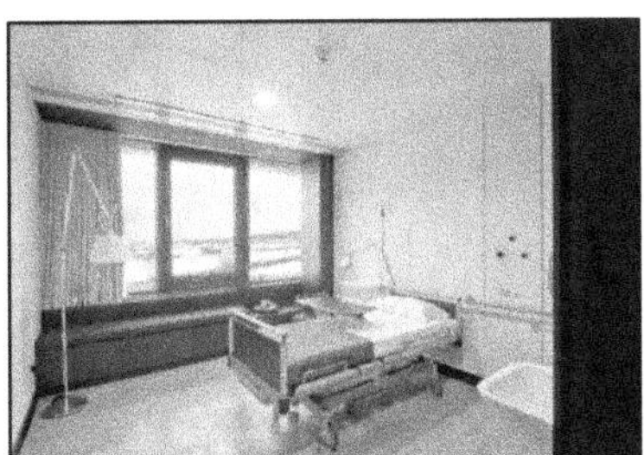

Circle Hospital, Bath, Reino Unido.
Fonte: http://www.fosterandpartners.com/projects/circlebath/gallery/

Seguindo essa lógica, podemos chegar a duas conclusões: a primeira é mais óbvia: incluir sempre o máximo de elementos da natureza nos projetos de arquitetura, seja por meio de janelas e jardins ou com o uso de materiais naturais na construção. A segunda conclusão é buscar "efeitos" de natureza através de técnicas do *priming*, ou do uso de fractais e da proporção áurea. Sendo assim, as características do espaço criado, tais como formas, cores, padronagens, dimensões e texturas poderiam seguir a mesma geometria das formas vivas.

Östra Psychiatry *Hospital,* Suécia.
Fonte: http://www.white.se/en

Outro ponto interessante é que a natureza está em constante mutação: nos rios as águas fluem, nas árvores a folhagem muda de cor e cai de acordo com as estações do ano. Essas mudanças são positivas para o cérebro perceber também o ambiente interno. Alterar a decoração da sua casa, por exemplo, acaba provocando boas sensações e um melhor relacionamento com o espaço.

O *Östra Psychiatry Hospital* em Gotemburgo, na Suécia, projeto do escritório White Arkitekter, é um exemplo de como uma arquitetura conectada com a natureza e pensada junto com a Neurociência pode obter excelentes resultados.

Lá, todos os pacientes têm acesso ao jardim e não é necessário que sejam escoltados por enfermeiros.

A disposição dos quartos evita corredores longos e estreitos e cria espaços onde os pacientes podem ficar com mais privacidade. Arquivos do antigo hospital psiquiátrico foram comparados aos arquivos do novo *Östra* e mostram que o número de pacientes sedados foi 21% menor do que no antigo hospital e o uso de restrições físicas caiu 44%[39].

Sem consciência da importância do contato diário com a natureza, a arquitetura foi perdendo sua essência e ganhando maior complexidade conceitual: simbolismos, estruturas sociais, industrialização, tecnologia. Nossas cidades e nossas casas, sobretudo no caso das grandes metrópoles, têm um pouco de tudo isso, foram se tornando cada vez mais habitats artificiais, distantes da natureza.

Como vimos, nós somos moldados pelo ambiente em que vivemos, tanto social como físico. Mas, além disso, nós trazemos em nossos genes as características moldadas desde os primórdios de nosso desenvolvimento como raça humana. E a raça humana passou a maior parte de sua história tendo que conviver e lidar com a natureza. Originalmente, nós fomos preparados para sobreviver em meio a ela. O fato de quebrarmos essa lógica genética tão bruscamente pode provocar a sensação de não-

[39] Terrapin Bright Green (www.terrapinbrightgreen.com)

pertencimento, criar estresse e problemas emocionais que se refletem no nosso comportamento, além de atrapalhar nosso funcionamento fisiológico. Talvez por isso, muitas pessoas se queixem de solidão, mesmo vivendo em cidades com milhões de habitantes e inúmeras opções de lazer e convívio social.

Essas alterações não acontecem só com os seres humanos. Animais de zoológico, quando mantidos em um ambiente mais artificial, também sofrem alterações, principalmente no comportamento social. Quando mantidos em ambientes monótonos e minimalistas, os animais mostram um comportamento neurótico e antissocial, comportamentos estes que não existem em animais que vivem na natureza[40]. Será que essa não seria a base para buscarmos mais informações sobre doenças modernas como a depressão, *burnout* e a síndrome do pânico? Não seria essa ênfase no design de ambientes tecnológicos e minimalistas o que acaba influenciando as pessoas a ficarem ainda mais neuróticas e antissociais?

Achando caminhos

Como já vimos, o *wayfindind* – nossa capacidade de nos localizarmos no espaço e acharmos caminhos – é um assunto bastante discutido na Neuroarquitetura. Quando

---

[40] Ver Grinde e Patil (2009)

circulamos por grandes edifícios, como shopping centers, hospitais e escolas, percebemos como é importante que as possíveis rotas e seus destinos estejam claros. Essa habilidade de explorar caminhos não é igual para todo mundo – e isso vale para a experiência do ambiente como um todo: ela é única para cada indivíduo. Assim, enquanto alguns podem ter extrema facilidade de localização espacial, para outros, essa tarefa pode provocar estresse e desconforto.

O hipocampo, o para-hipocampo, o córtex entorrinal e várias outras regiões do córtex têm um papel importante quando exploramos um caminho. O hipocampo, como já sabemos, é o responsável pela transformação de informações novas em memória permanente, muito importante durante o processo de *wayfinding*. Além disso, ele participa diretamente no processo de orientação no espaço já que nele estão localizadas as *place-cells,* citadas acima[41]. Como já vimos no capítulo de neuroplasticidade, os hipocampos de taxistas de Londres são consideravelmente maiores se comparados aos de pessoas de outras profissões devido à necessidade de processar as informações de localização em uma cidade com malha de ruas tão complexa[42].

---

[41] O`Keefe e Dostrovsky (1971).
[42] Macguire e outros (2000).

Por tudo isso, ao projetar edifícios complexos, os arquitetos devem se preocupar com a locomoção dos usuários. Os ambientes devem ser bem conectados, e o layout deve ser lógico e de fácil compreensão para todo tipo de pessoa. Para isso, as conexões entre ambientes devem ter pistas multissensoriais para auxiliar o reconhecimento do pedestre e ajudar os circulantes a entender o que está por vir.

Investigações na área de cognição espacial mostram que rotas com menos mudanças de direção tendem a passar a sensação de serem mais curtas. Além disso, são bem mais fáceis de serem memorizadas. Linhas de visão desimpedidas são muito importantes para a formação de um mapa mental de reconhecimento espacial. Sejam elas na vertical (mostrando escadas e elevadores dos vários pavimentos) ou na horizontal.

Quando nos locomovemos em ambientes externos, vários elementos servem de referência de localização no espaço: variações do relevo, vista do horizonte, posição do sol etc. Em um edifício, devemos buscar pontos que sirvam de referência como no caso das paisagens externas. Ambientes muito similares visualmente também podem pregar uma peça nos pedestres circulantes, que correm o risco de se perder.

Crianças com menos de 12 anos não costumam ter a habilidade de selecionar pontos de referência e usá-los de forma estratégica ou examinar rotas para facilitar a navegação em áreas desconhecidas. Por tanto, espaços desenvolvidos para este público devem ter um design direcionado para auxiliar sua memória e seu entendimento da localização e de como explorar o lugar. Seja uma loja de brinquedos, um hospital infantil ou uma escola, os possíveis caminhos devem ser muito claros e cada ambiente deve ser identificado de forma diferenciada. Assim, caso a criança precise caminhar até o banheiro, por exemplo, ela não vai se perder. Pontos de referência designados com imagens familiares podem auxiliar no reconhecimento de uma sequência de pistas que devem ser seguidas para atingir um objetivo.

O *Emma Childrens's Hospital* EKZ em Amsterdam, na Holanda, é um exemplo de projeto que teve o *wayfinding* pensado de forma a utilizar diferentes ícones e cores para facilitar a identificação dos ambientes para o público infantil. Como algumas crianças ficam internadas lá por muito tempo, elas têm que se sentir capazes de se deslocar no espaço. Os ícones utilizados são imagens que chamam a atenção das crianças, sendo assim mais fácil lembrar deles depois e reconhecer o ambiente percorrido. Além disso sua posição na parede num nível mais baixo fica mais próxima à altura do olhar das crianças menores.

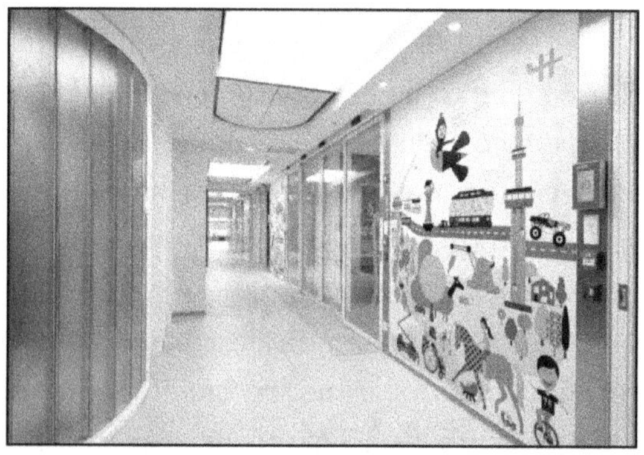

Emma Children's Hospita EKZl, Holanda.
Fonte: http://www.opera-amsterdam.nl

Como a experiência do ambiente é única para cada usuário e cada um pode ser mais ou menos sensível a determinadas características do ambiente, é importante ter em mente que é preciso combinar várias estratégias para facilitar a navegação ao invés de investir em apenas uma ou duas. Se combinamos pistas visuais, táteis e sonoras, por exemplo, já aumentamos a chance de facilitar a navegação de pessoas mais sensíveis e atentas a cada um desses três sentidos.

Isso vale para o *wayfinding*, mas não se limita a ele. Ao projetarmos espaços complexos que abrigarão os mais diversos tipos de usuários, temos que nos atentar para não criar um ambiente que funcione bem e ofereça uma experiência positiva apenas para uma parcela limitada deles. Por isso, mais uma vez, destacamos a importância de buscar entender os vários grupos de pessoas que virão a ocupar o espaço em questão. Além disso, para os grupos mais vulneráveis ou sensíveis a determinadas experiências – como pode ser o caso dos neurodivergentes, de crianças mais novas, de idosos ou pessoas com mobilidade reduzida, por exemplo – precisamos dedicar ainda mais a nossa atenção para oferecermos soluções que atendam às necessidades mais específicas que eles podem vir a apresentar. Destacamos que criar um ambiente acessível para aqueles mais vulneráveis faz com que esse espaço seja melhor para todos.

E o Urbanismo?

O estresse é um grande fator desencadeador de distúrbios mentais dos mais variados tipos. E estudos mostram que a ocorrência de tais distúrbios é muito mais comum em pessoas que vivem em centros urbanos do que naquelas que vivem em ambientes rurais[43]. Com os avanços da Neurociência é possível observar que as estruturas cerebrais de pessoas que vivem na cidade respondem de forma diferente a situações de estresse do que das pessoas que vivem no campo.

---

[43] Abbott (2011).

Recentemente, pesquisadores descobriram uma correlação entre o local de residência e a saúde cerebral. Eles constataram que indivíduos que vivem em áreas urbanas próximas a uma floresta tinham maior probabilidade de apresentar sinais de uma estrutura saudável na amígdala, região cerebral envolvida com o processamento das emoções, sugerindo que eles eram potencialmente mais capazes de lidar com o estresse.[44] Em outras palavras, podemos concluir que a vida na cidade acaba afetando nossa forma de sentir as coisas e, de certa forma, nos tornando pessoas mais pessimistas. Será que não existe aí alguma ligação com a Hipótese da Biofilia? Provavelmente, sim.

Visão, iluminação e cor

Nossa visão nos possibilita identificar diferentes objetos, cores, tamanhos, texturas e assim por diante. Mas, ao chegarmos a um lugar novo, qual seria a prioridade de atenção do nosso cérebro? Como vimos, instintivamente é fundamental priorizar a localização de ameaças em potencial para podermos responder a tempo. Quando alguma ameaça é de fato identificada, por sua vez, nossa atenção e os recursos limitados do nosso cérebro são

---

[44] Max-Planck-Gesellschaft, 2017.

direcionados para aquilo, resultando em prejuízos para o funcionamento da cognição.

No âmbito da Neuroarquitetura, um bom exemplo dessa situação é o medo de altura. Por mais que conscientemente se saiba que a varanda do vigésimo andar tem um guarda-corpo projetado dentro das normas e bem fixado para evitar quedas, ainda assim muita gente não vai conseguir se aproximar da beirada e, muito menos, olhar para baixo.

No caso da altura, esse medo tipicamente instintivo é muito evidente. Porém existem casos mais sutis e que, sem o auxílio de exames como os de neuroimagem, dificilmente seriam comprovados. É o caso de objetos pontudos em contraposição a objetos arredondados. Ao visualizar objetos do nosso dia a dia, nossa amígdala fica mais ativa quando tais objetos possuem pontas e quinas do que quando possuem um acabamento mais arredondado.[45]

Além disso, as pessoas têm a tendência instintiva de preferir objetos com pontas arredondadas. É como se o nosso cérebro estivesse programado para evitar pontas afiadas, já que elas representam certo perigo à nossa integridade física.

---

[45] Bar e Neta (2007)

Edifício Copan, São Paulo.
Imagens de domínio público

Com isso, é possível sugerir que um ambiente com móveis e objetos pontudos pode, sem nos darmos conta, nos causar certo estresse e dificuldade de concentração. Em contraste, em um ambiente com curvas mais suaves, temos a capacidade de relaxar e nosso cérebro se encontra em um estado mais propício para desempenhar outras funções. Neste caso, fica mais fácil entender como formas inspiradas nas curvas femininas, como as projetadas pelo arquiteto Oscar Niemeyer, causam tanto encanto.

Outro ponto fundamental para que o cérebro consiga processar o que vemos é a iluminação: a qualidade e as características da luz natural e artificial afetam a capacidade do cérebro de processar informações sobre o ambiente por meio do sistema visual. É sabido que a iluminação tem um impacto direto no nosso estado de alerta, o que influencia diretamente a capacidade de prestar atenção. Por exemplo, a luz natural estimula mais o cérebro da criança a aprender do que a luz artificial. Estudos comportamentais em escolas da Califórnia mostraram que o aumento do uso de iluminação natural fez as crianças ficarem mais atentas e aumentou suas notas (ver Eberhard, 2009 e Karakas e Yildiz, 2020).

Sim, o nosso cérebro precisa de luz! Já é sabido também que em países com invernos rigorosos, onde a noite dura muitas horas e a luz do sol aparece pouco, as pessoas têm mais tendência a ter depressão.

Sabe-se que a percepção baseada no sistema visual varia com a idade e os tipos de distração do ambiente, mas como a luz nos afeta emocionalmente é um assunto ainda parcialmente compreendido.

A qualidade e as características da luz natural e artificial afetam a capacidade do encéfalo de processar informações sobre o ambiente por meio do sistema visual.

Para uma criança com medo do escuro, a luz é reconfortante e traz segurança. Em ambientes de descontração como bares e restaurantes, ao contrário, a baixa iluminação facilita na integração das pessoas.

Espaços com iluminação variada – pontos claros e pontos escuros – registram respostas emocionais mais intensas do que espaços com todas as áreas bem iluminadas.

Mas, ao falarmos de luz temos que levar em conta também que é ela que nos possibilita perceber as cores presentes no ambiente (cor pigmento). E que estas influenciam a forma como o nosso cérebro processa, entre outras coisas, as emoções. Não é novidade que a cor azul tende a ter um efeito calmante e a vermelha, ao contrário, agita. Também não é novidade que a cor do ambiente altera nossa percepção do seu tamanho. Cores escuras nos fazem ter a impressão de que o espaço é menor. Já cores claras ampliam o ambiente.

Mas as relações mais interessantes entre luz, cor e percepção vêm agora. Um estudo[46] realizado no Instituto de Psicologia da Johannes Gutenberg University Mainz, na Alemanha, mostra como as cores impactam nossa percepção dos sabores. Isso mesmo! O paladar é afetado pelas cores.

Este estudo mostrou que a cor do ambiente influencia na percepção do sabor do vinho. Cerca de 500 participantes foram colocados em ambientes com iluminação branca, verde, azul e vermelha. Lá eles experimentavam o vinho e tinham que dizer o quanto gostaram. O mesmo vinho,

---

[46] Oberfeld e outros (2009)

quando provado em um lugar com iluminação na cor azul e na cor vermelha, teve uma aprovação bem maior do que quando provado em ambiente com iluminação verde ou branca. Além disso, o sabor do vinho foi considerado significativamente mais doce por aqueles que o tomaram em ambiente com iluminação vermelha. Imagine o impacto que conhecimentos desse tipo podem trazer na arquitetura de restaurantes, lanchonetes e cafés?

Quando o assunto é cores, não podemos deixar de falar na subjetividade da sua percepção. Muito cuidado com estudos e afirmações do tipo: "Pinte o quarto de azul para estimular a criatividade do seu filho!" ou "Use o amarelo no escritório para ficar mais produtivo!". Cuidado! Quem dera fosse assim tão simples a forma como a cor nos afeta.

Tirando algumas exceções mais gerais, os efeitos das cores nas pessoas variam muito de acordo com vários elementos. O primeiro deles refere-se, é claro, a quem é a pessoa que está vendo a cor. A idade, a emoção que sentimos no momento, o sistema visual e as memórias e experiências vividas influenciam nossa percepção das cores.

Por isso, mais uma vez, precisamos conhecer quem são nossos clientes e os usuários dos espaços que estamos projetando. Além disso, o contexto físico onde a cor se insere – iluminação do ambiente e cores e texturas vizinhas – também afeta nossa percepção da cor. Ou seja, a percepção da cor não é absoluta, dado que o cérebro a percebe e interpreta inserida num contexto.

Aliás, isso tudo não se aplica apenas à percepção das cores: também vale para nossa percepção como um todo. Por isso uma visão holística ao projetar é importante, levando sempre em consideração quem vai usar o espaço, como o espaço vai ser usado, onde ele se insere e quais as diversas características que, combinadas, compõem o espaço em questão.

Territorialidade e pertencimento

Um desafio para arquitetos e designers é criar espaços novos e originais que, ainda assim, possibilitem que as pessoas se conectem com eles, gerando sensação de pertencimento. Ao se reconhecer num território de certa forma familiar, os níveis de estresse tendem a baixar e a experiência dos usuários pode melhorar consideravelmente. Por exemplo: pacientes com Alzheimer que ficam em quartos privativos com seus objetos pessoais têm um comportamento menos agressivo e ansioso. Essa personalização dos ambientes é uma estratégia importante para nos ajudar a aumentar a sensação de pertencimento.

Nos locais de trabalho isso muitas vezes acaba influenciando o desempenho profissional. Se o lugar onde exercemos nossas atividades profissionais é sentido por nós como nosso território tendemos a nos sentir mais tranquilos ali, liberando recursos mentais para outras funções cerebrais e permitindo que nossa atenção se direcione para as tarefas que devemos executar. Ao contrário, quando não percebemos aquele território como nossos, ainda que inconscientemente, os níveis de tensão aumentam e é muito mais desafiador direcionar toda a nossa atenção às tarefas do trabalho.

O mesmo vale para espaços projetados para idosos que permitem que eles personalizem seus ambientes com seus próprios móveis. Isso funciona como um *link* com sua história do passado, algo muito valorizado por pessoas mais velhas nas mais diferentes culturas. Assentos móveis também proporcionam uma sensação de controle do espaço e das interações sociais. Eles têm sido usados em diversos tipos de projetos, desde clínicas de reabilitação até em parques, como o Bryant Park em Nova Iorque.

Um ambiente com pé-direito alto provoca maior sensação de liberdade, estimulando nossa criatividade. Por outro lado, ambientes com baixo pé direito ajudam na concentração.

Outras estratégias interessantes para trazer essa sensação de familiaridade e pertencimento envolvem trazer para o ambiente sendo projetado outros elementos sensoriais que, de alguma forma, estiveram presentes na história dos usuários. Por exemplo: a paleta de cores que compõem o ambiente pode ser inspirada numa paisagem da natureza do local de sua infância ou do seu destino favorito de férias. Perceba que neste exemplo já combinamos três estratégias que foram discutidas neste capítulo: cores, design biofílico e resgate de memórias afetivas positivas para gerar familiaridade!

O teto ou o céu? Arquitetura e neuroplasticidade

Estudos realizados em universidades do Canadá e Estados Unidos[47] sugerem que a altura do teto afeta não só o comportamento, mas também a habilidade de solução de problemas. Um ambiente com pé-direito alto provoca maior sensação de liberdade, estimulando um estado mental mais criativo. Por outro lado, ambientes com baixo pé direito estimulam maior concentração. Estruturas horizontais dão a sensação de movimento, de deslocamento ao longo do espaço e do tempo. Como vimos no início do capítulo nas imagens de igrejas, estruturas verticais podem favorecer a reflexão ou o temor.

Conhecimentos desse tipo podem ser bastante interessantes para profissionais que projetam espaços para

---

[47] Meyers-Levy e Zhu (2007).

o varejo. Ambientes com pé-direito mais baixo, ao estimularem o aumento dos níveis de atenção, deixam as pessoas mais críticas aos defeitos de produtos, além de mais conscientes de que se deve economizar.

Em ambientes corporativos, equipes que tenham seu trabalho voltado para alguma área criativa não devem ficar confinadas em salas pequenas. Já pessoas de áreas mais técnicas, estas sim, estariam bem locadas em ambientes mais restritos, onde poderiam se concentrar melhor. O mesmo vale para escolas: durante as aulas de matemática, uma sala mais compacta poderia ser mais adequada. Já na hora da aula de redação ou artes plásticas, uma mudança para uma sala maior ajudaria a estimular a criatividade dos alunos.

Foi na conferência do AIA (*American Institute of Architects*), em 2003, que Fred Gage (neurocientista do Salk Institute nos Estados Unidos) apresentou suas descobertas dizendo que mudanças no espaço mudam o cérebro e, portanto, mudam nosso comportamento. Era a confirmação de uma famosa frase de Sir Winston Churchill, dita muitas décadas antes: "*We shape our buildings, thereafter they shape us.*"

A descoberta da neuroplasticidade e os vários experimentos feitos para explorar essa habilidade possibilitaram a afirmação de que os ambientes podem realmente alterar nossos cérebros. Em estudo realizado pela neurocientista

Marian C. Diamond (1926-2017) fica clara a comprovação de tal afirmação[48].

Nesta pesquisa foram comparados os cérebros de grupos de ratos em três tipos diferentes de gaiolas. O primeiro tipo era um ambiente padrão com o qual os ratos já estavam acostumados e ficavam em grupos menores por gaiola. O segundo tipo era um ambiente enriquecido, com mais espaço e um grupo social maior (mais ratos na mesma gaiola) e com objetos para explorar e escalar, sendo estes trocados toda semana para que houvesse novos desafios. Finalmente o terceiro era apenas a gaiola, um ambiente pobre, onde cada rato ficava totalmente sozinho e sem absolutamente nada de novo ou interessante.

Os resultados foram claros: os ratos que ficaram na gaiola enriquecida tiveram um aumento considerável na densidade do córtex se comparado aos que ficaram na gaiola padrão. Já os córtex dos ratos na gaiola mais pobre diminuíram em relação aos ratos do grupo padrão. Dessa forma, pode-se afirmar que atributos do espaço físico têm sim o potencial de alterar nosso cérebro, melhorando nosso processo de formação de memória, o aprendizado, e assim por diante.

---

[48] Ver Diamond, Krech e Rosenzweig (1964).

Agora, imagine, leitor, o potencial dos edifícios e até mesmo das cidades na transformação das pessoas? Não somente escolas ajudam na nossa formação, mas todos os ambientes que fazem parte do nosso dia a dia, como nosso escritório, nossa residência, nossa cidade.

Se formos capazes de compreender o potencial de neuroplasticidade, tanto positivo como negativo, que um ambiente pode gerar, podemos usar isso a nosso favor, tanto para evitar problemas como para promover resultados próximos do esperado. Para isso, temos que entender como iluminação, acústica, condição térmica, pé-direito, cor, textura, forma e todas as outras infinitas opções de pensar o espaço podem afetar nossa percepção do ambiente.

Algumas conclusões

A maioria das pessoas passa cerca de 90% do seu tempo dentro de edifícios. As experiências que temos nestes espaços têm grande potencial de estudo para a Neuroarquitetura. O estudo da Neurociência aplicada à arquitetura permite que o projeto seja pensado com maior precisão e objetividade. Além disso, a arquitetura pode também ser usada para reforçar nossas habilidades cognitivas, estimular nossa memória e diminuir o estresse e os efeitos negativos do ambiente sobre nossas emoções.

O conhecimento de nossas reações fornece aos arquitetos ferramentas poderosas para projetar edifícios que atinjam de forma mais precisa seus objetivos. Por exemplo: edifícios educacionais que estimulem a concentração e o aprendizado; edifícios hospitalares que estimulem a recuperação e o bem-estar de seus pacientes e funcionários; ambientes de varejo que ajudem a deixar os clientes mais relaxados e favoráveis ao consumo e assim por diante.

Em nenhum momento a Neuroarquitetura se propõe a eliminar a intuição e criatividade dos arquitetos, mas ela pode, com certeza, ser utilizada como uma importante ferramenta de projeto. O embasamento científico e o maior conhecimento sobre a nossa relação com o ambiente fornecem mais material para a criação de espaços melhores e estratégias mais eficazes.

A Neuroarquitetura ainda é um tema que está no início do seu desenvolvimento. São poucos os centros de pesquisa voltados para estudos que conectem a arquitetura com a Neurociência, como a *Academy of Neuroscience for Architecture* (ANFA), nos Estados Unidos. Por serem inicialmente assuntos muito distintos, é complicado encontrar profissionais que possuam conhecimento avançado em ambas as áreas para desenvolver novas pesquisas neurocientíficas com foco em arquitetura. Mas isso não é motivo para desanimar nenhum arquiteto.

Quando a física estava nos primórdios do seu desenvolvimento, na época de Galileu Galilei, por exemplo, seria cedo demais para os arquitetos a utilizarem como uma ferramenta precisa no cálculo de iluminação. Porém, hoje em dia, devido ao seu desenvolvimento, coisas antes inimagináveis, como a mecânica quântica, já podem ser utilizadas. Toda ciência necessita de um tempo de amadurecimento e com a Neuroarquitetura não é diferente. Já houve grandes avanços nessa área, mas sabemos que ela ainda pode crescer muito mais.

11.Ética no *Neurobusiness*

"Os homens são bons de um modo apenas, porém são maus de muitos modos."

Aristóteles

Ética da Neurociência e Neurociência da ética

Introduzir o termo "neuro" antes de palavras ou expressões tradicionais não é algo trivial, mesmo sendo tão frequente. Não se trata somente de somar campos de pesquisa ou criar neologismos. Afinal, no limite, é possível criar infinitas expressões no campo "neuro". Dar conteúdo e consistência a elas é outra história.

Mas, no caso específico da ética, é preciso uma atenção especial. A seriedade da temática exige cuidado. Afinal, agir eticamente significa adotar condutas, modos de ação e escolhas em linha com padrões moralmente aceitos.[49] Um tema relevante em qualquer área.

O primeiro uso conhecido do termo ocorreu em 1973 no artigo de Anneliese Pontius, *Neuro-ethics of walking in the newborn* (Pontius, 1973). O texto analisou questões éticas relacionadas à pesquisa neurológica com recém-nascidos. Desde então, o uso do termo neuroética tem se ampliado.

Em 2002, realizou-se em San Francisco a conferência *Neuroethics: mapping the field*. Outro marco importante ocorreu em 2006 com a criação da INS – *International Neuroethics Society*, cuja missão é promover o desenvolvimento e a aplicação responsável da Neurociência em nível internacional, incluindo

O primeiro uso conhecido do termo neuroética se deve a Anneliese Pontius em um artigo de 1973 sobre estudos realizados com crianças que estavam aprendendo a andar.

[49] No âmbito das ciências biomédicas, Beauchamp e Childress (2013) fundamentam sua discussão ética na ideia de "moralidade comum". Segundo os autores, a moralidade comum é um produto histórico que compreende um conjunto básico de regras e princípios morais que formam um conjunto racional e socialmente estável de certo e errado, amplamente aceito e difundido. Ver também Azambuja e Garrafa (2015).

suas aplicações interdisciplinares.

O interesse por esse campo também fica evidente pelo número crescente de publicações. Dentre outras, vale citar as revistas *Neuroethics*, *American Journal of Bioethics*, *American Journal of Law and Medicine*, *Bioethics* e *Cambridge Quarterly of Healthcare Ethics*, dentre várias outras.

Em termos conceituais, pode-se definir neuroética como o estudo das implicações éticas, sociais e jurídicas dos avanços da Neurociência e de suas múltiplas aplicações. Assim, partindo das mesmas bases filosóficas da ética clássica, a neuroética visa aprofundar a discussão das questões morais relativas à pesquisa e à aplicação do conhecimento no campo neurocientífico.

Dito isso, surge uma primeira questão que precisa ser esclarecida: Afinal, qual a relação entre neuroética e bioética?

Uma maneira simples de responder é reconhecer que o objeto da neuroética é mais restrito e, ao mesmo tempo, suas aplicações se estendem para além do campo da bioética. Assim, enquanto a bioética se ocupa de aspectos gerais no contexto das ciências médicas e biológicas, a neuroética se ocupa de questões específicas relacionadas à pesquisa que tem como objeto as relações entre o funcionamento do sistema nervoso e o comportamento. Já no que se refere às aplicações, a neuroética se estende às áreas multidisciplinares do conhecimento gerado pela

Neurociência que estão além dos limites da bioética. As dimensões aplicadas do *Neurobusiness* encontram-se nessa área, para além das fronteiras da bioética (ver figura abaixo).

Conclui-se que a neuroética compartilha temas comuns com a bioética, mas as duas não se confundem.

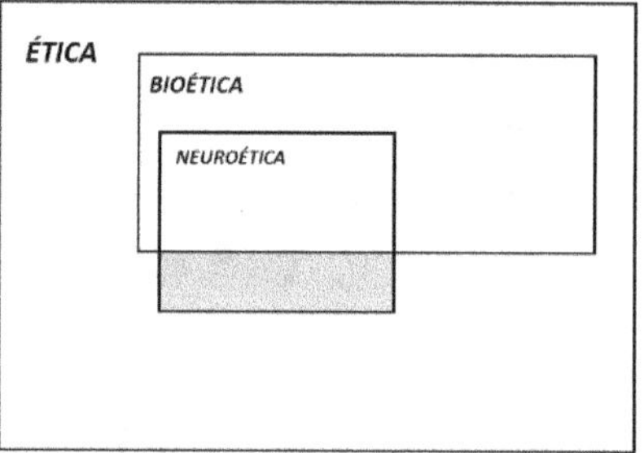

Representação esquemática da relação entre ética, bioética e neuroética. Por conta das múltiplas aplicações da Neurociência, existe um campo de estudo da neuroética que ultrapassa os limites da bioética. É nesse campo, destacado na figura acima, que se encontra parte relevante da ética do *Neurobusiness*.

Compreendida essa relação, pode-se dizer que a neuroética possui duas linhas diferentes de pesquisa (Hamdan, 2017): a ética da Neurociência e de suas aplicações e a Neurociência da ética.

A primeira investiga questões práticas, relacionadas tanto à pesquisa neurocientífica propriamente dita quanto às pesquisas aplicadas de caráter interdisciplinar, como os estudos típicos da Neuroeconomia, Neuromarketing ou Neuroarquitetura, por exemplo. Assim, a ética da Neurociência se refere à prática dos pesquisadores e, portanto, ao que se passa portas a fora do encéfalo no campo da conduta dos que conduzem os estudos de Neurociência.

Já a Neurociência da ética investiga os processos e mecanismos cerebrais associados a questões e comportamentos relacionados à filosofia moral ou, de forma mais restrita, à ética social. Seu campo de estudo se encontra, portanto, portas a dentro do encéfalo.

Assim, por exemplo, explorar como nossa mente reage a comportamentos desleais seria um tema da Neurociência da ética. O mesmo aconteceria com o estudo da ocorrência de picos de endorfina quando estamos diante de comportamentos considerados justos ou adequados em nosso ambiente familiar ou de trabalho. Outros temas como liberdade, altruísmo,

> ***Ética da Neurociência**: portas a fora do encéfalo; refere-se à **conduta** e às práticas dos estudiosos da Neurociência, pura e aplicada.*
>
> ***Neurociência da ética**: portas a dentro do encéfalo; investiga **processos neuronais** associados a ações e comportamentos éticos.*

autocontrole, sentimento de pertencimento também têm sido estudados pela Neurociência da ética e são, ao mesmo tempo, temas clássicos da filosofia moral. O que ocorre hoje é que, a partir da contribuição da Neurociência, é possível explorar como o encéfalo reage em situações envolvendo conteúdo ético e moral.

Já a conduta dos pesquisadores durante esses estudos e os métodos empregados para explorar situações de caráter moral por meio da abordagem neurocientífica são objetos da ética da Neurociência.

Dá para notar que, ainda que distintas, essas duas linhas de pesquisa estão em contínuo diálogo e se completam (ver Roskies, 2002).

Neuroética e *Neurobusiness*

Mas, então, como fica a ética no contexto do *Neurobusiness*? Antes de tudo, já se pode afirmar que ela é uma extensão da neuroética que, por sua vez, possui toda uma relação com a bioética, certo? Mas, existe um campo da ética do *Neurobusiness* que seja próprio, fora das fronteiras da neuroética e da bioética? A resposta é: sim. A figura a seguir ilustra esses vários campos.

Mas... vamos mais devagar aqui. A sobreposição de esferas entre essas várias éticas pode gerar confusão. E, de fato, elas se completam e se relacionam de uma forma não trivial.

Na figura abaixo, destacamos que a neuroética abrange parte da temática da bioética. Ao mesmo tempo, possui uma área externa a esta última. O mesmo ocorre com a ética do *Neurobusiness*: ela possui uma área ampla nos limites da neuroética, mas também possui um campo próprio, que vai além desses limites.

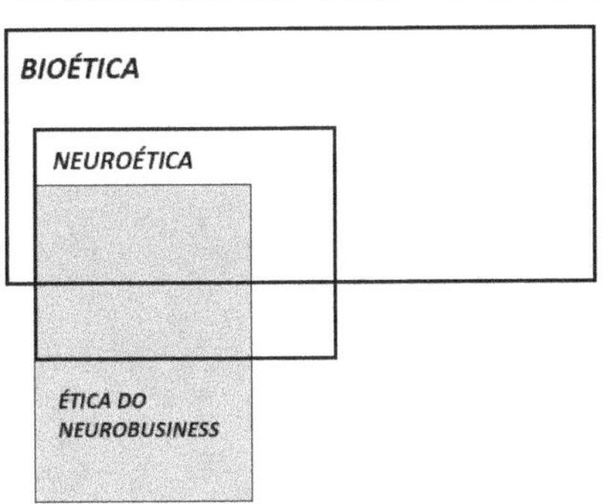

A ética do *Neurobusiness* inclui campos de discussão dentro e fora da bioética, como também dentro e fora da neuroética.

Então, é possível afirmar que a ética, quando abordada no campo do *Neurobusiness*, possui três dimensões:

A primeira é, de fato, uma extensão da ética na pesquisa neurocientífica, dentro do campo da neuroética e da bioética (Área 1 da figura abaixo). Em termos da ética clássica (Aristóteles, 1987), essa primeira dimensão se situa no campo epistemológico, ou seja, próprio da pesquisa científica pura (*episteme*). Discute-se aqui a conduta dos pesquisadores em estudos de Neurociência com potencial de aplicação no campo dos negócios. A influência das emoções nos processos decisórios ou os mecanismos de formação de memórias são bons exemplos de temas de interesse para o *Neurobusiness*, mas que podem ser objeto de uma pesquisa puramente científica.

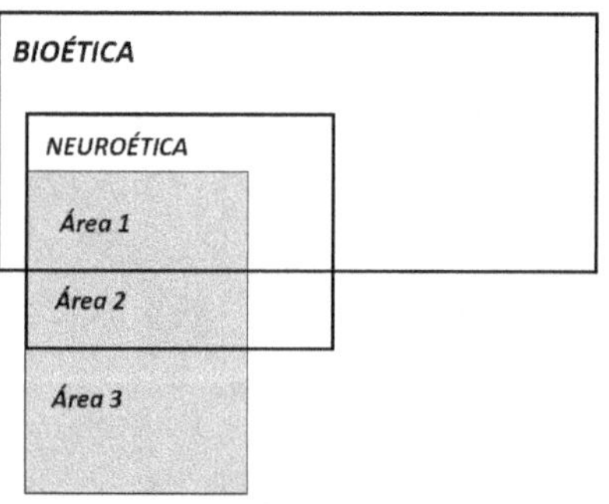

Três áreas da ética do *Neurobusiness* (em destaque na figura).

A segunda dimensão se refere especificamente à ética da pesquisa aplicada, própria das disciplinas do *Neurobusiness* (Área 2 da figura acima). O estudo clássico envolvendo Coca e Pepsi situa-se nesse campo. Pesquisas assim, de caráter diretamente aplicado ao *Neurobusiness*, também exigem uma conduta ética dos pesquisadores (Área 1), mas o foco recai sobre o tratamento ético da relação entre os consumidores (voluntários dos experimentos e das pesquisas) e suas marcas de refrigerante preferidas (Área 2).

Por fim, existe um terceiro campo para discussão ética própria do *Neurobusiness* que se refere ao uso feito por empresas e profissionais de ferramentas e estratégias orientadas nas várias disciplinas neuro. Nesse último campo, a neuroética apresenta clara interface com a ética empresarial ou ética dos negócios e, portanto, está no âmbito ético do exercício técnico do conhecimento, que Aristóteles (1987) chama de *technè* (Área 3 da figura acima).

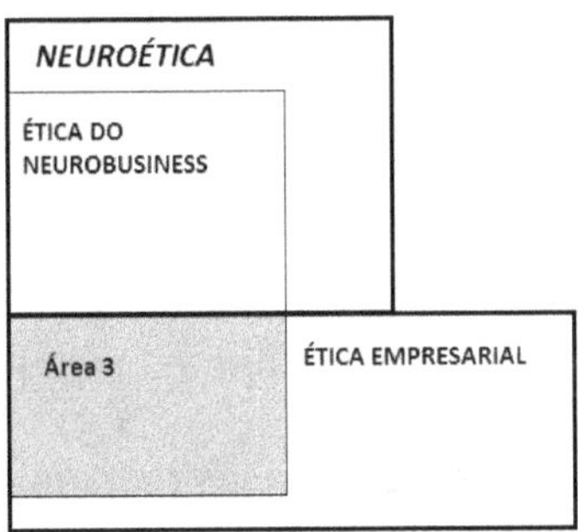

A aplicação dos conhecimentos originados na Neurociência no campo da Gestão Empresarial e do comportamento profissional define um campo de discussão ética próprio do *Neurobusiness* (Área 3).

Nessa área comum entre a ética do *Neurobusiness* e a ética empresarial (ver figura acima) estamos primordialmente no campo da Neurociência da ética, explorando os mecanismos portas a dentro do encéfalo. O objeto de estudo são as reações cerebrais diante de comportamentos e relacionamentos da vida empresarial decorrentes da aplicação de ferramentas vindas das disciplinas do *Neurobusiness*.

Assim, questões como assédio moral, igualdade de gênero, relações de poder dentro das empresas, formas de motivação com ou sem apelo a ganhos financeiros e altruísmo podem e devem ser abordados tanto do ponto de vista filosófico, cultural e psicossocial quanto neurocientífico aplicado (Área 3).

A grande questão aqui pode ser resumida assim: O uso aplicado do conhecimento neurocientífico no âmbito das relações empresariais está sendo feito eticamente? Ou estamos usando esse conhecimento para influenciar o comportamento de outros agentes, dentro e fora da organização, de forma moralmente inadequada?

Muito embora esses três campos tenham amplas zonas de interseção, é possível concluir que a melhor forma de discutir questões éticas relativas ao *Neurobusiness* seja abordando cada um separadamente.

Assim, por exemplo, os efeitos da ocitocina sobre o comportamento podem ser pesquisados no campo da Neurociência pura segundo padrões aceitos na bioética, mas com vistas a seu uso posterior no *Neurobusiness* (Área 1). A ética da Neurociência estaria em ação, buscando estabelecer padrões aceitáveis de comportamento por parte dos pesquisadores. Esse é o mundo da episteme aristotélica, sem dúvida.

Em um segundo momento, esses conhecimentos poderiam ser aprofundados em termos de suas possíveis aplicações à Neuroliderança ou ao Neuromarketing, por exemplo. A discussão sobre questões éticas estaria, mais provavelmente, fora do campo da bioética (Área 2). Esse campo ainda se situa no mundo da *episteme*, isto é, na geração de conhecimento científico, ainda que aplicado a áreas específicas da gestão de negócios.

Por fim, o uso efetivo de um spray de ocitocina no sentido de alterar comportamentos de colaboradores nas empresas ou de clientes no comércio envolveria uma discussão ética em *Neurobusiness* própria da esfera empresarial e, portanto, da ética dos negócios (Área 3). Esse é o mundo da *technè* aristotélica, a arte de aplicar o conhecimento em situações da vida prática.

Caracterizadas essas três áreas da neuroética no contexto do *Neurobusiness* é possível propor questionamentos éticos com mais clareza.

Assim, em princípio, um neuroarquiteto pode estar projetando escolas que melhorem o aprendizado de jovens do ensino médio e fazer uso de conhecimentos da Neurociência pura a respeito do processamento de informações espaciais pelo encéfalo e seus impactos no aprendizado. Como consequência da implantação de um projeto de Neuroarquitetura, os alunos podem ter uma melhor qualidade de vida nessas escolas e um melhor desempenho nos vestibulares. A escola, por sua vez, poderá fazer uso desses resultados como um elemento de suas ações de marketing, igualmente orientadas pela Neurociência (Neuromarketing).

Como as questões neuroéticas se colocam em uma situação como essa? Em qual das três áreas da ética do *Neurobusiness* se situa a discussão?

Antes de tudo, cabe perguntar se os estudos relacionados com a percepção espacial que fundamentaram as pesquisas do neuroarquiteto foram ou não conduzidos segundo parâmetros éticos em geral e bioéticos em particular (Área 1 da figura abaixo).

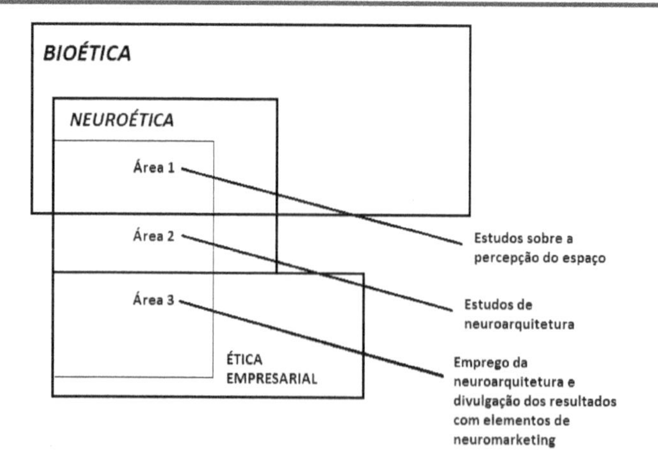

Seja como for, do ponto de vista ético, a responsabilidade do neuroarquiteto quanto a sua conduta só se inicia mesmo quando realiza estudos específicos de sua área, isto é, a aplicação e o aprofundamento do conhecimento puramente neurocientífico no campo da Neuroarquitetura (Área 2). Em seguida, essa responsabilidade se amplia ainda mais quando da aplicação prática desses conhecimentos (*technè*) na elaboração do projeto da escola (Área 3). Espera-se, por exemplo, que o projeto esteja voltado para o uso estratégico do espaço, sem ferir valores dos usuários nem interferir de forma desnecessária e velada em sua autonomia pessoal.

Por fim, a campanha de Neuromarketing, destacando os bons resultados dos alunos no vestibular, também deve se pautar pela neuroética própria do *Neurobusiness*, fazendo uso de princípios como os que serão discutidos no final desse capítulo. Por seu caráter essencialmente aplicado, essa campanha também estaria no campo da *technè* aristotélica e da ética empresarial e dos negócios (*Área 3*).

Outro exemplo ilustrativo se refere às ações envolvendo o *nudge*. Esse foi um dos temas amplamente estudados pelo ganhador do Nobel de economia de 2017, Richard Thaler.[50]

Influenciar ações sem restringir a liberdade de escolha dos agentes: esse é um dos grandes desafios da neuroética presente nas práticas de nudge, dentre outras.

[50] Ver Thaler e Sustein (2008).

Exemplo de nudge: *piano stairs* na estação de metrô de Odenplan em Estocolmo. O desenho incentiva os usuários a usarem as escadas fixas em lugar das rolantes. Mas a escolha é de cada usuário.
Fonte: www.designoftheworld.com, consultado em 09/ago/2018

Em uma tradução livre, *nudge* pode ser traduzido como "empurrãozinho", isto é, uma ação voltada para influenciar o comportamento do consumidor sem, em tese, comprometer sua liberdade de escolha. Isso acontece em diversas situações do nosso cotidiano. Um caso clássico se refere aos avisos pulsantes nos sites de e-commerce que advertem: "só restam mais tantas unidades em estoque" ou "existem mais tantas pessoas pesquisando esse item no momento". Até que ponto esses alertas afetam nossa disposição de comprar? Estudos de Neurociência pura (Área 1 da figura acima) ou Neuroeconomia (Área 2) poderão ter a resposta. Até que ponto esses alertas são verdadeiros e estão sendo eticamente utilizados é outra questão bem diferente (Área 3).

Tanto a Neuroeconomia quanto o Neuromarketing concordam que esses avisos despertam em nós um sentimento mais ou menos inconsciente de urgência ou de ameaça. Sinais corporais como o ritmo da respiração e o nível de dilatação das pupilas, caso sejam observados, dirão que estamos entrando em alerta e, possivelmente, nossa amídala cerebral está mais ativa. A adrenalina e o cortisol aumentam nosso nível de estresse e somos lançados, em algum grau, diante da típica situação de luta ou fuga, característica dos processos reativos e instintivos do "velho cérebro". Entramos, então, em uma leve disputa de caráter territorial, tendendo a avançar sobre a presa (neste caso, aquele bem ou serviço de consumo na tela do computador) antes que algum outro predador (consumidor) abocanhe a presa, isto é, faça a compra e esgote o estoque.

Em momento algum aquele aviso nos obrigou a nada, limitando nossa autonomia de decisão. O número de nosso cartão de crédito não foi capturado e vendedor algum apareceu de repente entre nossos olhos e a tela do computador, invadindo nossa privacidade. Ainda assim, algumas questões éticas se colocam. Afinal, o estoque era mesmo aquele informado? Havia mesmo mais pessoas interessadas e pesquisando no site naquele momento? Mas, se essas informações são capazes de reduzir, pouco ou muito, o conteúdo racional e cognitivo da escolha do comprador, supondo que eram verdadeiras, elas deveriam ser simplesmente omitidas? E se fossem? Não haveria o risco de o comprador ficar decepcionado ao descobrir, quase no final do processo de compra, que os estoques tinham acabado segundos antes?

Todas essas perguntas sobre a aplicação do *nudge* estão no campo de interseção da neuroética com a ética dos negócios (Área 3). De que forma foram conduzidas as pesquisas originais em Neurociência (Área 1) que permitiram explorar o tema ou de que forma foram conduzidos testes sobre os estados cerebrais em consumidores submetidos a "empurrõezinhos" como aqueles (Área 2) são uma discussão à parte que precede a utilização efetiva do *nudge*.

Frente à complexidade do tema, a opção para a discussão nesse capítulo é buscar na ética clássica elementos para discutir as aplicações específicas ao *Neurobusiness*, isso sem ir mais a fundo em temas específicos da Neurociência pura e de suas técnicas de pesquisa.

Neuroética e neurotecnologia

O avanço das discussões neuroéticas se deve, em grande medida, à rápida ampliação das aplicações do conhecimento neurocientífico (de novo, a *technè* aristotélica). E este avanço, por sua vez, se deve ao progresso rápido da neurotecnologia.

No campo específico do *Neurobusiness*, seria impensável hoje realizar pesquisas de Neuromarketing sem o uso de técnicas de *eye tracking*, por exemplo. Do mesmo modo, o maior desafio da Neuroeconomia à análise econômica tradicional se refere à irracionalidade das escolhas de consumidores e investidores. Mas esse questionamento não teria a mesma relevância não fossem os exames de neuroimagem aplicados a situações que simulam essas escolhas.

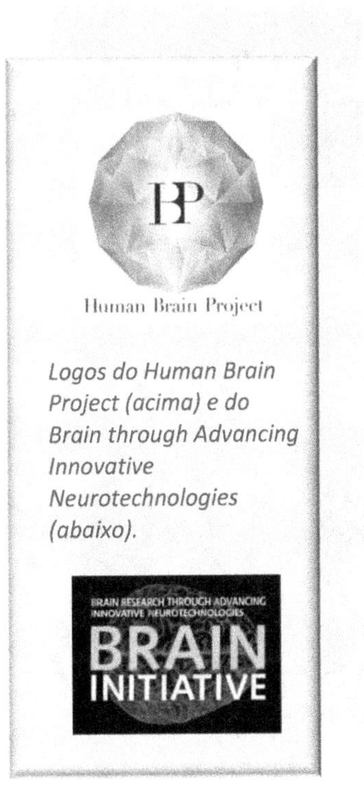

Logos do Human Brain Project (acima) e do Brain through Advancing Innovative Neurotechnologies (abaixo).

Boa parte do que hoje se realiza em termos de pesquisas aplicadas no campo do *Neurobusiness* se deve aos grandes investimentos realizados em projetos como o *Brain Research through Advancing Innovative Neurotechnologies* (BRAIN *Initiative*), nos EUA, e o *Human Brain Project* da União Europeia, os quais deram forte impulso à pesquisa em Neurociência.

Esses projetos, por sua vez, resultaram no desenvolvimento de novas ferramentas e técnicas que permitiram observar e intervir na estrutura e no funcionamento do encéfalo.

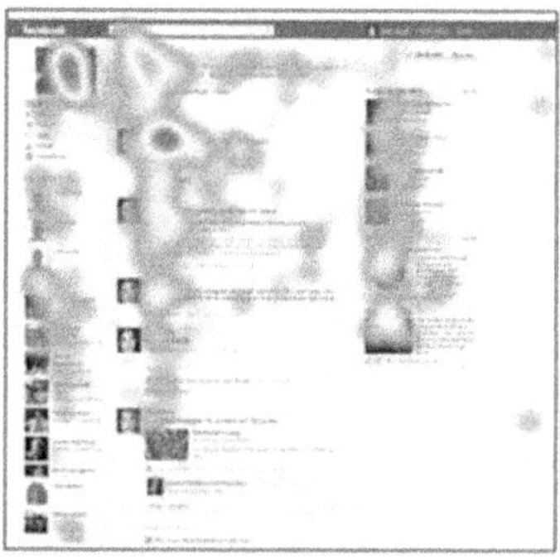

Exemplo de zonas de calor identificadas por técnicas de *eye tracking*. Imagem de domínio público

Os benefícios para as diversas áreas do *Neurobusiness* decorreram, sobretudo, das novas técnicas de neuroimagem e dos aparelhos de estímulo craniano. Na atualidade, todo esse avanço da neurotecnologia está permitindo a aplicação direta daquelas técnicas e aparelhos à pesquisa aplicada, seja em Neuroeconomia, Neuromarketing, Neuroarquitetura ou nas demais áreas do *Neurobusiness*.

Não é por outra razão que questões éticas, originadas na pesquisa neurocientífica pura (*episteme*), estendam seu campo de discussão para as disciplinas aplicadas. Afinal, as aplicações da neurotecnologia não se limitam à pesquisa pura, mas são feitas também na esfera da aplicação. Ainda assim, a esfera da ética referente ao *Neurobusiness* tem características, questões e relevância próprias. Mas, antes de pontuar essas questões, por uma questão de rigor, é preciso retornar à velha fonte filosófica.

De volta a Aristóteles

Tratar de ética em qualquer nível se torna uma missão impossível sem Aristóteles (384 A.C-322 A.C). Sua obra fundamental nesse campo é Ética a Nicômaco (Aristóteles, 1987).

Em sua eterna busca das finalidades últimas, o autor se pergunta: Afinal, o que os seres humanos buscam? Sua resposta é: a felicidade, o bem mais estimado por todos nós. Mais do que isso, segundo o filósofo, a felicidade é um bem em si mesmo, um sumo-bem, e não um objetivo intermediário, buscado enquanto meio de acesso a algo ainda mais caro.

A questão que se coloca, claro, é como chegar lá e qual o papel da ética nisso tudo.

> *"As virtudes são voluntárias, pois nós próprios somos responsáveis por nossas disposições de caráter [...]; e de igual modo os vícios também serão voluntários, porque o mesmo se aplica a eles."*
>
> *Aristóteles, Ética a Nicômaco.*

É fácil notar que Aristóteles tem uma abordagem muito prática na busca da resposta. A felicidade decorre de um conjunto de ações virtuosas.[51] Ou seja, o caminho da felicidade é prático, voluntário, instruído pela razão que nos permite avaliar o significado de nossas ações e escolhas (*héxis*, em grego antigo, que também significa disposição).

E, em grego, a palavra para virtude é *arétè.* Ela tem vários significados: excelência, mérito, coragem, nobreza, honra. No campo da ação, portanto, o agir de acordo com a virtude significa praticar um conjunto de ações dignas de louvor, executadas com excelência, admiráveis, aprováveis.

Assim, ao situar a ética no campo da ação voluntária (*héxis*) considerada honrada e nobre, digna de aprovação, Aristóteles também lança a questão no campo das relações humanas: quem sanciona o caráter virtuoso das ações é a

---

[51] É importante compreender o termo "virtude" no contexto do autor, sem o conteúdo atribuído posteriormente pela cultura cristã. Assim, para a filosofia grega antiga, um ato virtuoso é algo bem-feito, realizado com excelência e na justa medida.

aprovação de nossos pares. Ao mesmo tempo, submete a ética a uma reflexão orientada pela razão e pela intenção.

As onze virtudes aristotélicas: coragem, temperança (relativa aos prazeres), liberalidade (relacionada às riquezas), magnificência (relacionada às grandes riquezas), honra, calma, veracidade, espirituosidade, amabilidade, modéstia e justa indignação.

Na base de todas elas, estaria a décima segunda e maior de todas as virtudes: o agir segundo a justiça.

Portanto, devemos nos perguntar racional e voluntariamente se nossas ações são, de fato, virtuosas e, por consequência, de acordo com a ética, com os valores moralmente aceitos em nosso meio. O sentimento de aprovação social e íntima nos levará ao estado de felicidade, ao sumo-bem da vida humana.

O filósofo vai mais além e considera dois tipos de virtude: as morais e as intelectuais. As virtudes morais se referem a um conjunto de comportamentos ou hábitos (*ethos*, em grego). Aristóteles afirma que tais hábitos devem ser exercitados, adquiridos pela prática e, portanto, não decorrem de uma condição natural do ser humano. Ou seja, a prática aprimora as virtudes morais. Já as virtudes intelectuais podem ser adquiridas pelo estudo e podem crescer na medida do acúmulo de conhecimento.

Duas lições muito relevantes decorrem dessa discussão. Em primeiro lugar, o agir segundo as virtudes morais é algo intencional e que deve ser buscado e aprimorado em um esforço contínuo, diário. Em termos de nossa principal referência didática, a visão triuna do encéfalo, isso significa que não existe, como regra, nenhuma ação eticamente impulsiva. Afinal, a moralidade é uma espécie de acordo social, específico em cada tempo, lugar, meio e cultura. Agir segundo esse acordo exige que se compreenda sua natureza e suas regras de ação e, mais do que isso, que se aja conscientemente (racionalmente) segundo esse código de conduta.

Além disso, o avanço intelectual pode expandir as fronteiras das virtudes intelectuais, algo de especial interesse para a Neurociência e suas aplicações.

O avanço científico, especialmente quando se manifesta em campos interdisciplinares como as disciplinas típicas do *Neurobusiness*, propõe novas questões éticas e exige reflexões também novas. Por isso, conclui-se que a ética, aplicada no campo específico do *Neurobusiness*, requer reflexões próprias sem perder de vista suas raízes, seja na ética clássica (aristotélica, por exemplo), seja na bioética.

Apesar da importância dessas questões, não se deve perder de vista a abordagem prática que Aristóteles propõe para a ética. É agindo virtuosamente que alguém pode se considerar virtuoso. Não há outra forma. E a ética define o conjunto de ações virtuosas, isto é, que são consideradas honradas, corajosas, dignas de admiração em cada tempo e lugar.

Na Ética a Nicômaco (Aristóteles, 1987), o filósofo aponta todo um conjunto de comportamentos que considera virtuosos; onze, ao todo. Mas, segundo ele, existe uma décima segunda virtude que estaria acima de todas as demais: a justiça. Assim, o agir segundo a justiça seria o fundamento de todas as ações virtuosas. Como consequência, toda ação injusta seria não virtuosa e, portanto, antiética.

Outra característica que toda ação virtuosa possui, segundo Aristóteles, é a tendência à mediania (*mésotès*, em grego antigo). A virtude, diz ele, está no meio termo, no meio do caminho entre dois vícios, o excesso e a falta. Assim, a coragem é uma virtude; sua falta caracteriza a covardia e seu excesso, a temeridade. A calma é uma virtude; o excesso caracteriza a apatia e a falta, a ira.

> *"Tanto a deficiência como o excesso de exercício destroem a força; e, da mesma forma, o alimento ou a bebida que ultrapassem determinados limites, tanto para mais como para menos, destroem a saúde ao passo que, sendo tomados nas devidas proporções, a produzem, aumentam e preservam."*
>
> *Aristóteles, Ética a Nicômaco.*

Mais uma vez, as lições para a ética aplicada no campo do *Neurobusiness* são valiosas. Técnicas de pesquisa que monitorem o movimento dos olhos, a dilatação das pupilas ou os níveis de cortisol no sangue podem parecer invasivas. Mas isso se dá, essencialmente, em comparação com as velhas técnicas de pesquisa, baseadas, sobretudo, nas escolhas, opiniões e preferências meramente declaradas. No entanto, desde que feitas de forma voluntária e explícita (até o ponto em que os próprios resultados não sejam impactados), tais técnicas podem ser consideradas éticas. A ausência de um caráter relativamente "invasivo" inviabilizaria as novas técnicas de pesquisa. Mas o excesso pode e deve ser considerado indesejado.

No campo da ética empresarial próprio da prática do *Neurobusiness*, por outro lado, um líder cujo comportamento se paute pelo conhecimento da Neuroliderança não teria razões para se negar a utilizar um modelo como o SCARF, de David Rock (2020), por exemplo, pois estaria pecando pela falta. Ainda assim, posturas falsamente dramáticas com apelo emocional a nossos processos límbicos poderiam caracterizar mera manipulação emocional, o que, na visão aristotélica, seria classificado como um vício decorrente do excesso.

Esse arcabouço básico não esgota as possíveis aplicações aristotélicas à ética do *Neurobusiness*. Mas vão servir de guia para as questões emergentes, propostas para reflexão a seguir.

Questões éticas emergentes no *Neurobusiness*

Se o objetivo da ética é discutir padrões socialmente aceitos de comportamento e ação, voluntários e fundamentados na razão, a ética, quando aplicada ao campo do *Neurobusiness* em todas as duas três dimensões, busca propor, discutir e estabelecer esses padrões no campo das aplicações da Neurociência às áreas tradicionais da gestão de negócios. Tais padrões devem se aplicar tanto à pesquisa quanto à aplicação dos conteúdos que emergem do *Neurobusiness*.

Nesse sentido, pode-se definir um conjunto mínimo de cinco princípios éticos de interesse para todas as disciplinas do *Neurobusiness*. Em lugar de esgotar o tema, esses princípios apenas apontam para aspectos da dimensão normativa e aplicada da ética no campo do *Neurobusiness*, podendo e devendo ser expandidos.

A definição de princípios para a ética aplicada ao *Neurobusiness* segue a tradição principalista de Beauchamp e Childress (2013), muito presente na bioética aplicada em diversos campos da medicina.

- **Não-maleficência**: esse é um princípio em comum com a bioética e a neuroética aplicada à pesquisa neurocientífica pura. Sejam quais forem as práticas do *Neurobusiness*, é preciso assegurar que os agentes envolvidos não sofrerão mal algum, seja do ponto de vista de sua integridade física, no caso das pesquisas envolvendo neuroimagem com voluntários, por exemplo, seja do ponto de vista moral no que tange a suas opiniões, crenças e escolhas. No caso famoso da Coca-Cola versus Pepsi, por exemplo, revelar a um participante do teste que sua escolha foi incoerente com as preferências declaradas pode ser ofensivo e, idealmente, esse tipo de incoerência não deveria ser revelado aos voluntários.

- **Transparência**: também idealmente, é desejável que os participantes de um experimento em *Neurobusiness* tenham conhecimento dos propósitos e métodos do teste, desde que isso não venha a interferir nos resultados. Do mesmo modo, o uso de elementos inspirados na Neuroarquitetura ou na Neuroliderança deve, idealmente, ser feito com transparência. Um limite que merece reflexão se refere ao grau de transparência possível em estratégias de Neuromarketing e neurovendas. Se o consumidor ou comprador soubesse do uso das técnicas, sua eficácia seria comprometida? Infelizmente, não há uma resposta consolidada para essa questão e, portanto, ela merece ampla discussão.

- **Autonomia**: a prática do *nudge* deixa claro que as ações de *Neurobusiness*, sejam no âmbito do consumo ou para incentivar comportamentos mais altruístas como a doação de órgãos, mantêm níveis elevados de autonomia para os agentes, algo eticamente muito desejável. Assim, se o padrão em um país é que os não doadores de órgãos declarem essa condição explicitamente em seus documentos de identidade e a ausência dessa declaração implica a condição implícita de doador, em momento algum se retirou de cada indivíduo o poder de se declarar não doador. Regras de design normativo como essa não diminuem em nada a autonomia decisória, muito embora tenham o objetivo declarado de influenciar a escolha dos agentes.

- **Privacidade**: como consequências dos princípios anteriores, é fundamental garantir a privacidade dos agentes envolvidos tanto na pesquisa neurocientífica aplicada quanto nas práticas do *Neurobusiness*. O uso de recursos de *eye tracking*, por exemplo, pode demonstrar que um consumidor que visite um ponto de venda teve seu "interesse" voltado para a vendedora, muito mais do que para os produtos em exposição. Mas esse "interesse" estaria completamente fora do objetivo da pesquisa e associado a questões de natureza pessoal desse lead ou consumidor. Descartar tal informação seria a atitude ética mais recomendável. O mesmo se passa, em escala muito mais ampla, com a utilização de técnicas de Big Data, associadas ou não com o *Neurobusiness*. Em uma dimensão ainda mais dramática, a questão da privacidade também se coloca em situações nas quais experimentos de Neurociência aplicada acabam esbarrando em um pseudodiagnóstico de problemas de saúde. A recomendação ética seria não revelar a possível descoberta de um problema de saúde e sugerir que o voluntário em questão procurasse auxílio médico de imediato.

- **Controle comportamental e controle social**: não é difícil imaginar o uso de técnicas originadas nas aplicações da Neurociência para o monitoramento e potencial controle comportamental nas organizações que, no limite, poderiam resultar em controle social. Assim, por exemplo, a medição do nível de certas substâncias no sangue poderia sugerir comportamentos potenciais indesejados de um colaborador, indicando que ações "corretivas" deveriam ser tomadas pela empresa. Nesse verdadeiro "Admirável Mundo Novo", a Neurociência estaria contribuindo para a anulação da esfera decisória individual em favor de um coletivismo corporativo ou social altamente autoritário e indesejado. No extremo oposto, práticas de *mindfulness* nas empresas favorecem a busca de qualidade de vida por meio da adesão a posturas e rotinas corporais e mentais mais saudáveis e de caráter voluntário, sem a imposição de escolhas e comportamentos em favor do interesse das organizações. E a Neurociência tende a validar a relevância de práticas como essa do ponto de vista da saúde do encéfalo, lado a lado com hábitos relacionados a atividades físicas e um regime de sono equilibrado.

Em resumo, o grande desafio da ética aplicada ao *Neurobusiness* remete, como sempre, a Aristóteles. A virtude é o meio termo. Influenciar sem limitar a autonomia, emocionar sem dramatizar, proporcionar experiências atrativas de forma explícita. Nem a falta, típica de velhos métodos não instruídos pela Neurociência, nem o excesso, caracterizado por tentativas de simples manipulação. Esse é o equilíbrio desafiador proposto pela ética ao *Neurobusiness*.

12.Em busca da liberdade perdida

Chegamos ao fim de mais uma jornada, a quarta edição revista do nosso manual de *Neurobusiness*. Desde a publicação da edição anterior, em 2018, não apenas o tempo passou, mas todo o nosso mundo mudou. Afinal, esta nova edição foi escrita no contexto pós-pandemia de Covid-19, um marco imenso e indesejável da existência humana.

O principal esforço que fizemos desta vez refere-se à atualização da boa parte das referências bibliográficas. O leitor atento irá notar que, de fato, a idade média da bibliografia caiu bastante. E não por algum apego a novos modismos. Isso se impôs pela própria dinâmica dos estudos em Neurociência e suas aplicações à Gestão.

Graças a isso, o texto se distanciou ainda mais da velha referência a Paul MacLean (1990) e sua visão localizacionista. Ver nosso encéfalo como triuno ainda é possível, sobretudo do ponto de vista filosófico. Mas o que realmente importa são as relações tão variadas entre as muitas regiões do sistema nervoso central no contexto do comportamento humano aplicado à vida organizacional.

Mais uma vez, como na edição anterior, ao concluirmos essa nossa trajetória pela Neurociência aplicada à Gestão Empresarial e aos negócios, o *Neurobusiness*, nós autores podemos dizer que temos uma certeza e algumas esperanças.

Estamos certos de ter proporcionado ao leitor uma trajetória de estudo longa e variada, explorando um dos temas mais intrigantes e mais empolgantes que surgiram no cenário científico nas últimas décadas: as aplicações da Neurociência a nossa vida prática. As novas referências, inseridas nesta nova edição, só reforçaram a certeza da relevância de toda a discussão.

Nenhum de nós é neurocientista. E isso nos deu a liberdade de explorarmos diretamente as aplicações, os desdobramentos da Neurociência sobre questões e temas variados como Economia, Arquitetura e Liderança. Escrevendo sobre e ensinando *Neurobusiness*, nós nos voltamos para trás e revimos com um olhar completamente diferente muito do que nos ensinaram ao longo de toda nossa formação acadêmica, tanto em Economia quanto em Arquitetura. Desenvolvemos uma visão muito mais crítica e muito mais rica com relação ao que já sabíamos, mas também com relação a nós mesmos.

Estamos certos de que nossos leitores também partilharam de algo parecido. Ao final deste texto, devem ter se tornado mais atentos aos conflitos constantes entre razão, sensibilidade (ou afeto) e instinto, essa tensão que por vezes no motiva, mas também nos estressa.

Assim, se nosso texto o deixou intrigado, caro leitor, então realmente atingimos nosso objetivo. Se você passou a se olhar em um espelho imaginário e se viu de forma diferente depois da leitura, mesmo que minimamente, saiba que era isso mesmo que queríamos que acontecesse.

Nossas esperanças, por sua vez, referem-se ao que você pretende fazer de agora em diante. Gostaríamos que pudesse estar cada vez mais atento a seus processos mentais, aprimorando suas relações sociais e pessoais, aumentando seu rendimento nas diversas tarefas da vida, tanto no campo profissional quanto familiar.

Produtividade, alta performance e qualidade de vida não são, necessariamente, objetivos contraditórios e podem, sim, ser buscados a um só tempo. Mas isso exige ressignificar nossa relação com nossa própria mente, com os outros ao nosso redor e com o ambiente que nos cerca, sempre em uma perspectiva não-imediatista e de longo prazo.

Por isso, gostaríamos que você nunca mais olhasse para os prédios a seu redor com a inocência de antes; que passeasse pelo *shopping* olhando vitrines e aproveitando o doce sabor do não ter que comprar; que caminhasse nos parques das grandes cidades nos finais de semana certo da importância do contato com a natureza; que descobrisse, enfim, novos potenciais e novas fontes de prazer mental.

Talvez você já faça tudo isso. Mas é possível que procurasse explicações lógicas, racionais e cognitivas para esses hábitos e gestos tão comuns. Bobagem! A racionalidade humana é bem estreita para compreender algumas das coisas mais prazerosas da vida. Ela foi a última a surgir na evolução, há algumas centenas de milhares de anos, e foi indevidamente idealizada a partir do século XVIII. Naquele momento histórico, dizia-se que a razão libertaria o ser humano. Em pleno século XXI, todo o aparato tecnológico ao nosso redor ajuda a disseminar dogmas como o terraplanismo e as crenças antivacina!

Nunca na história humana houve tanto acesso ao conhecimento, tantas ferramentas capazes de acelerar processos cognitivos, nunca estivemos diante da chamada inteligência artificial e, mesmo assim, nunca tantas mentiras se espalharam tão rapidamente, escravizando aqueles que perderam pouco a pouco o senso crítico diante de telas de smartphones que se tornaram um prolongamento dos próprios corpos.

Podemos concluir com tranquilidade que não é a razão que liberta o ser humano e que o autoconhecimento é um bom início de jornada na busca dessa liberdade.

Nesse sentido, sensibilidade e instinto, muito mais velhos, são aspectos de nossa vida cerebral que merecem ser redescobertos e valorizados. Talvez por isso, quando perguntaram a Richard Thaler o que ele pretendia fazer com o prêmio em dinheiro que receberia pelo Nobel de economia de 2017 a resposta foi: "Pretendo gastá-lo da forma mais irracional possível".

Então, quando estiver no meio da torcida de seu time, queremos que você se sinta integrado ao bando; quando for promovido na empresa e se sentar em sua nova mesa, tome posse de seu território; quando sentir o cheio de pão saído do formo, feche os olhos e deixe que um mundo de lembranças afetivas tome conta de sua mente. E faça tudo isso sabendo que está dando espaço a processos neuronais que representam uma antiga herança evolutiva. Faça tudo isso aproveitando intensamente as sensações e as emoções, pois a consciência de estar afetivamente sensibilizado, a chamada **senciência**, é uma das capacidades humanas mais importantes, tanto em *Neurobusiness* quanto em tantas outras dimensões da vida.

Mas, ao mesmo tempo, fazendo tudo isso, busque compreender como você compreende as coisas. Se um dia tudo o que escrevemos aqui se perder, se apenas uma palavra sobrar para a posteridade, que seja a **metacognição**, a capacidade de entender como entendemos as coisas, as pessoas e o espaço ao nosso redor.

Tomando emprestada a famosa máxima de Sócrates e levando-a um pouquinho mais longe, podemos dizer: "Conhece-te a ti mesmo e surpreende-te com isso, sempre".

Bibliografia

ABBOTT, A. (2011) "City living marks the brain". **Nature** 474. Disponível em http://www.nature.com.

ADOLPHS, R. (2003) "Cognitive Neuroscience of Human Social Behavior". **Nature Reviews**, 4: 165-178.

AMPEL, B., MURAVEN, M. e McNAY, E. (2018) "Mental Work Requires Physical Energy: Self-Control Is Neither Exception nor Exceptional". **Frontiers in Psychology**, 9: 1-11.

ARISTÓTELES. (1987) **Ética a Nicômaco**. São Paulo: Abril Cultural (Coleção Os Pensadores).

AUDIFFREN, M. e ANDRÉ, N. (2015) "The strength model of self-control revisited: Linking acute and chronic effects of exercise on executive functions". **Journal of Sport and Health Science**, 4 (1): 30-46.

AZAMBUJA, L. e GARRAFA, V. (2015) "A teoria da moralidade comum na obra de Beauchamp e Childress". **Revista de Bioética** 23 (3): 634-44.

BAR, M. e NETA, M. (2007) "Visual elements of subjective preference modulate amygdala activation". **Neuropsychologia** 45: 2191-2200

BEATY, R. e outros (2018) "Core Network Contributions to Remembering the Past, Imagining the Future, and Thinking Creatively". **Journal of Cognitive Neuroscience**. 30 (12): 1939–1951.

BEAUCHAMP, T.L. e CHILDRESS, J.F. (2013) **Principles of biomedical ethics**. 7ª ed. Nova York: Oxford University Press.

BAUMEISTER, R.F., VOHS, K.D. e TICE, D. (2018) "The Strength Model of Self-Regulation: Conclusions From the Second Decade of Willpower Research". **Perspectives on Psychological Science**, 13 (2), 141–145.

BENARROCH, E.E. (2009) "The locus ceruleus norepinephrine system: functional organization and potential clinical significance." **Neurology** 73 (20): 1699-1704.

BERNS, G., BLAINE, K., PRIETULA, M., PYE, B. (2013) "Short- and Long-Term Effects of a Novel on Connectivity in the Brain". **Brain Connect**. Dec 1; 3(6): 590–600.

BIEDERMANN, I. e VESSEL, E.A. (2006) "Perceptual Pleasure and the Brain", **AmericanScientist**, 94, May-June.

BIGELOW, J. e POREMBA, A. (2014) "Achilles' Ear? Inferior Human Short-Term and Recognition Memory in the

Auditory Modality. Plos One". Disponível em: **https://doi.org/10.1371/journal.pone.0089914**. Consultado em 25/out/2018.

BRANDÃO, W. e outros (2020) **A Origem do Significado: uma abordagem paleoantropológica**. SP: Ed. Cultural Didática.

CASSIERS, E. (2005) **Ensaio Sobre o Homem**. SP: Martins Fontes.

CACIOPPO, J. T. e CACIOPPO, S. (2020). **Introduction to Social Neuroscience**. Princeton: Princeton University Press.

CARNEY, D. e outros (2017) "Power poses – where do we stand?" **Comprehensive Results in Social Psychology**. 2 (1): 139-141.

CHU, C. e outros (2023) "Total Sleep Deprivation Increases Brain Age Prediction Reversibly in Multisite Samples of Young Healthy Adults". **Journal of Neuroscience,** 43 (12): 2168-2177

CHURCHLAND, P. (2014) **Touching a Nerve: our brains, our selves**. Nova York: W.W.Norton.

CORTIZ, D. (2022) "A narrative review of fairness and morality in neuroscience: insights to artificial intelligence." **AI Ethics**. Disponível em: https://doi.org/10.1007/s43681-022-00203-2, consultado em 26/abr/2023.

COULL, J. e GIERSCH, A. (2022) "The distinction between temporal order and duration processing, and implications for schizophrenia". **Nature Reviews Psychology**, 1: 257–271.

CRESWELL, J.D., WAY, B.M., EISENBERGER, N.I., e LIEBERMAN, M.D. (2007). "Neural correlates of dispositional mindfulness during affect labeling". **Psychosomatic Medicine** 69, 560-565.

CUDDY, A. (2016) **Poder da Presença**. São Paulo: Editora Sextante.

DALGALARRONDO, P. (2011) **A Evolução do Cérebro**. Porto Alegre: Artmed.

DAMASIO, A. (2005) **O Erro de Descartes: emoção, razão e o cérebro humano**. São Paulo: Companhia das Letras.

___________ (2010) **O Livro da Consciência**. Lisboa: Temas e Debates.

___________ (2000) **O Sentimento de Si: o Corpo, a emoção e a neurobiologia da consciência.** Lisboa: Europa-América.

___________ (2012) **E o Cérebro Criou o Homem**. Título original: **Self Comes to Mind**. Nova York: Vintage.

DENNET, D. (1992) **Consciousness Explained**. Nova York: Back Bay Books.

DIAMOND. M. C., KRECH, D. e ROSENWEIG, M. R. (1964) "The effects of an Enriched Environment on the Rat

Cerebral Cortex." **Journal of Comparative Neurology**. 123: 111-119.

di PELLEGRINO G., FADIGA L., FOGASSI L., GALLESE V. e RIZZOLATTI G. (1992). "Understanding motor events: a neurophysiology study". **Experimental Brain Research**. 91:176–80.

DOIDGE, N. (2016) **The Brain's Way of Healing: remarkable discoveries and recoveries from the frontiers of neuroplasticity**. Nova York: Penguin.

DUNBAR, R. (2016) "The Social Brain Hypothesis and Human Evolution". **Oxford Research Encyclopedia of Psychology**. Disponível em: https://oxfordre.com/psychology/view/10.1093/acrefore/9780190236557.001.0001/acrefore-9780190236557-e-44, consultado em 25/abr/2023.

EBERHARD, J.P. (2009) **Brain Landscape: the coexistence of Neuroscience and Architecture**. Oxford: Oxford University Press.

ERIKISSON, P.S., PERFILIEVA, E. e BJöRK-ERIKSSON, T.; Alborn, A.; NORDBORG C.; PETERSON, D. A. e GAGE, F.H. (1998) "Neurogenesis in the adult human hippocampus". **Nature Medicine** 4: 1313-1317.

FABRICE, L., SPITZER, B. e SUMMERFIELD, C. (2019) "Neural structure mapping in human probabilistic reward learning." eLife; Cambridge Vol. 8. Disponível em https://www.proquest.com/openview/d007ae11ef21b898b59453edbb89b6a6/1?pqorigsite=gscholar&cbl=2045579, consultado em 26/abr/2023.

FLAVELL, J.H. (1979). "Metacognition and cognitive monitoring. A new area of cognitive-development inquiry". **American Psychologist**, 34 (10): 906–911.

FILIPKOWSKI, K., JONES, D., SMITH, J. e BERNSTEIN, M. (2021) "Stress-responses to ostracism: Examining cortisol and affective reactivity to in-person and online exclusion". **Journal of Health Psychology**, 27 (18): 793-180.

FISKE, S. e TAYLOR, S. (2013) **Social Cognition: From Brains to Culture**. Nova York: Sage Pub. (2ª edição).

FORKEL, S. e THIEBAUT, M. (2022) "The emergent properties of the connected brain". **Science**. 4;378(6619): 505-510.

FREYTAG, G. (1894) **Technique of the Drama: An Exposition of Dramatic Composition and Art**. Chicago: Scott, Foresman.

GAZZANIGA, M. S. e outros, Eds. (2020). **The Cognitive Neurosciences**. Cambridge: MIT Press (6ª edição).

GAILLIOT, M.T., BAUMEISTER, R.F., De WALL, C.N., MANER, J.K., PLANT, E.A. e TICE, D.M. (2007) "Self-control relies on glucose as a limited energy source: willpower is more than a metaphor". **Journal of Personality and Social Psychology**, 92: 325-336.

GAW, A. (2019) "Religious Belief at the Level of the Brain: Neural Correlates and Influence of Culture". **Journal of Nervous and Mental Disease**. 207(7): 604-610.

GREYSON, B. e BUSH, N. (1992). "Distressing near-death experiences". **Psychiatry**, 55(1): 95-110.

GIGERENZER, G. (2011). "Heuristic Decision Making". **Annual Review of Psychology**. 62 (1): 451–482.

GRINDE, B., PATIL, G. (2009) **Biophilia: Does Visual Contact with Nature Impact on Health and Well-Being**. Int. J. Environ. Res. Public Health 2009, 6, 2332-2343.

HAAM, M., DUMONTHEIL, I. e JOHNSON, M. (2023) **Developmental Cognitive Neuroscience: an introduction**. Nova Jersey: Wiley-Blackwell.

HAMDAN, A.C. (2017) "Neuroética: a institucionalização da ética na Neurociência". **Revista Bioética** 25 (2): 275-281

HARE, T. A.; CAMERER, C. F.; RANGEL, A. (2009). "Self-Control in Decision-Making Involves Modulation of the vmPFC Valuation System". **Science**, 324 (5927): 646–648.

HASSON, U., STEPHENS, G. e SILBERT, L. (2010) "Speaker–listener neural coupling underlies successful communication". **Proceedings of the National Academy of Sciences USA**. 107(32): 14425–14430.

HASSON, U., GHAZANFAR, A., GALANTUCCI, B., GARROD, S. e KEYSERS, C. (2013) "Brain-to-Brain coupling: A mechanism for creating and sharing a social world". **Trends in Cognitive Sciences: 16**(2): 114–121.

HAUSER, M. (1996) **The evolution of communication**. Cambridge, Mass.: MIT Press.

HEATHERTON, T. (2011) "Neuroscience of self and self-regulation". **Annual Review of Psychology**. Vol. 62: 363-390.

HEBB, D. (1949) **The Organization of Behavior**. Nova York: Wiley.

HERCULANO-HOUZEL, S. (2017) **A Vantagem Humana: como nosso cérebro se tornou superpoderoso**. São Paulo: Companhia das Letras.

HICKOK, G. (2014) **The Myth of Mirror Neurons**. Audiolivro. **Il Mito dei Neuroni Spechio**. Torino: il Libraio (tradução para o italiano).

ILAN, S. e outros (2020) "Monitoring in emotion regulation: behavioral decisions and neural consequences". **Social Cognitive and Affective Neuroscience**, 14 (12), dezembro: 1273–1283.

ISMAIL, F., FATEMI, A. e JOHNSTON, M. (2017) "Cerebral plasticity: Windows of opportunity in the developing brain". **European Journal fo Paediatric Neurology**. 21(1): 23-48.

KAMPING S., ANDOH, J., BOMBA, I., DIERS, M., DIESCH, E. e FLOR, H. (2016) "Contextual modulation of pain in masochists: involvement of the parietal operculum and insula". **Pain**. 157(2): 445-455.

KANDEL, E. (2009) **Em Busca da Memória: o nascimento de uma nova ciência da mente**. São Paulo: Companhia das Letras.

KANEHMAN, D. (2013) **Rápido e Devagar: duas formas de pensar**. São Paulo: Objetiva.

KANEHMAN, D., KNETSCH, J. e THALER, R. (1990) "Experimental Tests of the Endowment Effect and the Coase Theorem". **Journal of Political Economy**. 98 (6): 1325-1348.

KANEHMAN, D., SIBONY, O. e SUSTEIN, C. (2021) **Ruído: Uma falha no julgamento humano**. São Paulo: Objetiva.

KAPLAN, R. e KAPLAN, S (1989). **The Experience of Nature: a psychological perspective**. Cambridge: CUP.

KARAKAS, T. e YILDIZ, D. (2020) "Exploring the influence of the built environment on human experience through a neuroscience approach: A systematic review". **Frontiers of Architectural Research**. 9 (1): 236-247.

KITAYAMA, S. e PARK, J. (2010) "Cultural neuroscience of the self: understanding the social grounding of the brain". **Social Cognitive and Affective Neuroscience**. 5 (2-3): 111-129.

KNÖFERLE, K., WOODS, A., KÄPPLER, F. e SPENCE, C. (2015) "That sounds sweet: using cross-modal correspondences to communicate gustatory attributes". **Psychology and Marketing**. 32(1): 107-120.

KOUNIOS, J. e BEEMAN, M. (2015) **Eureka Factor: aha moments, creative insights and the brain**. Nova York: Random House.

KOUNIOS, J. e BEEMAN, M. (2014) "The Cognitive Neuroscience of Insight". **Annual Review of Psychology**. 65(1): 71-93.

LAVAZZA, A. e ROBINSON, H. (2014) **Contemporary Dualism: A Defense**. Nova York: Routledge.

LENT, R. (2023) **Neurociência da Mente e do Comportamento**. Rio de Janeiro: Guanabara Koogan (2ª edição).

LEWIS, P., GÜNTHER, K. e POE, G. (2018) "How Memory Replay in Sleep Boosts Creative Problem-Solving". **Trends in Cognitive Sciences**. 22 (6): 491-503.

LINDSTROM, M. (2008) **Buy-ology**. Nova York: Crown Business.

MAGUIRE, E.A. e outros (2000) "Navigation-related structural change in the hippocampi of taxi drivers". **PNAS – Proceedings of the National Academy of Sciences of the USA**. 97 (8): 4398-4403.

MANDOLESI, L., GELFO, F., SERRA, L., MONTUORI, S., POLVERINO, A., CURCIO, G. e SORRENTINO, G.

(2017) "Environmental Factors Promoting Neural Plasticity: Insights from Animal and Human Studies". **Neural Plasticity**. 5: 1-10.

MATHER, M. e HARLEY, C. (2016) "The Locus Coeruleus: Essential for Maintaining Cognitive Function and the Aging Brain". **Trends in Cognitive Sciences,** 20 (3), 214-226.

MAX-PLANCK-GESELLSCHAFT (2017). "Life in the city: Living near a forest keeps your amygdala healthier: MRI study analyzes stress-processing brain regions in older city dwellers". **ScienceDaily**. Retrieved May 27, 2023 from www.sciencedaily.com/releases/2017/10/171018113515.htm.

McCLURE, S.M., LI, J., TOMLIN, D., CYPERT, K.S., MONTAGUE, L.M. e MONTAGUE, P.R. (2004). "Neural correlates of behavioral preference for culturally familiar drinks." **Neuron,** 44: 379-387.

McGURK, H. e MAcDONALD, J. W. (1976). "Hearing lips and seeing voices". **Nature**, 264: 746–748.

MEDINA, J. (2014) **Brain Rules**. Seatle: Pear Press.

MEYERS-LEVY, J. e ZHU, R. (2007) "The Influence of Ceiling Height: The Effect of Priming on the Type of Processing That People Use". **Journal of Consumer Research,** 34: 124-169.

MISTRIDIS, P. e outros (2017). "Use it or lose it! Cognitive activity as a protective factor for cognitive decline associated with Alzheimer's disease". **Swiss Medical Weekly**. 1;147: w14407.

NICOLELIS, M. (2020) **O verdadeiro criador de tudo: como o cérebro humano esculpiu o universo como nós o conhecemos**. São Paulo: Crítica Editora.

NOORDZIJ, M., NEWMAN-NORLUND, S., RUITER, J., HAGOORT, P., LEVINSON, S. e TONI, I. (2009) "Brain mechanisms underlying human communication". **Frontiers in Human Neuroscience**. Disponível em: https://doi.org/10.3389/neuro.09.014.2009.

OAKLEY, D. A. e PLOTKIN, H. C. Eds. (1979) **Brain, Behaviour and Evolution**. Londres: Methuen.

OBERFELD, D., HECHT, H., ALLENDORF, U. e WICKELMAIER, F. (2009) **Ambient lighting modifies the flavor of wine. Journal of Sensory Studies**, 24 (6): 797.

O'KEEFE, J., e DOSTROVSKY, J. (1971) "The hippocampus as a spatial map. Preliminary evidence from unit activity in the freely-moving rat". **Brain Research**. 34(1): 171-175.

PARISE, C. e SPENCE, C. (2013) "Audiovisual Cross-Modal Correspondences in the General Population". In: SIMMER, J. e HUBBARD, E. (eds.). **Oxford Handbook of Synesthesia.** Oxford: Oxford Academic.

PARK, D. e HUANG, C. (2012) "Culture Wires the Brain: A Cognitive Neuroscience Perspective". **Perspectives in Psychological Sciences.** 5 (4): 391–400.

PINKER, S. (1994) **The language instinct: the new science of language and mind**. Londres: Allen Lane.

PINKER, S. (2014) **The Sense of Style: The Thinking Person's Guide to Writing in the 21st Century**. Londres: Penguin Books.

PETERSON, C.K., GRAVENS, L.C. e HARMON-JONES, E. (2011). "Asymmetric frontal cortical activity and negative affective responses to ostracism". **SCAN,** 6: 277-285

PONTIUS A. A. (1973). "Neuro-ethics of 'walking' in the newborn". **Perception and Motor Skills**. 37: 235–245.

RAWNAQUE, F. e outros (2020) "Technological advancements and opportunities in Neuromarketing: a systematic review". **Brain Informatics**. 7:10. Disponível em https://doi.org/10.1186/s40708-020-00109-x, consultado em 17/jul/2023.

RAYMOND, M. (2004) "The neuropsychology of narrative: story comprehension, story production and their interrelation". **Neuropsychologia**, 42 (10): 1414-1434.

REUTER-LOREZ, P. e LUSTIG, C. (2005) "Brain aging: reorganizing discoveries about the aging mind". **Current Opinion in Neurobiology**, 15 (2): 245-251.

RIZZOLATTI, G. e CRAIGHERO, L. (2004). "The mirror-neuron System". **Annual Review of Neuroscience**. 27: 169–192.

ROCK, D. (2020) **Your brain at work: strategies for overcoming distraction, regaining focus, and working smarter all day long**. Nova York: HarperCollins (2ª edição).

ROCK, D. e RINGLED, A. (2013) **Handbook of NeuroLeadership.** Lexington: NeuroLeadership Institute.

ROSKIES, A. (2002) "Neuroethics for the new millennium". **Neuron**. 35 (1): 21-23.

RYLE, G. (1949) **The Concept of Mind**. Londres: Hutchinsons University Library.

SANTOS, M.F. e outros (2014) "Refletindo sobre a Ética na Prática do Neuromarketing: a neuroética". **Revista Brasileira de Marketing – ReMark**. 13 (3), 49-62.

SHETE, A. e GARKAL, K. (2016) "Mirror neurons and their role in communication". **International Journal of Research in Medical Sciences**. 4 (8): 3097-3101.

SILVA, R., LIMA-MAXIMINO, M. e MAXIMINO, C. (2018) "The aversive brain system of teleosts: Implications for neuroscience and biological psychiatry". **Neuroscience & Biobehavioral Reviews**. 95: 123-135.

SPENCER, C. (2021) "Sonic Seasoning and Other Multisensory Influences on the Coffee Drinking Experience". **Frontiers in Computer Science**. 3. Disponível em: https://www.frontiersin.org/articles/10.3389/fcomp.2021.644054/full, consultado em 04/nov/2023.

SPENCE, C., DEMATTÈ, L. e outros (2006) "Cross-Modal Associations Between Odors and Colors". **Chemical Senses**. 31 (6): 531–538.

SUZUKI, D., PEREIRA, M., JANJOPPI, L. e OKAMOTO, O. (2008) "Células-tronco e progenitores no sistema nervoso central: aspectos básicos e relevância clínica." **Einstein**. 6 (1):93-6.

TABIBNIA, G. e LIEBERMAN, M.D. (2007) "Fairness and Cooperation Are Rewarding: evidence from social cognitive neuroscience". **New York Academy of Sciences - Analls**. 1118:90-101. Disponível em https://pubmed.ncbi.nlm.nih.gov/17717096/, consultado em 04/nov/2023.

TANG, Y. e outros (2018) "Brain structure differences between Chinese and Caucasian cohorts: A comprehensive morphometry study". **Human Brain Mapping**. 39(5): 2147-2155.

THALER, R. (1985) "Mental accounting and consumer choice". **Marketing Science**, 4(3): 199-214.

__________ (2015) **Misbehaving: The making of behavioral economics**. Nova York: W. W. Norton & Company.

TINÔCO, M. e BRANDÃO, W. (2020) **Como nos Tornamos Humanos**. Curitiba: Editora CRV.

TRICOMI, E. e SULLIVAN-TOOLE, H. (2015) "Fairness and Inequity Aversion". In: Thoga, A. Ed. **Brain Mapping: an encyclopedic reference**. 3: 3-8.

TROY, A., SHALLCROSS, A., BRUNNER, A., FRIEDMAN, R. e JONES, M. (2018) "Cognitive reappraisal and acceptance: Effects on emotion, physiology, and perceived cognitive costs". **Emotion**. Vol.18 (1): 58-74.

THALER, R. (2015). **Misbehaving: The making of behavioral economics**. Nova York: W. W. Norton & Company.

THALER, R. e SUSTEIN, C. (2008) **Nudge: o empurrão para a escolha certa**. Rio de Janeiro: Elsiever.

van LOMMEL, P. (2010) **Consciousness Beyond Life: The science of the near-death experience**. San Francisco: Harper One.

VOHS, K., GOODE, M. e MEAD, N. (2006) "The Psychological Consequences of Money". **Science**.314: 1154-1156.

WAGER, T., ASHAR, Y., ANDREWS-HANNA, J. e DIMIDIJIAN, S. (2017) "Empathic Care and Distress: Predictive

Brain Markers and Dissociable Brain Systems". **Neuron.** 94 (6): 1263-1273.

WEBER, M. (2004) **Economia e Sociedade**. São Paulo: Edusp.

WEIR, K. (2012) "The pain of social rejection". **Monitor on Psycology**, 43 (4).

WILSON, R. e outros (2021) "Cognitive Activity and Onset Age of Incident Alzheimer Disease Dementia". **Neurology**. 97 (9): e922-e929.

WOODRUFF, C. e STEVENS, L. (2018) **The Neuroscience of Empathy, Compassion, and Self-Compassion**. Nova York: Pearson.

YU, C. e CHOU, T. (2018) "A Dual Route Model of Empathy: A Neurobiological Prospective". **Frontiers in Psychology**. 9: 1-5.

ZAK, P. (2015) "Why Inspiring Stories Make Us React: The Neuroscience of Narrative". **Cerebrum**. 2015: 2.

ZELANO, C., JIANG, H., ZHOU, G., ARORA, N., SCHUELE, S., ROSENOW, J. e GOTTFRIED, J. (2016) "Nasal Respiration Entrains Human Limbic Oscillations and Modulates Cognitive Function". **The Journal of Neuroscience.** 36 (49): 12448 –12467.

Os autores

Robson Gonçalves, M.Sc.
Economista, mestre pela UNICAMP, bacharel pela USP e especialista em Psicologia Analítica pelo Instituto Freedom. Foi técnico do Banco Central do Brasil e pesquisador do IPEA – Instituto de Pesquisa Econômica Aplicada. Como professor, atuou no Ibmec e no Insper, lecionando, dentre outras, as disciplinas de Microeconomia (Teoria dos Jogos e Decisões sob Incerteza) e Desenvolvimento Econômico. Desde 1997, é professor dos MBAs da FGV (Fundação Getulio Vargas), onde também atua como consultor e coordenador dos cursos de curta duração em Neurobusiness, Neuroeconomia e Neuromarketing. Atua ainda como professor e coordenador no INOVABRA Education.

Andréa de Paiva, M.A.
Bacharel em Arquitetura pela USP e *master of arts* pela Middlesex University de Londres. Andréa busca unir pesquisa, educação e design atuando como consultora, professora e palestrante em instituições brasileiras e internacionais. É a idealizadora e editora do NeuroAU (www.neuroau.com), um espaço internacional de divulgação do conhecimento sobre os vínculos entre ciência cognitiva e design com inúmeros artigos e cursos online com alunos de mais de 30 países. Andréa ajudou a criar e coordenar cursos de Neurociência aplicada ao design espacial no IED (*Istituto Europeo di Design*), na FGV e na FAAP (Fundação Armando Álvares Penteado), onde criou o curso Neurociência Aplicada a Ambientes e Criação, que completou sua 10ª edição em 2022. Andréa é membro do Conselho da Academia de Neurociência para Arquitetura (ANFA) na Califórnia e vice-presidente da ANFA *Chapter Brazil*.

TRIUNO: Neurobusiness, performance e qualidade de vida

www.ingramcontent.com/pod-product-compliance
Lightning Source LLC
Chambersburg PA
CBHW071443220526
45472CB00003B/641

* 9 7 9 8 2 9 8 4 5 7 0 7 1 *